C. M. WIELANDS

SÄMMTLICHE WERKE

NEUNTER BAND

GEDICHTE.

LEIPZIG

BEY GEORG JOACHIM GÖSCHEN. 1795.

INHALT ZUM IX. BANDE.

MUSARION

ERSTES BUCH.

ERSTES BUCH.

In einem Hain der einer Wildniſs glich
Und nah' am Meer ein kleines Gut begrenzte,
Ging FANIAS mit seinem Gram und sich
Allein umher; der Abendwind durchstrich
Sein fliegend Haar, das keine Ros' umkränzte;
Verdrossenheit und Trübsinn mahlte sich
In Blick und Gang und Stellung sichtbarlich,
Und was ihm noch zum Timon [1] fehlt', ergänzte
Ein Mantel, so entfasert, abgefärbt
Und ausgenützt, daſs es Verdacht erweckte,
Er hätte den, der einst den Krates deckte,
Vom Aldermann der Cyniker geerbt. [2]

Gedankenvoll, mit halb geschloſsnen Blicken,
Den Kopf gesenkt, die Hände auf den Rücken,
Ging er daher. Verwandelt wie er war,
Mit langem Bart und ungeschmücktem Haar,
Mit finstrer Stirn, in Cynischem Gewand,
Wer hätt' in ihm den Fanias erkannt,
Der kürzlich noch von Grazien und Scherzen
Umflattert war, den Sieger aller Herzen,

Der an Geschmack und Aufwand keinem wich,
Und zu Athen, wo auch Sokraten zechten,[1]
Beym muntern Fest, in durchgescherzten Nächten,
Dem Komus bald, und bald dem Amor glich?

Ermüdet wirft er sich auf einen Rasen nieder,
Sieht ungerührt die reitzende Natur
So schön in ihrer Einfalt! hört die Lieder
Der Nachtigall, doch mit den Ohren nur.
Ihr zärtlicher Gesang sagt seinem Herzen nichts;
Denn ihn beraubt des Grams umschattendes Gefieder
Des innern Ohrs, des geistigen Gesichts.
Empfindungslos, wie einer der Medusen
Erblickt und starrt, erwägt er zweifelsvoll
Nicht, wie vordem, wofür er seufzen soll,
Für welchen Mund, für welchen schönen Busen?
Nein, Fanias spricht jetzt der Thorheit Hohn,
Und ruft, seitdem aus seinem hohlen Beutel
Die letzte Drachme flog, wie König Salomon:
Was unterm Monde liegt, ist eitel!

Ja wohl, vergänglich ist und flüchtiger als Wind
Der Schönen Gunst, die Brudertreu der Zecher;
So bald nicht mehr der goldne Regen rinnt,
Ist keine Danae, so bald im trocknen Becher
Der Wein versiegt, ist kein Patroklus mehr.

Was Fliegen lockt, das lockt auch Freunde her;
Gold zieht magnetischer, als Schönheit, Witz
und Jugend:
Ist eure Hand, ist eure Tafel leer,
So flieht der Näscher Schwarm, und Lais
spricht von Tugend.

Der grofsen Wahrheit voll, dafs alles eitel sey
Womit der Mensch in seinen Frühlingsjahren,
Berauscht von süfser Raserey,
Leichtsinnig, lüstern, rasch und unerfahren,
In seinem Paradies von Rosen und Schasmin
Ein kleiner Gott sich dünkt, setzt Fanias,
der Weise,
Wie Herkules, sich auf den Scheidweg
hin,
(Nur schon zu spät) und sinnt der schweren
Reise
Des Lebens nach. Was soll, was kann er thun?
Es ist so süfs, auf Flaum und Rosenblättern
Im Arm der Wollust sich vergöttern,
Und nur vom Übermafs der Freuden auszuruhn!
Es ist so unbequem, den Dornenpfad zu klettern!
Was thätet ihr? — Hier ist, wie vielen däucht,
Das Wählen schwer: dem Fanias war's leicht.
Er sieht die schöne Ungetreue,
Die Wollust — schön, er fühlt's! — doch
nicht mehr schön für ihn —
Zu jüngern Günstlingen aus seinen Armen
fliehn;

Die Scherze mit den Amorinen fliehn
Der Göttin nach, verlassen lachend ihn,
Und schicken ihm zum Zeitvertreib die Reue:
Hingegen winken ihm aus ihrem Heiligthum
Die Tugend, und ihr Sohn, der Ruhm,
Und zeigen ihm den edlen Weg der Ehren.
Der neue Herkules schickt seufzend einen Blick
Den schon Entfloh'nen nach, ob sie nicht wiederkehren.
Sie kehren, leider! nicht zurück,
Und nun entschließt er sich der Helden Zahl zu mehren!

Der Helden Zahl? — Hier steht er wieder an;
Der kühne Vorsatz bleibt in neuen Zweifeln schweben.
Zwar ist es schön, auf lorbernvoller Bahn
Zum Rang der Göttlichen die in der Nachwelt leben,
Zu einem Platz im Sternenplan
Und im Plutarch, sich zu erheben;
Schön, sich der trägen Ruh entziehn,
Gefahren suchen, keine fliehn,
Auf edle Abenteuer ziehn,
Und die gerochne Welt mit Riesenblute färben;
Schön, süß sogar — zum mindsten singet so
Ein Dichter, der zwar selbst beym ersten Anlaß floh, — 4)
Süß ist's, und ehrenvoll, fürs Vaterland zu sterben.

Doch auch die Weisheit kann Unsterblichkeit
erwerben!
Wie prächtig klingt's, den fesselfreyen Geist
Im reinsten Quell des Lichts von seinen Flecken
waschen,
Die Wahrheit, die sich sonst nie ohne Schleier
weist,
(Nie, oder Göttern nur) entkleidet überraschen;
Der Schöpfung Grundriſs übersehn,
Der Sfären mystischen verworrnen Tanz verstehn,
Vermuthungen auf stolze Schlüsse häufen,
Und bis ins Reich der reinen Geister streifen;
Wie glorreich! welche Lust! — Nennt immer
Den beglückt
Und frey und groſs, den Mann der nie gezittert,
Den der Trompete Ruf zur wilden Schlacht
entzückt,
Der lächelnd sieht was Menschen sonst
erschüttert,
Und selbst den Tod, der ihn mit Lorbern
schmückt,
Wie eine Braut an seinen Busen drückt:
Viel gröſser, glücklicher ist Der mit Recht
zu nennen,
Den, von Minervens Schild bedeckt,
Kein nächtliches Fantom, kein Aberglaube
schreckt;
Den Flammen, die auf Leinwand brennen,

Und Styx und Acheron nicht blässer machen
können;
Der ohne Furcht Kometen brennen sieht,
Die hohen Götter nicht mit Taschenspiel bemüht,
Und, weil kein Wahn die Augen ihm verbindet,
Stets die Natur sich gleich, stets regelmäſsig
findet.

War Filipps Sohn ein Held, der sich der
Lust entzog
In welcher unberühmt die Ninias zerrannen, 5)
Und auf zertrümmerten Tyrannen
Von Sieg zu Sieg bis an den Indus flog?
Sein wälzender Triumf zermalmte tausend Städte,
Zertrat die halbe Welt — warum? laſst's ihn
gestehn!
„Damit der Pöbel von Athen
Beym nassen Schmaus von ihm zu reden
hätte.“ 6)
Um wie viel mehr, als solch ein Weltbezwinger,
Ist Der ein Held, ein Halbgott, kaum geringer
Als Jupiter, der tugendhaft zu seyn
Sich kühn entschlieſst; dem Lust kein Gut,
und Pein
Kein Übel ist; zu groſs, sich zu beklagen,
Zu weise, sich zu freu'n; der jede Leiden-
schaft
Als Sieger an der Tugend Wagen
Gefesselt hat und im Triumfe führt;
Den alles Gold der Inder nicht verführt;

Den nur sein eigener, kein fremder Beyfall
rührt;
Kurz, der in Falaris durchglühtem Stier
verdärbe
Eh' er in Frynens Arm — ein Diadem
erwärbe.

In solche schimmernde Betrachtungen vertieft
Lag Fanias, schon mehr als halb entschlossen;
Als Amor unverhofft die neue Denkart prüft,
Die Gram, Filosofie und Noth ihm eingegossen.
Er sah, und hätte gern den Augen nicht
getraut,
Die ein Gesicht, wovor ihm billig graut,
Zu sehn sich nicht erwehren können.
Die Götter werden ihm den Ruhm doch nicht
mifsgönnen,
Ein Xenokrat zu seyn? Was hilft Ent-
schlossenheit?
Im Augenblick der uns Minerven weiht
Kommt Cytherea selbst zur ungelegnen Zeit.

Zwar diese war es nicht: doch hätte
Die Schöne, welche kam, vielleicht sich vor der
Wette,
Die Pallas einst verlor, gleich wenig sich
gescheut.
Schön, wenn der Schleier blofs ihr schwarzes
Aug' entdeckte,
Noch schöner, wenn er nichts versteckte;

Gefallend, wenn sie schwieg, bezaubernd, wenn sie sprach:
Dann hätt' ihr Witz auch Wangen ohne Rosen
Beliebt gemacht; ein Witz, dem's nie an Reitz gebrach,
Zu stechen oder liebzukosen
Gleich aufgelegt, doch lächelnd wenn er stach
Und ohne Gift. Nie sahe man die Musen
Und Grazien in einem schönern Bund;
Nie scherzte die Vernunft aus einem schönern Mund;
Und Amor nie um einen schönern Busen.

So war, die ihm erschien, so war Musarion.
Sagt, Freunde, wenn mit einer solchen Miene
Im wildsten Hain ein Mädchen euch erschiene,
Die Hand aufs Herz! sagt, liefet ihr davon?
„So lief denn Fanias?" — Das konntet ihr errathen!
Er that was Wenige in seinem Falle thaten,
Allein, was jeder soll, der sicher gehen will.
Er sprang vom Boden auf, und — hielt ein wenig still,
Um recht gewiſs zu sehn was ihm sein Auge sagte;
Und da er sah, es sey Musarion,
So lief er euch — der weise Mann! — davon
Als ob ein Arimasp ihn jagte. 7)

Du fliehest, Fanias? ruft sie ihm lachend nach:
Erkennest mich und fliehst? Gut, fliehe nur, du Spröder!
Dein Kaltsinn macht Musarion nicht blöder;
Du schmeichelst dir doch wohl, sie sey so schwach
Dir nachzufliehn? — Durch ungebahnte Pfade
Wand er wie eine Schlange sich:
So schlüpft die keusche Oreade
Dem Satyr aus der Hand, der sie im Bad erschlich.
Die Schöne folgt mit leichten Zefyrfüſsen,
Doch ohne Hast; denn (dachte sie) am Strand,
Wohin er flieht, wird er wohl halten müssen.
Es war ihr Glück, daſs sich kein Nachen fand;
Denn, der Versuchung zu entgehen,
Was thät ein Weiser nicht? Doch da er keinen fand,
Wohin entfliehn? — Es ist um ihn geschehen
Wenn ihn sein Kopf verläſst! — Seyd unbesorgt! Er blieb
Am Ufer ganz gelassen stehen,
Sah vor sich hin, schwang seinen Stab, beschrieb
Figuren in den Sand, als ob er überdächte
Wie viele Körner wohl der Erdball fassen möchte;
Kurz, that als säh' er nichts, und wandte sich nicht um.

Vortrefflich! rief sie aus: das nenn' ich Heldenthum
Und etwas mehr! Die alte Ordnung wollte,
Daſs Dafne jüngferlich mit kurzen Schritten fliehn,
Apollo keuchend folgen sollte;
Du kehrst es um. — Fliehst du, mich nachzuziehn?
Den kleinen Stolz will ich dir gerne gönnen!

Du irrest dich, antwortet unser Held
Mit Mienen, welche nicht, wie sehr sie ihm miſsfällt,
Verbergen wollen oder können:
Ein rascher meilenbreiter Spalt,
Der plötzlich zwischen uns den Boden gähnen machte,
Ist alles, glaube mir, wornach ich sehnlich schmachte,
Seitdem ich dich erblickt. — Der Gruſs ist etwas kalt,
Erwiedert sie: du denkest, wie ich sehe,
Die Reihe sey nunmehr an dir,
Und weichst zurück so wie ich vorwärts gehe.
Doch spiele nicht den Grausamen mit mir!
Was willst du mehr, als daſs ich dir gestehe
Du zürnst mit Recht? Ja, ich miſskannte dich:
Doch, war ich damahls mein? Jetzt bin ich, was du mich,
Zu seyn, so oft zu meinen Füſsen batest.

Wie? (unterbrach er sie) du, die mit kaltem Blut
Mein zärtlich Herz mit Füſsen tratest,
Mich lächelnd leiden sahst — du hast den Übermuth
Und suchst mich auf, mich noch durch Spott zu quälen?
Zwey Jahre liebt' ich dich, Undankbare, so schön,
Wie keine Sterbliche sich je geliebt gesehn.
Dein Blick, dein Athem schien allein mich zu beseelen.
Thor, der ich war! von einem Blick entzückt
Der sich an mir für Nebenbuhler übte;
Durch falsche Hoffnungen berückt,
Womit mein krankes Herz getäuscht zu werden liebte!
Du botst verführerisch das süſse Gift mir dar,
Und machtest dann mit einem andern wahr
Was dein Sirenenmund mir zugelächelt hatte.
Und, o! mit wem? — Dieſs brachte mich zur Wuth!
(Nur der Gedank' empört noch itzt mein Blut)
Ein Knabe war's, — erröthe nicht, gestatte
Daſs ich ihn mahlen darf, — gelblockig, zefyrlich,
Ein bunter Schmetterling, so glatt wie eine Schlange,
Mit Gänseflaum ums Kinn, mit rothgeschminkter Wange,

Ein Ding, das einer Puppe glich,
Wie kleine Töchterchen mit sich zu Bette nehmen:
Dem gabst du, ohne dich zu schämen,
Den Busen preis, um den der Hirt von Ilion
Helenen untreu worden wäre;
Dieſs Äffchen machte den Adon
Der Nebenbuhlerin der Göttin von Cythere.
Und Fanias, indeſs so ein Insekt
Auf deinen Rosen kriecht, liegt Nächte durch gestreckt,
Mit Thränen, die den May von seinen Wangen ätzen,
Die Schwelle deiner Thür, Undankbare, zu netzen!
Nein! Der versöhnt sich nie, der so beleidigt ward!
Hinweg! die Luft, in der du Athem ziehest,
Ist Pest für mich — Verlaſs mich! du bemühest
Dich fruchtlos! — unsre Denkungsart
Stimmt minder überein als ehmahls unsre Herzen.

Mich däucht (erwiedert sie) du rächest dich zu hart
Für selbst gemachte Liebesschmerzen.
Sey wahr, und sprich, ist's stets in unserer Gewalt
Zu lieben wie und wen wir sollen?

Oft fragt der Liebesgott uns nur nicht ob wir wollen?
Wir finden ohne Grund uns zärtlich oder kalt,
Itzt dem Apollo spröd, itzt schwach für einen Faunen.
Was weiſs ich's selbst? Wer zählet Amors Launen?
Ihr, die ihr über uns so bitter euch beschwert,
Laſst euer eignes Herz für unsers Antwort geben!
Ihr bleibt oft an der Stange kleben,
Und was euch angelockt war kaum der Mühe werth.
Ein Halstuch öffnet sich, ein Ärmel fällt zurücke,
Und weg ist euer Herz! Oft braucht es nicht so viel;
Ein Lächeln fängt euch schon, ihr fallt von einem Blicke.
Ein flüchtiger Geschmack, ein Nichts, ein eitles Spiel
Der Fantasie, regiert uns oft im Wählen;
Das Schöne selbst verliert auf kurze Zeit
Den Reitz für uns; wir wissen daſs wir fehlen,
Und finden Grazien bis in der Häſslichkeit.
Hat die Erfahrung, wie ich glaube,
Von dieser Wahrheit dich belehrt;
So ist mein Irrthum auch vielleicht verzeihenswerth.
Wer suchet unter einer Haube
So viel Vernunft als Zenons Bart verheiſst?

Und wie? mein Freund, wenn ich sogar zu sagen
Mich untersteh', daſs wirklich mein Betragen
Für meine Klugheit mehr als wider sie beweist?
Ich schätzt' an dir, wofür dich jeder preist,
Ein edles Herz und einen schönen Geist:
Was ich für dich empfand, war auf Verdienst gegründet;
Du warst mein Freund, und fodertest nicht mehr;
Vergnügt mit einem Band das nur die Seelen bindet,
Sahst du mich Tage lang, und fandest gar nicht schwer
Mich, wenn der Abendstern dir winkte, zu verlassen,
Um an Glycerens Thür die halbe Nacht zu passen.
So ging es gut, bis dich ein Ungefähr
An einem Sommertag in eine Laube führte,
Worin die Freundin schlief, die wachend dich bisher
So ruhig lieſs. Ich weiſs nicht was dich rührte;
Der Schlaf nach einem Bad, wenn man allein sich meint,
Muſs was verschönerndes in euren Augen haben:
Genug, du fandst an ihr sonst unerkannte Gaben,

Und sie verlor den angenehmen Freund.
Nichts ahnend wacht' ich auf; da lag zu meinen
Füſsen
Ein Mittelding von Faun und Liebesgott!
In dithyrambische Begeist'rung hingerissen
Was sagtest du mir nicht! was hätt'st du wagen
müssen,
Hätt' ich, der Schwärmerey die Lippen zu ver-
schlieſsen,
Das Mittel nicht gekannt! Ein Strom von kal-
tem Spott
Nahm deinem Brand die Luft. Mit triefendem
Gefieder
Flog Amor zürnend fort: doch freut' ich mich
zu früh;
Denn eh' ich mir's versah, so kam er seufzend
wieder.
Mit Seufzen, ich gesteh's, erobert man mich nie;
Der feierliche Schwung erhitzter Fantasie
Schlägt mir die Lebensgeister nieder.
Ich machte den Versuch, durch Fröhlichkeit
und Scherz
Den Dämon, der dich plagte, zu verjagen:
Doch diese Geisterart kann keinen Scherz
ertragen.
Ich änderte die Kur. Allein mein eignes Herz
Kam in Gefahr dabey; es wurde mir verdächtig;
Denn Schwärmerey steckt wie der Schnupfen an:
Man fühlt ich weiſs nicht was, und eh' man
wehren kann

Ist unser Kopf des Herzens nicht mehr mächtig.
Auf meine Sicherheit bedacht
Fand ich zuletzt ich müsse mich zerstreuen.
Mir schien ein Geck dazu ganz eigentlich gemacht.
Für Schönen, die den Zwang der ernsten Liebe scheuen,
Taugt eine Puppe nur, die trillert, hüpft und lacht;
Ein bunter Thor, der tändelnd uns umflattert,
Die Zähne weist, nie denkt, und ewig schnattert;
Der, schwülstiger je weniger er fühlt,
Von Flammen schwatzt die unser Fächer kühlt,
Und, unterdeſs er sich im Spiegel selbst belächelt,
Studierte Seufzerchen mit schaler Anmuth fächelt.

Das alles was du sagst, (fiel unser Timon ein)
Soll, wie es scheint, ein kleines Beyspiel seyn,
Kein Handel sey so schlimm, den nicht der Witz vertheidigt,
Nur Schade, daſs die Ausflucht mehr beleidigt
Als was dadurch verbessert werden soll.
Doch, laſs es seyn! mein Thorheitsmaſs ist voll,
Wir wollen uns mit Zanken nicht ermüden.
Ich liebte dich; vergieb! ich war ein wenig toll:

Dir selbst gefiel ein Geck, und ich — ich bin zufrieden;
Erfreut sogar. Denn ständ' es itzt bey mir,
Durch einen Wunsch an seinen Platz zu fliegen,
Bathyll zu seyn — um dir im Arm zu liegen;
Bey deiner Augen Macht! — ich bliebe hier.
Du hörst, ich schmeichle nicht. Geniefst Ihr das Vergnügen
Durch falsche Zärtlichkeit einander zu betrügen:
Mich fängt kein Lächeln mehr! — Ich seh' ein Blumenfeld
Mit mehr Empfindung an als eure schöne Welt:
Und wenn zum zweyten Mahl ein Weib von mir erhält,
Durch einen strengen Blick, durch ein gefällig Lachen
Mich bald zum Gott und bald zum Wurm zu machen,
Wenn ich, so klein zu seyn, noch einmahl fähig bin;
Dann, holde Venus, dann verwirre meinen Sinn,
Verdamme mich zur lächerlichsten Flamme,
Und mache mich — verliebt in meine Amme.

Wie lange denkst du so? versetzt Musarion:
Der Abstich ist zu stark, den dieser neue Ton
Mit deinem ersten macht! Doch, lieber Freund, erlaube,

Ich fordre mehr Beweis eh' ich ein Wunder glaube.
Du, welcher ohne Lieb' und Scherz
Vor kurzem noch kein glücklich Leben kannte;
Du, dessen leicht gerührtes Herz
Von jedem schönen Blick entbrannte,
Und der, (erröthe nicht, der Irrthum war nicht groſs)
Wenn ihm Musarion die spröde Thür verschloſs,
Zu Lind'rung seiner Qual — nach Tänzerinnen sandte;
Du, sprichst von kaltem Blut? du, bietest Amorn Trutz?
Vermuthlich hast du dich, noch glücklicher zu leben,
In einer andern Gottheit Schutz
Und in die Brüderschaft der Fröhlichen begeben,
Die sich von Leidenschaft und Fantasie befrey'n,
Um desto ruhiger der Freude sich zu weih'n?
Du fliehst den Zwang von ernsten Liebeshändeln,
Und findest sicherer, mit Amorn nur zu tändeln;
Vermählst die Mäſsigung der Lust,
Geschmack mit Unbestand, den Kuſs mit Nektarzügen,
Studierst die Kunst dich immer zu vergnügen,
Genieſsest wenn du kannst, und leidest wenn du muſst?
Ich finde wenigstens in einem solchen Leben
Unendlichmahl mehr Wahrheit und Vernunft,

Als von der freudescheuen Zunft
Geschwollner Stoiker ein Mitglied abzugeben.
Und denkst du so, dann lächle sorgenlos
Zum Tadel von Athen, das deiner Änd'rung spottet.
Nicht, wo die schöne Welt, aus langer Weile bloſs,
Zu Freuden sich zusammen rottet
An denen nur der Nahme fröhlich tönt,
Die, stets gehofft, doch niemahls kommen wollen,
Wobey man künstlich lacht und ungezwungen gähnt,
Und mitten im Genuſs sich schon nach andern sehnt
Die da und dort uns gähnen machen sollen:
Nicht im Getümmel, nein, im Schooſse der Natur,
Am stillen Bach, in unbelauschten Schatten,
Besuchet uns die holde Freude nur,
Und überrascht uns oft auf einer Spur,
Wo wir sie nicht vermuthet hatten.
Doch, Fanias, ist's diese Denkungsart,
Die dich der Stadt entzog, wozu die Auſsenseite
Von einem Diogen? wozu ein wilder Bart?
Mich däucht, ein weiser Mann trägt sich wie andre Leute?

„Mein Ansehn, schöne Spötterin,
Ist wie es sich zu meinem Glücke schicket.

Wie? ist dir unbekannt in welcher Lag' ich bin?
Daſs jenes Dach, von faulem Moos gedrücket,
Und so viel Land als jener Zaun umschlieſst,
Der ganze Rest von meinem Erbgut ist?
Was jeder weiſs kann dir allein unmöglich
Verborgen seyn: dein Scherz ist unerträglich,
Musarion, wie deine Gegenwart.
Mit wem sprichst du von einer Denkungsart,
Die von den Günstlingen des lachenden Geschickes
Das Vorrecht ist?" — Freund, du vergissest dich:
Ein Sklave trägt die Farbe seines Glückes,
Kein edles Herz. Im Schauspiel stimmen sich
Die Flöten nach dem Ton des Stückes:
Allein ein weiser Mann denkt niemahls weinerlich.
Wie, Fanias? Die Farbe deiner Seelen
Ist nur der Wiederschein der Dinge um dich her?
Und dir die Fröhlichkeit, des Lebens Reitz, zu stehlen,
Bedarf es nur ein widrig Ungefähr?
Ich weiſs, mein Freund, wohin uns miſsverstandne Güte,
Ein Herz, das Freude liebt, die Klugheit leicht vergiſst,
Und niemand, als sich selbst, zu schaden fähig ist,
Ich weiſs wohin sie bringen können.

Doch, alles recht geschätzt, gewinnst du mehr dabey
Als du verlierst. Was Thoren uns miſsgönnen
Beweist nicht stets wie sehr man glücklich sey,
Das wahre Glück, das Eigenthum der Weisen,
Steht fest, indeſs Fortunens Kugel rollt.
Dem Reichen muſs die Pracht, die ihm der Indus zollt,
Erst, daſs er glücklich sey, beweisen:
Der Weise fühlt er ist's. Ihm schmecken schlechte Speisen
Aus Thon so gut als aus getriebnem Gold.
Wenn um ihn her die muntern Lämmer springen,
Indem er sorgenfrey in eignem Schatten sitzt,
Und Zefyrn, untermischt mit bunten Schmetterlingen,
Gemähter Wiesen Duft ihm frisch entgegen bringen,
Die Vögel um ihn her aus tausend Zweigen singen,
Und alles, was er sieht, zugleich ergetzt und nützt:
Wie leicht vergiſst er da, er, der so viel besitzt,
Daſs sich sein Landhaus nicht auf Marmorsäulen stützt,
Nicht Sklaven ohne Zahl in seinem Vorhof lärmen,
Und Fliegen nur, wenn er zu Tische sitzt,

Die Parasiten sind, die seinen Kohl umschwärmen!
Kein Schmeichler-Heer belagert seine Thür,
Kein Hof umschimmert ihn! — Er freue sich! dafür
Besitzt er was das jedem Midas fehlet,
Was der Monarch mit Gold zu kaufen fälschlich meint,
Was wer es kennt, vor einer Krone wählet,
Das höchste Gut des Lebens, einen Freund.

„Du schwärmst, Musarion! — Er, dem das Glück den Rücken
Gewiesen, einen Freund?“ — Ein Beyspiel siehst du hier,
Erwiedert sie: mich, die von freyen Stücken
Athen verliefs, dich sucht', und, da du mir
Entflohest, dir (der mütterlichen Lehren
Uneingedenk) so eifrig nachgejagt,
Wie andre meiner Art vor dir geflohen wären.
Ich dächte, das beweist, wenn einem Mann zu Ehren
Ein Mädchen — sich — und seinen Kopfputz wagt!

„Ich weifs die Zeit — ich trug noch deine Kette —
(Hier seufzte Fanias) da, mich entzückt zu sehn,
Dich weniger gekostet hätte.

Du durftest, statt mir nachzugehn,
Dich damahls nur nach Art der Nymfen sträuben,
Die gern an einem Busch im Fliehen hangen bleiben,
Mit leiser Stimme dräun und lächelnd widerstehn:
Allein, wer kann dafür, daſs ungeneigte Winde
Von unsern Wünschen stets den besten Theil verwehn?
Dieſs ist vorbey! Jetzt, wenn es bey mir stünde,
Wünscht' ich mir nichts als ein gelaſsnes Blut.
Man nennt mich zu Athen unglücklich — doch, ich finde,
Zu etwas, wie man sagt, ist stets das Unglück gut;
Durch ein bezaubertes Gewinde
Von süſsem Irrthum hat zuletzt
Die Thorheit selbst mich auf den Weg gesetzt,
Zu werden was ich schien als man mich glücklich nannte.
Gesegnet seyst du mir, Geburtstag meines Glücks!
Tag, der mich aus Athen in diese Wildniſs sandte!
Nicht Fanias, der Günstling des Geschicks,
Nein, Fanias, der Nackte, der Verbannte,
Ist neidenswerth! Da war er wirklich arm,
Unglücklicher als Irus, gleich dem Kranken

Der sich zu Tode tanzt, als Schmeichler, Schwarm an Schwarm,
Sein Herzensblut aus goldnen Bechern tranken:
Beym nächtlichen Gelag, an feiler Frynen Brust,
Da war er elend, da! ein Sklave, fest gebunden
Von jeder Leidenschaft! ein Opferthier der Lust!
Wie? Der, der siebenfach von einer Schlang' umwunden
Auf Blumen schläft und träumt er sitz' auf einem Thron,
Der sollte glücklich seyn? — Und wenn Endymion
(Dem Luna, daſs sie ihn bequemer küssen möge,
So schöne Träume gab) durch eine Million
Von Sonnenaltern stets in süſsen Träumen läge,
Und träumt' er schmaus' am Göttertisch
Mit Jupitern und buhle mit Göttinnen,
Ein süſs betäubendes Gemisch
Von allem was ergetzt berausche seine Sinnen,
Mit Einem Wort, er schwimme wie ein Fisch
In einem Ocean von Wonne —
Sprich, wer geständ' uns, unerröthend, ein,
Er wünsche sich Endymion zu seyn?
Diogenes, der Hund, in seiner Tonne
War glücklicher! — In unsrer eignen Brust,
Da, oder nirgends, flieſst die Quelle wahrer Lust,
Der Freuden, welche nie versiegen,

Des Zustands dauernder Vergnügen,
Den nichts von aufsen stört! Wie elend hätte mich
Ein Wechsel, der mir alles raubte
Wodurch ich mich vor diesem glücklich glaubte,
Fortunens ganzen Kram, — wie elend hätt' er mich
Gemacht, wenn mir aus ihrer lichten Sfäre
Die Weisheit nicht zu Hülf' erschienen wäre,
Die aus den Wolken mir die Arme reicht, zu sich
Hinauf mich zieht, und mich dahin versetzet,
Wo ihre Lieblinge, frey von Begier und Wahn,
Von keiner Lust gereitzt, von keinem Schmerz verletzet,
Sich den Olympiern und ihrer Wonne nahn."

Hier ward der hohe Schwung, den Fanias zu nehmen
Begriffen war, gehemmt. Schon schwanden Raum und Zeit
Aus seinem Blick, schon fühlt' er sich entkleidt
Vom niederziehenden Gewand der Sterblichkeit,
Schon war er halb ein Gott; — als eine Kleinigkeit,
Die wir uns fast zu sagen schämen,
Ihn plötzlich in die Unterwelt
Zurücke zog. — Ihr mächtigen Besieger

Der Menschlichkeit, die ihr dem Sternenfeld
Euch nahe glaubt — das Herz ist ein Betrüger!
Erkennet euer Bild in Fanias und bebt!
Der Weise, der so kühn sich zum Olymp erhebt,
Der schon so hoch empor gestiegen,
Daſs er (wie Sancho dort auf Magellonens Pferd)
Die purpurnen und himmelblauen Ziegen
Des Himmels grasen sieht, 8) die Sfären singen hört,
Und aus der Gluth, die sein Gehirn verzehrt,
Des Feuerhimmels Nähe schlieſset,
Ihn, der nichts Sterblich's mehr mit seinem Blick beehrt,
Den stolzen Gast des Äthers, schieſset
Musarion mit einem — Blick herab.
Doch freylich war's ein Blick, nur jenem zu vergleichen
Den Koypel seinem Amor gab;
Der, euer Herz gewisser zu beschleichen,
Euch schalkhaft warnt, als spräch' er: Seht ihr mich?
Ihr denkt, ich sey ein Kind voll süſser Unschuld, ich?
Verlaſst euch drauf! Seht ihr an meiner Seite
Den Köcher hier? Wenn euch zu rathen ist,
So flieht! — Und doch, was hilft die kleine Frist?
Es sey nun morgen oder heute,
Ihr habt ein Herz, und das ist meine Beute!

So, oder doch in diesem Ton,
So etwas sprach der Blick, womit Musarion
Den weisen Fanias aus seiner Fassung brachte.
Er sah, er stockt', er schwieg; die alte Flamm' erwachte,
Und seine Augen füllt' ein unfreywillig Naſs.
Die Schöne stellte sich sie sehe nichts, und lachte
Nur innerlich. Drauf sprach sie: Fanias,
Es dämmert schon. Ich habe mich zu lange
Bey dir verweilt. Athen ist weit von hier;
In dieser Gegend kenn' ich niemand auſser dir,
Und hier im Hain, gesteh' ich, wäre mir
Die Nacht hindurch vor Ziegenfüſslern bange.
Was ist zu thun? — Ich denk' ich folge dir?

„Mir? stottert Fanias, gewiſs sehr viele Ehre!
Allein, mein Haus ist klein" — Und wenn es kleiner wäre,
Für eine Freundin hat die kleinste Hütte Raum. —
„Du wirst an allem Mangel haben;
Ein wenig Milch, ein Ey, und dieses kaum" —
Mich hungert nicht. — „Nur einen Hirtenknaben,
Dich zu bedienen" — Nur? Es ist an dem zu viel.

Wir wollen gehn, mein Freund! die Luft wird kühl —
„Vergieb, Musarion; ich muſs dir alles sagen:
Mein Häuschen ist besetzt; ich habe seit acht Tagen
Zwey Freunde, die bey mir“ — Zwey Freunde? — „Ja, und zwar
Die, däucht mir, nicht zu deinem Umgang taugen.“ —
Was sagst du? — Filosofen gar?
Sie haben doch noch ihre Augen?
Gut Fanias, ich will sie kennen, ich —
„Du scherzest.“ — Nein, mein Herr; ich hatte, wie ihr mich
Hier seht, von ihrer Art wohl eher
Um meinen Nachttisch stehn. — „Vergieb, ich zweifle sehr:
Der stoische Kleanth“ — O Ceres! und wer mehr?
„Theofron, der Pythagoräer,
Sind schwerlich von so blödem Geist“ —
O Fanias, ist alles Gold was gleiſst?
Allein, gesetzt, sie wären lauter Geist,
Was hindert dieſs? Nur desto mehr Vergnügen! —
„Kurz, wir sind drey, Madam, und auf den Mann
Ein kleines Ruhebett“ — Man hilft sich wie man kann;

Und können wir den Schlaf durch Schwatzen
nicht betrügen?
Wir gehn, mein Lieber — deinen Arm!
Nun, Fanias? macht dir mein Antrag warm?
Man dächt' es wäre hier wer weiſs wie viel zu
wagen.
Drey Weise werden mir doch wohl gewach-
sen seyn?
Ich fürchte nichts bey euch, und bin allein.

Was soll er thun? — Wo Widerstreben
Vorm Untergang das Schiff nicht retten kann,
Da wird ein weiser Steuermann
Mit guter Art sich in den Wind ergeben.
Mein Fanias, der nur aus blöder Scheu
Vor seinen Mentorn sich so lange wider-
setzte,
Schwor, daſs er seine Einsiedley
Dem Musentempel ähnlich schätzte,
Weil ihr das Glück beschieden sey
Die liebenswürdigste der Musen zu beschatten.
Schon zeigte sich, daſs ihre Reitze noch
Nicht alle Macht auf ihn verloren hatten.
Der ausgetriebne Amor kroch,
So leise wie auf Blumenspitzen,
Aus ihren Augen in sein Herz.
Des Gottes Ankunft kündt ein fliegendes
Erhitzen
Der blassen Wang', ein wollustvoller Schmerz
Mit Thränen an, die wider seinen Willen

In runden Tropfen ihm die Augenwinkel füllen.
Er meint er athme nur, und seufzt; starrt unverwandt
(Indeſs sie schwatzt und scherzt) sie an, als ob er höre,
Und hört doch nichts; drückt ihr die runde Hand,
Und denkt, indem durchs steigende Gewand
Die schöne Brust sich bläht, ob diese halbe Sfäre
Der Pythagorischen nicht vorzuziehen wäre?

Die Schöne wurde die Gefahr
Worin der Ruhm der Stoa schwebte,
Den Kampf in seiner Brust und ihren Sieg gewahr,
Und wie vergebens er der Macht entgegen strebte,
Wovon (so lispelt ihr der Liebesgott ins Ohr)
Die Filosofen selbst, sie wollten
Nun oder wollten nicht, bald Zeugen werden sollten.
Sie sah, wie nach und nach sein Trübsinn sich verlor,
Und wie beredt, wie stark sein Auge sagte,
Was er sich selbst kaum zu gestehen wagte:
Allein, sie fand für gut, (und that sehr klug daran)
Ihm, was sie sah, und ihrer beider Seelen

Geheime Sympathie zur Zeit noch zu verhehlen.
Nur sah sie ihn mit solchen Blicken an,
Die er berechtigt war so günstig auszulegen
Als ihm gefiel. Allein, macht die Begier verwegen,
So macht die Liebe blöd. Er sah in ihrem Blick
Sonst jeden Reitz, nur nicht sein nahes Glück.

So langten sie, da schon die letzten Strahlen schwanden,
Bey seinem Landgut an, wo sie das weise Paar,
Von Linden die im Vorhof standen
Umduftet, unverhofft in einer Stellung fanden,
Die der Filosofie nicht allzu rühmlich war.

Anmerkungen.

1) S. 3. Und was ihm noch zum Timon fehlt —

Eine Anspielung auf den armseligen Aufzug, worin Lucian in einem seiner dramatischen Dialogen den berüchtigten Timon, den Menschenhasser, aufführt. — „Wer ist denn (fragte der auf die Erde herab schauende Jupiter den Merkur) da unten am Fuſse des Hymettus der lumpige schmutzige Kerl in dem Ziegenpelze, der ihm kaum bis über die Hüften reicht?“ u. s. w. S. Lucians sämmtl. Werke, I. Theil, S. 60 der neuen Deutschen Übersetzung.

2) S. 3. Als hätt' er den, der einst den Krates deckte,
Vom Aldermann der Cyniker geerbt.

In der Ausgabe von 1769 lautete der letzte Vers so:

(Ihr wiſst ja wo?) vom Diogen geerbt.

Nun wuſsten aber die meisten Leser nicht wo? Man hat also für besser gehalten, den Vers abzuändern, und dem Leser, dem die Anekdote, auf welche hier angespielt wird, unbekannt oder entfallen seyn könnte, durch eine kleine Anmerkung zu dienen. Der Sinn dieser Stelle ist also: Der Mantel des aus seinem ehmahligen Wohlstande, gleich dem Timon, herunter gekommenen Fanias, der seine ganze Kleidung ausmachte, habe so abgenützt ausgesehen, als ob er eben derselbe wäre, welchen Diogenes über seinen Freund und Schüler Krates ausgebreitet haben soll, als dieser (aus einem kleinen Übermaſs von Eifer, die Cynische Lehre, „daſs nichts natürliches schändlich sey," durch eine auffallende That zu bekräftigen) sich die Freyheit nahm, sein Beylager mit der schönen Hipparchia in der groſsen Halle (Stoa) zu Athen öffentlich zu vollziehen. — Daſs dem Diogenes die Benennung eines Aldermanns der Cyniker zukomme, bedarf wohl keines Beweises, und man hat sie in dieser Ausgabe der in einigen vorgehenden, wo es, dem Aldermann der Stoiker, d. i. dem Zeno, hieſs, vorgezogen, weil von einem Mantel, der vom Diogenes bis auf den Zeno, und sodann weiter von einem filosofischen Bettler zum andern, endlich bis auf den Fanias fortgeerbt worden wäre, wahrscheinlich gar nichts mehr als Fetzen übrig geblieben seyn müſsten.

3) S. 3. Wo auch Sokraten zechten —

Daſs Sokrates bey Gelegenheit ein strenger Zecher gewesen sey, erhellet aus verschiedenen Stellen des Platonischen Symposion. So rühmt es ihm zum Beyspiel Agathon, der Wirth in diesem berühmten Gastmahl, als keinen geringen Vorzug vor den übrigen Anwesenden nach, dafs er den Wein besser ertragen könne als die stärksten Trinker unter ihnen; und der junge Alcibiades, da er, um die Gesellschaft zum Trinken einzuladen, dem Sokrates einen grofsen Becher voll Wein zu bringt, setzt hinzu. „Gegen den Sokrates, meine Herren, wird mir dieser Pfiff nichts helfen; denn der trinkt so viel als man will, und ist doch in seinem Leben nie betrunken gewesen." — Auch leert Sokrates den voll geschenkten Becher nicht nur rein aus, sondern, nachdem, auf eine ziemlich lange Pause, das Trinken wegen einiger noch von ungefähr hinzu gekommenen Bacchusbrüder von neuem angegangen war, und, unter mehrern andern, die es nicht länger aushalten konnten, auch Aristodemus sich in irgend einen Winkel zurück gezogen hatte und eingeschlafen war, fand dieser, als er um Tagesanbruch wieder erwachte und ins Tafelzimmer zurück kam, dafs alle andern weggegangen, und nur Agathon, Aristofanes und Sokrates allein noch auf waren, und aus einem grofsen Becher tranken. Sokrates dialogierte noch immer mit ihnen fort, und fühlte sich durch allen Wein, den er die ganze Nacht durch zu sich genommen hatte, so wenig verändert, dafs er, als es Tag geworden war, mit besagtem Aristodemus ins Lyceon baden ging, und, nachdem er den ganzen Tag nach seiner gewöhnlichen Weise zugebracht, erst gegen Abend sich nach Hause zur Ruhe begab. — Ein Zug seines Temperaments, welcher (däucht uns) bey Schätzung seines sittlichen Karakters nicht aus der Acht zu lassen ist. Denn mit einem solchen Temperamente kann es, bey einem einmahl fest gefaſsten Vorzatz, eben nicht sehr schwer seyn, immer Herr von seinen Leidenschaften zu bleiben.

4) S. 6. Ein Dichter, der zwar selbst beym ersten Anlaſs floh —

Horaz, der, ungeachtet seines „Süſs ists und edel sterben fürs Vaterland," in einem andern Gesang offenherzig genug ist zu gestehen, daſs er in der Schlacht bey Filippi sogar seinen kleinen runden Schild von sich geworfen habe, um dem schönen Tod fürs Vaterland desto hurtiger entlaufen zu können. — Wiewohl nicht zu verschweigen ist, daſs unser Autor selbst an einem andern Orte nicht ganz unerhebliche Gründe, den Dichter gegen sich selbst zu rechtfertigen, vorgebracht zu haben scheint. S. die erste Erläuterung zur zweyten Epistel des Horaz an Julius Florus.

5) S. 8. Filipps Sohn — Alexander der Groſse.

Ninias, Sohn des Ninus und der Semiramis, ein Assyrischer König, von welchem die Geschichte nichts zu sagen hat, als daſs er die acht und zwanzig Jahre seiner Regierung (wie man bey seines gleichen das *divino far niente* nennt) in der üppigsten Unthätigkeit in seinem Harem zwischen Weibern und Höflingen verträumt habe.

6) S. 8. Damit der Pöbel von Athen —

„O ihr Athener, (soll Alexander, als er in einem äuſserst mühseligen und gefährlichen Abenteuer am

Flusse Hydaspes in Indien begriffen war, ausgerufen haben) werdet ihr jemahls glauben können, was für Gefahren ich laufe, um mir euere gute Meinung zu erwerben?"

7) S 10. Als ob ein Arimasp ihn jagte — Die Arimaspen sind (wie uns Plinius unter der Gewährleistung der berühmten Geschichtschreiber Herodot und Aristeas meldet) ein Skythisches Volk, das im äufsersten Norden, unweit der Höhle des Nordwindes wohnt, nur Ein Auge mitten auf der Stirne hat, und in ewigem Kriege mit den Greifen lebt, um ihnen das Gold zu rauben, welches diese ungeheuern Vögel mit unersättlicher Begierde aus den Adern der Erde hervor scharren, blofs um das Vergnügen zu haben, ihre Goldhaufen Tag und Nacht zu bewachen und gegen die Arimaspen zu vertheidigen. Das, was an diesem Mährchen historisch wahr ist, gehört nicht hierher.

8) S. 28. Dafs er, wie Sancho dort auf Magellonens Pferd — Unter andern Wunderdingen, welche Sancho Pansa auf dieser eingebildeten Luftreise gesehen haben wollte, waren auch die sieben himmlischen Ziegen, (das Siebengestirn) mit denen er sehr gute Bekanntschaft gemacht zu haben vorgab, und von welchen, wie er getrost versicherte, zwey grün, zwey fleischfarben, zwey himmelblau, und eine von gemischter Farbe sind.

MUSARION

ZWEYTES BUCH.

ZWEYTES BUCH.

Was, beym **Anubis**! konnte das
Für eine Stellung seyn, in welcher **Fanias**
Die beiden Weisen angetroffen?
„Sie lagen doch — wir wollen bessers hoffen! —
Nicht süfsen Weines voll im Gras?“ —
Diefs nicht. — „So ritten sie vielleicht auf Steckenpferden?“
Das könnte noch entschuldigt werden;
Plutarchus rühmt sogar es an **Agesilas**. [1])
Doch von so fei'rlichen Gesichtern, als sie waren,
Vermuthet sich nichts weniger als das.
Ihr Zeitvertreib war in der That kein Spafs;
Denn, kurz, sie hatten sich einander bey den Haaren.

Der nervige **Kleanth** war im Begriff, ein Knie
Dem Gegner auf die Brust zu setzen,
Der, unter ihn gekrümmt, für die Filosofie,
Die keine Bohnen ifst, [2]) die Haare liefs; als sie
In ihrem Skythischen Ergetzen

Des Hausherrn Ankunft stört. Beschämt, als hätte ihn
Sein Feind bey einer That, die keine fremde Leute
Zu Zeugen nimmt, ertappt, zum Stehn wie zum Entfliehn
Unschlüssig, wünscht er nur dem Gast an seiner Seite
Ein Schauspiel zu entziehn, das sie weit mehr erfreute
Als von Menandern selbst (dem Attischen Goldon)
Das beste Stück. Allein sie waren schon
Zu nah, sie sah zu gut, der Schauplatz war zu offen,
Er konnte nicht sie zu bereden hoffen
Sie habe nichts gesehn. Die Kämpfer raffen sich
Indessen auf; sie ziehen sittsamlich
Die Mäntel um sich her, und stehen da und sinnen
(Weil Fanias, damit sie Zeit gewinnen,
Die Nymf' am Arm, nur schleichend näher kam)
Der Schmach sich selbst bewufster Scham
Durch dialektische Mäander zu entrinnen.
Vergebens, wenn Musarion
Grofsmüthig ihnen nicht zuvor gekommen wäre.
„Die Herren üben sich, spricht mit gelafsnem Ton

Die Spötterin, vermuthlich nach der Lehre,
Daſs Leibesübung auch des Geistes Stärke nähre.
Ein männlich Spiel fürwahr! wovon
Mit bestem Recht zu wünschen wäre,
Daſs unsrer Sitten Weichlichkeit
Nicht allgemach es aus der Mode brächte."

Man sieht, sie gab dem wilden Stiergefechte
Ein Kolorit von Wohlanständigkeit;
(Nicht ohne Absicht zwar) — Wer war dabey so freudig
Als Fanias! — Allein der stoische Kleanth
(Zu hitzig oder ungeschmeidig
Zu fühlen, daſs es bloſs in seiner Willkühr stand
Das Kompliment in vollem Ernst zu nehmen)
Zwang seinen Schüler sich noch mehr für ihn zu schämen.
Der Augenblick, worin Musarion
Ihn überfiel, ihr Blick, der schalkhaft sanfte Ton
Der Ironie, und (was noch zehnmahl schlimmer
Als alles andre war) ihr ungewohnter Schimmer,
Die Májestät der Liebeskönigin,
Das Wollustathmende, das eine Atmosfäre
Von Reitz und Lust um sie zu machen schien,
Bestürmt auf einmahl, für die Ehre
Der Apathie 3) zu stark, den überraschten Sinn.

Er stottert ihr Entschuldigungen,
Zupft sich am Bart, zieht stets den Mantel enger an,
Und unterdeſs entwischt dem weisen Mann
Was niemand wissen will, — er hab' im Ernst gerungen
Der Streit, versichert er, ging eine Wahrheit an,
Die er so sonnenklar, so scharf beweisen kann,
Nur ein Arkadisch Thier, ein Strauſs, ein Auerhahn —
Hier röthet sich sein Kamm, es schwellen Brust und Lungen,
Er schreyt — Mich jammert nur der arme Fanias!
Bald lauter Gluth, bald leichenmäſsig blaſs,
Steht er beyseits und wünscht vom Boden sich verschlungen
Worauf er steht. — Die Schöne sieht's, und eilt
Ihn von der Marter zu erretten.
Mit einem Blick voll junger Amoretten
Und Grazien, der stracks an unsichtbare Ketten
Kleanthens Tollheit legt, Theofrons Rippen heilt,
Spricht sie: Wenn's euch beliebt, so machen wir die Fragen,
Wovon die Rede war, zu unserm Tischkonfekt;
Ich zög' ein solch Gespräch, sogar bey leerem Magen,
Der Tafel vor, die Ganymedes deckt.

Wie freu' ich mich, dafs ich den Weg verloren,
Da mir das Glück so viel Vergnügen zugedacht!
Glücksel'ger Fanias, der Freunde sich erkohren,
Von denen schon der Anblick weiser macht!
Jetzt wundert mich nicht mehr, wenn er zum Spott der Thoren
Mitleidig lächeln kann, und, glücklich, wie er ist,
Athen und uns und alle Welt vergifst!

So sprach sie; und mit Ohren und mit Augen
Verschlingt das weise Paar was diese Muse spricht:
Begier'ger kann die welke Rose nicht
Den Abendthau aus Zefyrs Lippen saugen.
Zusehens schwellen sie von selbst-bewufstem Werth:
Nicht, dafs ein fremdes Lob sie dessen erst belehrt;
Nur hört man stets mit Wohlgefallen
Aus andrer Mund das Urtheil wiederhallen,
Womit uns innerlich die Eitelkeit beehrt.
Ein Filosof bleibt doch uns andern allen
Im Grunde gleich: wär' er so stoisch als ein Stein,
Und hätte nichts die Ehr' ihm zu gefallen,
Er selbst gefällt sich doch! Schmaucht ihn mit Weihrauch ein,
Und seyd gewifs, er wird erkenntlich seyn.

Es stieg demnach von Grad zu Grade
Der Schönen Gunst bey unserm Weisenpaar;
Ihr lachend Auge fand selbst vor der Stoa Gnade,
Und man vergab es ihr, daſs sie so reitzend war.

Ein kleiner Sahl, der von des Hauswirths Schätzen
Kein allzu günstig Zeugniſs gab,
Nahm die Gesellschaft auf. Ein ungekämmter Knab'
Erschien, die Tafel aufzusetzen,
Lief keuchend hin und her, und hatte viel zu thun
Bis er ein Mahl zu Stande brachte,
Wovon ein wohlbetagtes Huhn
(Doch nicht, der Regel nach, die Kacius erdachte, 4)
In Cypernwein erstickt) die beste Schüssel machte.

Ob die Filosofie des guten Fanias
Der schönen Nymfe gegen über
Bey einem solchen Schmaus so gar gemächlich saſs,
Läſst man dem Leser selbst zu untersuchen über.
Ein wenig falsche Scham, von der er noch nicht ganz
Sich los gemacht, schien ihn vor einem Zeugen
Von seines vor'gen Wohlstands Glanz

Ein wenig mehr als nöthig war zu beugen.
Allein der Dame Witz, die freye Munterkeit,
Die was sie spricht und thut mit Grazie bestreut,
Und dann und wann ein Blick voll Zärtlichkeit,
Den sie, als ob sie sich vergäſs', erst auf ihn heftet
Dann seitwärts glitschen läſst, entkräftet
Den Unmuth bald, der seine Stirne kräust;
Stets schwächer widersteht sein Herz dem süſsen Triebe,
Und, eh' er sichs versieht, beweist
Sein ganzes Wesen schon den stillen Sieg der Liebe.

Indessen wird, so sichtbar als es war,
Den beiden Weisen doch davon nichts offenbar,
Ob sie die Schöne gleich mit groſsen Augen messen.
Die Herren dieser Art blendt oft zu vieles Licht;
Sie sehn den Wald vor lauter Bäumen nicht.
Doch sind die unsrigen entschuldigt; denn indessen
Daſs Fanias ein liebliches Vergessen
Von allem, was sein steifer Pädagog
Ihm jemahls vorgeprahlt, aus schönen Augen sog,
War auf Musarions Verlangen
Das akademische Gefecht schon angegangen,
Womit sie etwas sich zu gut zu thun beschloſs.

Kleanth bewies bereits: „Der Weise nur sey groſs
Und frey, geringer kaum ein wenig
Als Jupiter, ein Krösus, ein Adon,
Ein Herkules, und zehnmahl mehr ein König
Auf mürbem Stroh als Xerxes auf dem Thron;
Des Weisen Eigenthum, die Tugend, ganz alleine
Sey wahres Gut, und nichts von allem dem
Was unsern Sinnen reitzend schiene
Sey wünschenswürdig" — Kurz, die Wuth für sein System
Ging weit genug, ganz trotzig, ohne Röthe,
Zu prahlen: „Wenn in Cypriens Figur
Die Wollust selbst leibhaftig vor ihn träte,
Schön, wie die Göttin sich dem Sohn der Myrrha 5) nur
Bey Mondschein sehen lieſs, — und diese Venus böte
Auf seinem Stroh ihm ihre schöne Brust
Zum Polster an — ein Mann wie Er verschmähte
Den süſsen Tausch." —

Hier war es, wo die Lust
Des Widerspruchs Theofron sich nicht länger
Versagen kann — ein Mann von krausem schwarzem Bart
Und Augen voller Gluth, kein übler Sänger

Und Citharist, dabey ein Grillenfänger
So gut als jener, nur von einer andern Art.
Das geht zu weit, (fiel er Kleanthen in die Rede)
Zum mindsten führet es gar leicht zu Miſsverstand.
Nicht daſs ich hier das Wort der Wollust rede
Im gröbern Sinn! Die ist unläugbar eitel Tand
Und Schaum und Dunst, ein Kinderspiel für blöde
Unreife Seelen, die mit ihren Flügeln noch
Im Schlamm des trüben Stoffes stecken. 6)
Doch sollt' uns nicht die Nektartraube schmecken,
Weil ein Insekt auf ihrem Purpur kroch?
Der Miſsbrauch darf nicht unser Urtheil leiten:
Alt ist der Spruch, zu selten sein Gebrauch!
Saugt nicht auf gleichem Rosenstrauch
Die Raupe Gift, die Biene Süſsigkeiten?

Begeistert wie ein Korybant,
Und von Musarion die Augen unverwandt,
Fing jetzt Theofron an, in dichterischen Tönen,
Vom Ersten Wesentlichen Schönen
Zu schwärmen: „Wie das alles, was wir sehn
Und durch der Sinne Dienst mit unsrer Seele gatten,
Von dem, was übersinnlich schön
Und göttlich ist, nur wesenlose Schatten,
Nur Bilder sind, wie wenn in stiller Flut,

Von Büschen eingefaſst, sich Sommerwolken mahlen.“
Von da erhob er sich, bey immer wärmerm Blut,
„Zu den geheimniſsvollen Zahlen,
Zur sfärischen Musik, zum unsichtbaren Licht,
Zuletzt zum Quell des Lichts.“ — Ekstatischer hat nicht,
Wie aus der alten Nacht die schöne Welt entsprungen,
Und vom Deukalion, und von der goldnen Zeit,
Virgils Silen den Knaben vorgesungen,
Die ihn im Schlaf erhascht und zum Gesang gezwungen.

Dann fuhr er fort, und sprach „vom Tod der Sinnlichkeit,
Und wie durch magische geheime Reinigungen
Die Seele nach und nach vom Stoffe sich befreyt,
Und wie sie, durch Enthaltsamkeit
Von Erdetöchtern und — von Bohnen,
Zum Umgang tüchtig wird mit Göttern und Dämonen,
Bis sie (dem Wurme gleich, der in die Sommerluft
Auf neuen Flügeln sich erhebet)
Dem Stoff sich ganz entreiſst und ihres Körpers Gruft,
Zur Göttin wird und unter Göttern lebet.

Belustigt an dem hohen Schwung,
Den unser Doktor nahm, stellt sich die schlaue Schöne,
Als ob vor Hörenslust und vor Bewunderung
Ihr Busen sich in seinen Fesseln dehne.
Zum Unglück für den Mann, der lauter Wunder spricht,
Entsteht dadurch (und sie bemerkt es nicht)
Ich weiſs nicht welche kleine Lücke,
Die seinen Flug auf einmahl unterbricht;
Und wie zuletzt die Richtung seiner Blicke
Ihr sichtbar macht was ihn zerstreut,
Und sie beschäftigt scheint den Zufall zu verbessern,
Hat sie die Ungeschicklichkeit,
(Wofern's nicht Bosheit war) das Übel zu vergröſsern.

Der Umstand ist an sich nur eine Kleinigkeit;
Doch wird vielleicht die Folge zeigen
Daſs er entscheidend war. Es folgt ein tiefes Schweigen,
Wobey Kleanth sogar das volle Glas,
Und, was kaum glaublich ist, die Lust zum Zank vergaſs;
Indeſs, vertieft in Sinus und Tangenten,
Der Jünger des Pythagoras
Den wallenden Kontur 7) gewisser Sfären maſs,
Woran die Lambert selbst sich übermessen könnten;

Vor Amorn unbesorgt, der hier zu lauern pflegt,
Und schon den schärfsten Pfeil auf seinen Bogen legt.

Mit lächelnder Verachtung sieht die Dame
Das weise Paar, mit seinem Flitterkrame
Von falschen Tugenden und grofsen Wörtern, an;
Und eh' die Herren sichs versahn,
Weifs sie mit guter Art den unbescheidnen Blicken,
Was ihres gleichen zu entzücken
Die Charitinnen nicht mit eigner Hand
So schön gedreht, auf einmahl zu entrücken;
Und alles sinkt sogleich in seinen alten Stand.

Drauf sprach sie: In der That, man kann nichts schöners hören,
Als was Theofron uns von unsichtbarem Licht,
Von Eins und Zwey, von musikalschen Sfären,
Vom Tod der Sinnlichkeit und von Vergött'rung spricht.
Wie Schade, wär' es nur ein schönes Luftgesicht,
Wornach er uns die Lippen wässern machte!
Und doch, der Weg zu diesem stolzen Glück
Ist, däucht mir, das, woran er nicht gedachte?

Theofron, noch ganz warm von dem was seinem Blick
Entzogen war, und voll von wollustreichen Bildern,
Beginnt den Weg, den Prodikus so schmal
Und rauh und dornig mahlt, 8) so angenehm zu schildern,
So lachend wie ein Rosenthal
Zu Amathunt, dem Aufenthalt der Freuden.
Ein Sybarit, der einen Weg aus beiden
Zu wählen hätt', erwählte sonder Müh
Den blumigen, den die Filosofie
Theofrons ging, — durch zauberische Schatten,
Wo Geist und Körper sich, bey ungewissem Licht,
In schöne Ungeheuer gatten,
Und Amor, nicht der kleine Bösewicht
Den Koypel mahlt, ein andrer von Ideen,
Wie der zu Gnid von Grazien, umschwebt,
Ein Amor, der vom Haupt bis zu den Zehen
Voll Augen ist und nur vom Anschaun lebt,
Der Seele Führer wird, sie in die Wolken hebt,
Und, wenn er sie zuvor — in einem kleinen Bade
Von Flammen — wohl gereinigt und gefegt,
Sie stufenweis durch die gestirnten Pfade
Bis in den Schoofs des höchsten Schönen trägt.

Doch eh' zu so erhabner Liebe
Die Seele leicht genug sich fühlt,
Befreyt Theofron sie vorher von jedem Triebe,
Der thierisch im Morast des groben Stoffes wühlt.
„Und hier ist's, fährt er fort, wo unsre Afterweisen
Ein falsches Licht verführt. Die guten Leute preisen
Uns ihre Apathie als ein Geheimniſs an,
Das uns zu mehr als Göttern machen kann. 9)
Nach ihnen soll der Weise alles meiden
Was Aug' und Ohr ergetzt; so kleine Kinderfreuden
Sind ihm zu tändelhaft; stets in sich selbst gekehrt
Beweist er sich allein durch das was er entbehrt
Die Gröſse seines Glücks, fühlt nichts, um nichts zu leiden,
Und — irret sehr. Das Schöne kann allein
Der Gegenstand von unsrer Liebe seyn;
Die groſse Kunst ist nur, vom Stoff es abzuscheiden.
Der Weise fühlt. Dieſs bleibt ihm stets gemein
Mit allen andern Erdensöhnen:
Doch diese stürzen sich, vom körperlichen Schönen
Geblendet, in den Schlamm der Sinnlichkeit hinein,

Indessen *wir* daran, als einem Wiederschein,
Ins *Urbild selbst* zu schauen uns gewöhnen.
Diefs ist's, was ein *Adept* in allem Schönen
sieht,
Was in der Sonn' ihm strahlt und in der Rose
blüht.
Der Sinnensklave klebt, wie Vögel an der
Stange,
An einem Lilienhals, an einer Rosenwange;
Der Weise sieht und liebt im Schönen der Natur
Vom Unvergänglichen die abgedrückte Spur.
Der Seele Fittich wächst in diesen geist'gen
Strahlen,
Die, aus dem Ursprungsquell des Lichts
Ergossen, die Natur bis an den Rand des Nichts
Mit fern nachahmenden nicht eignen Farben
mahlen.
Sie wächst, entfaltet sich, wagt immer höhern
Flug,
Und trinkt aus reinern Wollustbächen;
Ihr thut nichts Sterbliches genug,
Ja, Götterlust kann einen Durst nicht schwächen
Den nur die Quelle stillt. So, meine Freunde,
wird,
Was andre Sterbliche, aus Mangel
Der *höhern Scheidekunst*, gleich einer
Flieg' am Angel,
Zu süfsem Untergange kirrt,
So wird es für den echten Weisen
Ein Flügelpferd zu überird'schen Reisen.

„Auch die Musik, so roh und mangelhaft
Sie unterm Monde bleibt — denn, ihrer Zauberkraft
Sich recht vollkommen zu belehren,
Muſs man, wie Scipio, die Sfären
(Zum wenigsten im Traume) singen hören — [10])
Auch die Musik bezähmt die wilde Leidenschaft,
Verfeinert das Gefühl, und schwellt die Seelenflügel;
Sie stillt den Kummer, heilt die Milzsucht aus dem Grund,
Und wirkt (zumahl aus einem schönen Mund)
Mehr Wunderding' als Salomonis Siegel."

Hier kann Kleanth nicht länger ruhn;
Er muſs, vom Wahrheitsdrang gezwungen,
Der Schwärmerey des Mannes Einhalt thun;
Denn alles was Theofron uns gesungen,
War, seinem Urtheil nach, vollkommner Aberwitz.
Schon richtet er auf seinem Polstersitz,
Den rechten Arm entblöſst, die Stirn in stolzen Falten,
Sich drohend auf, und hat, noch eh' er spricht,
Den leichten Sieg bereits erhalten;
Als ihn ein Auftritt unterbricht,
Auf den das weise Paar sich nicht gefaſst gehalten.

Der Sahl eröffnet sich, und eine Nymfe tritt
Herein, das Haupt mit einem Korb beladen,
Den Busen leicht verhüllt, und gleich den Oreaden
So hoch geschürzt, daſs jeder schnelle Schritt
Den schlanken Fuſs bis an die feinsten Waden,
Und oft sogar ein Knie von Wachs entdeckt,
Das eilend wieder sich im dünnen Flor versteckt.
Nicht schöner mahlt die Heben und Auroren
Alban, der, wie ihr wiſst, so gerne Nymfen mahlt.
Mit Einem Wort, sie war so auserkohren,
Daſs unser Theosof (beym ersten Blick verloren
Im Wiederschein, der ihm entgegen strahlt)
Die Düfte nicht empfindt, die aus dem Korbe steigen,
Und die Kleanth mit Mund und Nase in sich schlurft.
Musarion, die sich den Ausgang schon entwirft,
Winkt ihrem Freund ein Pythagor'sches Schweigen,
Indeſs den Korb die schöne Sklavin leert,
Und mit sechs groſsen Nektarkrügen,
(Genug von einem Faun den Weindurst zu besiegen)
Mit Früchten und Konfekt den runden Tisch beschwert.

Die Herren (spricht hierauf die Schöne) haben beide
Mich wechselsweise, so wie jeder sprach, bekehrt:
Wie sehr ich auch das Glück der Apathie beneide,
So däucht mich doch die geist'ge Augenweide,
Die uns Theofron zeigt, nicht minder wünschenswerth.
Erlaubet, dafs ich mich ein andermahl entscheide.
Es sey der Rest der Nacht, die mich so viel gelehrt,
Den Musen heilig und der Freude!
Nimm, Fanias, die Schal', und giefs sie aus
Der himmlisch lächelnden Cytheren;
Und du, Theofron, gieb uns einen Ohrenschmaus,
Und lafs zum Saitenspiel uns deine Stimme hören.

Das leichte filosof'sche Mahl
Verwandelt nun (Dank sey der Oreade,
Die Hebens Dienste thut) durch unbemerkte Grade
Sich in ein kleines Bacchanal.
Zwar läfst zum Lob des unsichtbaren Schönen
Der bärtige Apoll das ganze Haus ertönen;
Allein sein Blick, der nie von Chloens Busen weicht,

Beweist, wie wenig was er fühlet
Dem was er singt, und einer Rolle gleicht,
Die auch der künstlichste Komödiant so leicht
Und ungezwungen nie, wie seine eigne, spielet.
Die lose Sklavin hilft, des Weisen Lüsternheit
Durch listige Geschäftigkeit
Mit jedem Augenblick lebhafter anzufachen;
Stets ist sie um ihn her, und macht sich tausend Sachen
Mit ihm zu thun, in immer hellerm Glanz
Die Reitzungen ihm vorzuspiegeln,
Die nur zu sehr die Seel' in ihm beflügeln
Die unterm Zwerchfell thront. [11]) Ein grofser Blumenkranz,
Womit sie seine Stirne schmücket,
Vollendet was ihm fehlt, damit wer ihn erblicket,
Wie er den Zärtlichen und Angenehmen macht,
Fast überlaut ihm an die Nase lacht.

Wie traurig, Fanias, siehst du die schönste Nacht,
Dir ungenützt, bey diesem Spiel verstreichen!
Er gähnt die Freundin kläglich an,
Er winkt, er seufzt: umsonst, sie folget ihrem Plan,
Und denkt vielleicht nicht weniger daran
Ihn mit dem seinen zu vergleichen.

Zu ihrer Freude bringt der schlauen Chloe Kunst
Den schlüpfrigen Pythagoräer
Dem abgeredten Ziel zusehens immer näher.
Er buhlt durch Blicke schon um ihre Gegengunst
So feierlich, antwortet ihren Blicken
Mit so fanatischem, so komischem Entzücken,
Daſs Hogarths Laune selbst kaum weiter gehen kann.
Wozu, Verführerin, bietst du den Nektarbecher
Dem Lechzenden so zaubrisch lächelnd an?
Sein Brand bedarf kein Öhl! Nimm lieber einen Fächer,
Und kühle seinen Mund und seiner Wangen Gluth!
Wohnt so viel Grausamkeit in sanften Mädchenseelen?
Glaubt ihr ein weiser Mann sey nicht von Fleisch und Blut?
Doch Chloe weiſs vermuthlich was sie thut;
Sie hat die Miene nicht, ihn unbelohnt zu quälen.

Nicht wenig stolz auf sein gefrornes Blut,
Beweist indeſs mit hoch empor geworfner Nase
Kleanth, der Stoiker, bey oft gefulltem Glase,

Daſs Schmerz kein Übel sey, und Sinnenlust kein Gut.
Ihm hängt, wie dort Horaz, dem trägen
Lastbaren Thiere gleich, sein Lehrling, weil er muſs,
Verzweiflungsvoll ein schläfrig Ohr entgegen, [12]
Und widerspricht zuletzt aus Langweil und Verdruſs.
Natürlich reitzet dieſs noch mehr des Weisen Galle;
Im Eifer schenkt er sich nur desto öfter ein,
Glaubt, daſs er Wasser trinkt, nicht Wein,
Und demonstriert den Aristipp, und alle
Die seiner Gattung sind, in Circens Stall hinein.

Sein Eifer für den Lieblingssatz der Halle, [13]
Durch jeden Widerspruch und jedes Glas vermehrt,
Hat von sechs Flaschen schon die dritte ausgeleert;
Als der Planetentanz, [14] womit der Geisterseher
Die Dame zum Beschluſs ergetzt,
Ihn vollends ganz in Flammen setzt.
Nun wird nichts mehr verschont: Ägypter und Chaldäer [15]

Erfahren seine Wuth, wie er des Weingotts
Macht;
Und eh' der Tänzer noch uns von den Antipoden
Den Gott des Lichts zurück gebracht,
Fällt taumelnd sein Rival und liegt besiegt
zu Boden.

Der dritte Akt des Lustspiels schliefst
sich nun,
Und alles sehnet sich, den Rest der Nacht
zu ruhn.
Kleanth, der, wie er lag, Virgils
Silenen
Nicht übel glich, (nur dafs er nicht erwacht,
So sehr ihn Chloe zwickt, so laut man um
ihn lacht)
Wird standsgemäfs, umtanzt von beiden
Schönen,
Mit Bacchischem Triumf in — einen Stall
gebracht,
Und lachend wünschet man einander gute
Nacht.

Anmerkungen.

1) S. 41. An Agesilas —

Der Reim muſs die kleine Freyheit entschuldigen, daſs der Nahme Agesilaus hier in Französischer Gestalt erscheint. Dieser berühmte Spartanische König war ein so gefälliger Vater, daſs er einsmahls von einem seiner Freunde überrascht wurde, da er mit seinen Kindern auf dem Steckenpferde herum trabte. Sage ja niemanden etwas davon, sagte Agesilaus zu ihm, bis du selbst Vater bist.

2) S. 41. Die Filosofie die keine Bohnen iſst —

Die Pythagorische. Das Verbot ihres Meisters, sich der Bohnen zu enthalten, (über dessen wahren Grund schon viel vergebliches geschrieben worden ist) wurde von den ersten Pythagoräern so heilig beobachtet, und so weit getrieben, daſs einige von ihnen, da sie sich von ihren nachsetzenden Feinden nicht anders als durch ein Bohnenfeld retten konnten, lieber den Feinden in die Hände liefen — *si fabula vera est.*

3) S. 43. Für die Ehre der Apathie —

So nannten die Stoiker die vollkommene Gleichgültigkeit ihres Weisen gegen alle sinnlichen Eindrücke von Schmerz und Vergnügen, die ihn natürlicher Weise allen Leidenschaften unzugänglich machen mufste.

4) S. 46. Der Regel nach, die Kacius erdachte —

„Kommt (sagt dieser durch seine von Horaz aufbehaltenen Aforismen aus der Küchenfilosofie berühmt gewordene Epikuräer)

„Kommt unvermuthet dir des Abends spät
Ein Gast noch auf den Hals, so lafs dir rathen,
Das alte zähe Huhn, (womit die Noth
Dich ihn bewirthen heifst) damit es ihm
Nicht in den Zähnen stecken bleibe, in
Falerner Moste zu ersticken —"

Horaz. Satiren, 2 B. 4. S.

5) S. 48. Dem Sohn der Myrrha —

Dem Adonis, dem geliebtesten unter ihren sterblichen Günstlingen.

6) S. 49. Die mit ihren Flügeln noch im Schlamm des Stoffes stecken —

Anspielung auf eine von den Pythagoräern und von Plato aus einer uralten morgenländischen Vorstellungsart angenommene Lehre von der dämonischen Natur der menschlichen Seele, ihrer Präexistenz in der Geisterwelt und ihrem Sturz in die Materie, wovon der göttliche Plato in seinem Fädrus, im zehnten Buche von den Gesetzen, im Timäus, u. a. O. uns mancherley schwer zu begreifende Dinge offenbart.

7) S. 51. Das Wort Kontur (*Contour*, *Conturno*) scheint uns unter diejenigen ausländischen Kunstwörter zu gehören, welche man sonst, aus Ermanglung eines gleichbedeutenden Deutschen Wortes, immer nur durch Umschreibung zu geben genöthigt wäre; denn Kontur und Umriſs sind keineswegs gleichbedeutend. Umriſs heiſst bloſs das, was von der Form eines Körpers durch den Sinn des Gesichts erkannt wird; Kontur hingegen bezeichnet eigentlich die Vorstellung, die wir von einer körperlichen Form vermittelst des Gefühls und Betastens erhalten. Es ist eine bloſse Täuschung — nicht unsrer Sinne, sondern unsers voreiligen Urtheils, wenn wir den Kontur eines Körpers (z. B. der Sfären, wovon hier die Rede ist) zu sehen glauben. Bevor wir ihn durch das Gefühl ausgetastet, haben wir von seiner Form nur

eine sehr mangelhafte Vorstellung, weil uns das Auge nicht mit der Dichtheit, Rundung, Eckigkeit, Glätte, Rauheit, u. s. w. sondern blofs mit der heller oder dunkler gefärbten Oberfläche der Körper bekannt macht.

8) S. 53. Den Weg, den Prodikus so rauh und dornig mahlt —

den Weg der Tugend, in der Erzählung von Herkules auf dem Scheidewege, auf welche im ersten Buche schon angespielt wird.

9) S. 54. Das uns zu mehr als Göttern machen kann —

Denn, da die Götter keine Bedürfnisse und also auch keine Leidenschaften haben, so würde ein Sterblicher, der es in der Apathie so weit als ein Gott bringen könnte, eben darum weil sie nicht eine nothwendige Eigenschaft seiner Natur, sondern ein Werk seines freyen Willens und eines nicht immer leichten Sieges über seine Sinnlichkeit wäre, mehr als ein Gott seyn. Daher sagt Seneka: „*Est aliquid quo Sapiens antecedat Deum; ille naturae beneficio non timet, suo Sapiens.*“ (*Epist.* 53.) Und an einem andern Orte: „*Sapiens tam aequo animo omnia apud alios videt contemnitque quam Jupiter; et hoc se magis suspicit, quod Jupiter illis uti non potest, Sapiens non vult.*“ (*Epist.* 73.)

10) S. 56. Muſs man, wie Scipio, die Sfären
(Zum wenigsten im Traume) singen hören —

Anspielung auf eine Stelle in dem bekannten Traumgesichte des Scipio, dem schönsten Fragmente, das sich von dem verloren gegangenen Werke des Cicero, *de Republica*, erhalten hat, worin die Harmonie, die aus den verschiedenen Intervallen der Bewegung der Planetenkreise und des Sternhimmels entstehen soll, nach Pythagorischen Begriffen, wiewohl nicht sehr verständlich, beschrieben wird. Cicero läſst den jungen Scipio diese himmlische Harmonie in seinem Traumgesichte hören: Pythagoras hatte, nach der Versicherung seines Legendenschreibers Jamblichus, das Vorrecht sie sogar wachend zu vernehmen; und die Ursache, warum sie nicht von jedermann gehört wird, ist bloſs, weil dieses Getön so stark ist, daſs es unser Ohr gänzlich übertäubt. *Hoc sonitu oppletae aures hominum obsurduerunt, nec est ullus hebetior sensus in vobis. Somn. Scip. c. 5.*

11) S. 59. Die nur zu sehr die Seel' in ihm beflügeln
Die unterm Zwerchfell thront.

Plato giebt in seinem Timäus dem Menschen drey Seelen, wovon die erste göttlicher und unsterblicher Natur ist und ihren Sitz im Haupte hat, von den beiden andern sterblichen aber die eine die Brusthöhle, und die andere (deren Begierden bloſs auf Befriedigung der körperlichen Bedürfnisse gehen) die Gegend zwischen dem Zwerchfell und Nabel zu ihrer Wohnung angewiesen bekommen hat, „wo sie, (sagt der hochweise Timäus) gleich einem Thiere, das nichts zu thun hat als zu fressen, an die Krippe angebunden, so weit als möglich von dem denkenden und regierenden Princip entfernt worden ist, um dasselbe desto weniger durch ihr Geräusch und Geschrey nach Futter in der Ruhe zu stören, deren es, zu der ihm obliegenden Besorgung dessen was Allen zuträglich ist, vonnöthen hat."

12) S. 61. Ein schläfrig Ohr entgegen —

Anspielung auf die Stelle in der neunten Satire des ersten Buchs der Horazischen Satiren;

Demitto auriculas ut iniquae mentis asellus
Dum gravius dorso subiit onus.

13) S. 61. Den Lieblingssatz der Halle —

der stoischen Filosofie, die von der vornehmsten der Hallen (oder bedeckten Säulengänge) in Athen, welche gewöhnlich, wegen der Gemählde womit sie geziert war, die Poikile (die bunte) genannt wurde, ihren Beynahmen erhielt, und, so wie diese Halle selbst, auch die Stoa schlechtweg hiefs, weil Zeno und seine Nachfolger in derselben öffentlich zu lehren pflegten.

14) S. 61. Als der Planetentanz —

Vermuthlich ein Pythagorischer Tanz, der die Bewegungen der Planeten nachahmt. Es scheint hier auf eine Stelle in Lucians Dialog über die Tanzkunst gedeutet zu werden, wo Licinus sagt: „Die Tanzkunst habe mit dem ganzen Weltall einerley Ursprung, und sey mit jenem uralten Amor des Orfeus und Hesiodus zugleich zum Vorschein gekommen. Denn (setzt er hinzu) was ist jener Reigen der Gestirne und jene regelmäfsige Verflechtung der Planeten mit den Fixsternen und die gemeinschaftliche Mensur und schöne Harmonie ihrer Bewegungen anders als Proben jenes uranfänglichen Tanzes?"

15) S. 61. Ägypter und Chaldäer erfahren seine Wuth —

will vermuthlich so viel sagen, Kleanth habe seinen Eifer gegen die Pythagorisch seynsollenden Thorheiten des Theofron bis zu einem Ausfall gegen die alten Chaldäischen und Ägyptischen Weisen getrieben, von welchen Pythagoras, nach der gemeinen Sage, die vornehmsten Lehren und den Geist seiner Filosofie geborgt haben sollte.

M U S A R I O N

DRITTES BUCH.

DRITTES BUCH.

Die Schöne lag auf ihrem Ruhebette,
Und hatte (fern, vermuthlich, vom Verdacht
Daſs sie bey Fanias sich vorzusehen hätte)
Ihr Mädchen fortgeschickt. Es war nach Mitternacht;
Ein leicht Gewölke brach des Mondes Silberschimmer,
Und alles schlief: als plötzlich, wie ihr däucht,
Den Gang herauf zu ihrem kleinen Zimmer
Mit leisem Tritt — ich weiſs nicht was sich schleicht.

Sie stutzt. Was kann es seyn? Ein Geist, nach seinen Tritten —
Besuch von einem Geist! den wollt' ich sehr verbitten,
Denkt sie. Indem eröffnet sich die Thür,
Und eh' sie's ausgedacht, steht — Fanias vor ihr.

Vergieb, Musarion, vergieb, (so fing der Blöde
Zu stottern an) die Zeit ist unbequem —
Allein — „Wozu, fiel ihm die Freundin in die Rede,
Wozu ein Vorbericht? Wenn war ich eine Spröde?
Ein Freund ist auch zur Unzeit angenehm:
Er hat uns immer was, das uns gefällt, zu sagen."

Dein Ton (erwiedert er) beweist,
Wie wenig dieser Schein von Güte meinen Klagen
Mitleidiges Gefühl verheifst.
Du siehst mein Innerstes, und kannst mich lächelnd plagen?
Siehst, dafs ein Augenblick mir hundert Jahre scheint,
Und findest noch ein grausames Behagen
An meiner Qual? Du treibst mich zum Verzagen,
Kaltsinnige, und nennst mich deinen Freund?
Wie grausam rächst du dich! —

„Ich? — fällt sie ein, mich rächen?
Träumt Fanias? — Er liebte mich vordem;
Er hörte wieder auf! War dieses ein Verbrechen?
War's jenes? Mir, mein Freund, war beides angenehm.

Wir Mädchen sehn doch immer mit Vergnügen
Die Weisheit eines Manns zu unsern Füſsen liegen.
Allein, als Freundin säh' ich dich
Noch lieber kalt für mich — als lächerlich."

Wie du mich martern kannst, Musarion! Viel lieber
Stoſs einen Dolch in dieses Herz, das du
Nicht glücklich machen willst! —

„Nichts tragisches, mein Lieber!
Komm, setze dich gelassen gegen über,
Und sag' uns im Vertraun, wie viel gehört dazu,
Damit ich dich so glücklich mache
Als du verlangst?" — Mich lieben, wie ich dich! —
„So liebt mich Fanias, der noch so kürzlich mich
Mit Abscheu von sich warf?" — Ist (ruft er) dieſs nicht Rache?
Du weiſst zu wohl, ich war nicht Ich
In jener unglücksel'gen Stunde;
Gram und Verzweiflung sprach aus meinem irren Munde;
Ich lästerte die Lieb', und fühlte nie
Mein Herz so voll von ihr. Ich war zu sehr betroffen,
Zu wissen was ich sprach, und hielt für Ironie

Was du mir sagtest. Konnt' ich hoffen,
Dafs was Athen von mir, mich von Athen verbannt,
Dein Herz allein mir plötzlich zugewandt?
Erwäge diefs, und kannst du nicht vergeben
Was ich mir selbst zwar nicht vergeben kann,
So blicke mich noch einmahl an,
Und nimm mit diesem Blick mir ein verhafstes Leben.
Ob ich dich liebe? ach! —

„Nun, bey Dianen! Freund,
Die Liebe macht bey dir sehr klägliche Geberden:
Sie spricht so weinerlich, dafs mir's unmöglich scheint
In diesen Ton jemahls gestimmt zu werden.
Die hohe Schwärmerey taugt meiner Seele nicht,
So wenig als Theofrons Augenweide:
Mein Element ist heitre sanfte Freude,
Und alles zeigt sich mir in rosenfarbnem Licht.
Ich liebe dich mit diesem sanften Triebe,
Der, Zefyrn gleich, das Herz in leichte Wellen setzt,
Nie Stürm' erregt, nie peinigt, stets ergetzt:
Wie ich die Grazien, wie ich die Musen liebe,
So lieb' ich dich. Wenn diefs dich glücklich machen kann,
So fängt dein Glück mit diesem Morgen an,
Und wird sich nur mit meinem Leben enden."

Welch einen Strahl von unverhofftem Licht
Läſst dieses Wort in seine Seele fallen!
Er glaubte seinem Ohr den süſsen Wechsel nicht;
Allein, er sieht das Glück, das ihm ihr Mund verspricht,
In ihren schönen Augen wallen.
Vor Wonne sprachlos sinkt sein Mund auf ihre Hand;
Wie küſst er sie! Sein inniges Entzücken
Entwaffnet ihren Widerstand;
Sie gönnet ihm und sich die Lust ihn zu beglücken,
Die Lust die so viel Reitz für schöne Seelen hat;
Selbst da er sich vergiſst, bestraft sie ihn so matt,
Daſs er es wagt, den Mund an ihre Brust zu drücken.

Die Nacht, die Einsamkeit, der Mondschein, die Magie
Verliebter Schwärmerey, ihr eignes Herz, dem sie
Nur lässig widersteht, wie vieles kommt zusammen,
Das leichte Blut der Schönen zu entflammen!
Allein Musarion war ihrer selbst gewiſs:
Und als er sich durch das was sie erlaubte,

Nach Art der Liebenden, zu mehr berechtigt glaubte,
Wie stutzt' er, da sie sich aus seinen Armen rifs!

Dafs eine Fyllis sich erkläret
Sie wolle nicht, dafs sie mit — leiser Stimme schreyt,
Und, wenn nichts helfen will, euch — lächelnd dräut,
Und sich, so lang' es hilft, mit stumpfen Nägeln wehret, [1])
Ist nichts befremdliches. Ein Satyr kaum verzeiht
Den Nymfen, die er hascht, zu viele Willigkeit.
Sie sträuben sich: gut, diefs ist in der Regel;
Und so verstand es auch der schlaue Fanias.
Er irrte sich, es war nicht das!
Sie scherzte nicht, und wies ihm keine Nägel.

Nach mehr als Einem fehl geschlagenen Versuch
Fängt unser Held sehr kläglich an zu krähen.
Und in der That, wer hätte sichs versehen?
Man treibt in einem Ritterbuch
Die Tugend kaum so weit! — Doch will er nicht gestehen,
Dafs diefs Betragen Tugend sey:
Er nennt es Eigensinn und Grillenfängerey;

Er schilt sie spröd, unzärtlich, unempfindlich.
Die Schöne, die gesteht daſs sie uns günstig sey,
Macht, seiner Meinung nach, sich zum Beweis verbindlich.

Und ich, mein Herr, (versetzt sie) die so viel
Beweisen soll, bin ich, nach eurer Sittenlehre,
Nicht auch befugt daſs ich Beweis begehre?
Und wie, wenn eure Gluth ein bloſses Sinnenspiel,
Ein flüchtiger Geschmack, ein kleines Fieber wäre?
Wenn Fanias mich liebt, so räumt er, hoff' ich, ein,
Daſs ich, eh' ich mich selbst verschenke,
Auf meine Sicherheit vorher ein wenig denke.
Bey Leuten von so warmem Blut
Ist diese Vorsicht wohl nicht allzu weit getrieben.
Verzeihe, wenn sie dir ein wenig Unrecht thut;
Allein du selber willst daſs wir im Ernst uns lieben!
Sonst tändelt' ich mit Amors Pfeilen nur:
Jetzt, da er mich erhascht, ist's nicht mehr Zeit zum Lachen;
Es ist darum zu thun daſs wir uns glücklich machen,
Und nur vereinigt kann dieſs Weisheit und Natur.

Unwiderstehlich, sagt man, sey
Der Weisheit Reitz aus einem schönen Munde.
Wir geben's zu, so fern euch nicht dabey
Aus einem Nachtgewand mit nelkenfarbnem Grunde
Ein Busen reitzt, der, jugendlich gebläht,
Die Augen blendt und niemahls stille steht;
Ein Busen, den die Göttin von Cythere,
Wenn eine Göttin nicht zum Neid zu vornehm wäre,
Beneiden könnt'. In diesem Falle fand
Sich, leider! unser Held, von zwey verschiednen Kräften
Gezogen. Mufst' er auch so starr und unverwandt
Auf die Gefahr ein lüstern Auge heften?
Natürlich mufs der stärkre Sinn
Des schwächern Eindruck bald verdringen;
Und was die Freundin spricht, ihn zu sich selbst zu bringen,
Schwebt ungefühlt an seinen Ohren hin.
Was Amor nur vermag um Spröden zu bezwingen,
Was, wie man sagt, schon Drachen zahm gemacht,
Die Künste, die Ovid in ein System gebracht,
Die feinsten Wendungen, die unsichtbarsten Schlingen
Versucht er gegen sie, und keine will gelingen.

Ergieb dich (spricht zuletzt die schöne Siegerin)
Mit guter Art! Du siehst, wie nachsichtsvoll ich bin
So vielen Übermuth zu tragen:
Mehr Eigensinn, erlaube mir's zu sagen,
Beleidigt meine Zärtlichkeit,
Und dient zu nichts, als deine Prüfungszeit
Mehr, als ich selbst vielleicht es wünsche, zu verlängern.
Genug von diesem! Schwatzen wir,
Wenn dir's gefällt, von unsern Grillenfängern.
Ich weifs nicht wie der Einfall mir
Zu Kopfe steigt — allein, ich wollte schwören,
Dafs diesen Augenblick — was meinst du, Fanias? —
Mein Mädchen — rathe doch! — und dein Pythagoras —

Wie? etwa gar die Sfären singen hören?
(Versetzt mit Lachen Fanias)
Das hiefse mir ein Abenteuer!
Und doch, wer weifs? Ich merkte selbst so was:
Es wallte, däuchte mich, ein ziemlich irdisch Feuer
In seinem Aug', als Chloens lose Hand
Den Blumenkranz um seine Stirne wand.
Wie viel, Musarion, hab' ich dir nicht zu danken!

Was für ein Thor ich war, Gesellen dieser Art,
An denen nichts als Mantel, Stab und Bart
Sokratisch ist, (wie haſs' ich den Gedanken!)
Ein Paar, das nur in einem Possenspiel
Bey rohen Satyrn und Bacchanten
Zu glänzen würdig ist, für Weise, für Verwandten
Der Götter anzusehn! —

Du thust dir selbst zu viel,
(Fällt ihm die Freundin ein) und, wie mich däucht, auch ihnen.
Kein Übermaſs, mein Freund, ich bitte sehr!
Du schätztest sie vordem vermuthlich mehr,
Jetzt weniger, als sie vielleicht verdienen.

Was hör' ich! (ruft er) spricht Musarion für sie?
Du scherzest! Hätt'st du auch (was du gewiſslich nie
Gethan hast) dieſs Gezücht so hoch als ich gehalten,
So müſste dir, nach dem was wir gesehn,
Der günst'ge Wahn so gut als mir vergehn.
Wie? dieser Stoiker, der nur die Tugend schön
Und gut erkennt, entlarvt in einen alten
Bezechten Faun! — Theofron, der vom Glück

Der Geister singt, indeſs sein unbescheidner Blick
In Chloens Busen wühlt — Was braucht es mehr Beweise? —

„Daſs sie sehr menschlich sind, (fällt ihm die Freundin ein)
Und in der That nicht ganz so weise
Als ihr System, das zeigt der Augenschein. —
Und dennoch ist nichts mächtiger, um Seelen
Zu starken Tugenden zu bilden, unsern Muth
Zu dieser Festigkeit zu zählen,
Die groſsen Übeln trotzt und groſse Thaten thut,
Als eben dieser Satz, für welchen dein Kleanth
Zum Märtyrer sich trank. Die alten Herakliden,
Die Männer, die ihr Vaterland
Mehr als sich selbst geliebt, die Aristiden,
Die Focion und die Leonidas,
Ruhmvolle Nahmen!" — Gut! (ruft unser Mann) und waren
Sie etwann Stoiker? — „Sie waren, Fanias,
Noch etwas mehr! Sie haben das erfahren
Was Zeno spekuliert; sie haben es gethan!
Warum hat Herkules Altäre?
Den Weg, den Prodikus nicht gehn, nur mahlen kann,
Den ging der Held" —

— Und wem gebührt davon die Ehre,
Als der Natur, die ihn, und wer ihm gleicht, gebar
Und auferzog, eh' eine Stoa war?
Ein Held wird nicht geformt, er wird geboren.

„Indessen hat, weil ihr der erste Preis gebührt,
Doch Plato nicht sein Recht an Focion verloren. 2)
Was die Natur entwirft, wird von der Kunst vollführt.
Die Blume, die im Feld sich unvermerkt verliert,
Erzieht des Gärtners Fleifs zum schönsten Kind der Floren."

Gesetzt, spricht Fanias, dafs dieses richtig sey,
So ist doch, was von Zahlen und Ideen
Und Dingen, die kein Aug' gehört, kein Ohr gesehen,
Theofron schwatzt, handgreiflich Träumerey!

„Und mit den nehmlichen Ideen
War doch Archytas einst ein wirklich grofser Mann!
Auch Seelen dieser Art erzeuget dann und wann
(Zwar sparsam) die Natur. Man wird zum Geisterseher
Geboren, wie zum Feldherrn Xenofon, 3)

Wie *Zeuxis* zum Palett, und *Filipps Sohn* zum Thron.
Und in der That, was hebt die Seele höher,
Was nährt die Tugend mehr, erweitert und verfeint
Des Herzens Triebe so, als glänzende Gedanken
Von unsers Daseyns Zweck? — das Weltall ohne Schranken,
Unendlich Raum und Zeit, die Sonne die uns scheint
Ein Funke nur von einer höhern Sonne,
Unsterblich unser Geist, Unsterblichen befreundt,
Und, ahmt er Göttern nach, bestimmt zu Götterwonne!"

Bey allen Grazien! (ruft lachend *Fanias*)
Du wirst noch mit der Zeit die Sfären singen hören!
Vor wenig Stunden gab diefs Galimathias
Dir Stoff zum Spott —

„Der *Mann*, nicht seine *Lehren*;
Das Wahre nicht, obgleich (nach aller Schwärmer Art)
Sein glühendes Gehirn es mit Schimären paart.
Nur diese trifft der Spott. — Doch stille! wir versteigen
Uns allzu hoch. Ich wollte dir nur zeigen,
Dafs dich dein Vorurtheil für dieses weise Paar
Nicht schamroth machen soll. Nichts war

Natürlicher in deiner schlimmen Lage.
Der Knospe gleich am kalten Märzentage
Schrumpft, wenn des Glückes Sonnenschein
Sich ihr entzieht, die Seel' in sich hinein.
Entfiedert, nackt, von allem ausgeleeret
Was sie für wesentlich zu ihrem Wohlseyn hielt,
Was Wunder, wenn sich ihr ein Lehrbegriff empfiehlt,
Der sie die Kunst es zu entbehren lehret?
Der ihr beweist, was nicht zu ihr gehöret,
Was sie verlieren kann, sey keinen Seufzer werth;
Ja, ihren Unmuth zu betrügen,
Aus der Entbehrung selbst ein künstliches Vergnügen
Ihr, statt des wahren, schafft? — Was ist so angenehm
Für den gekränkten Stolz, als ein System,
Das uns gewöhnt für Puppenwerk zu achten
Was aufgehört für uns ein Gut zu seyn?
Was, meinst du, bildete der Mann im Faſs sich ein,
Der, groſs genug Monarchen zu verachten,
Von Filipps Sohn nichts bat, als freyen Sonnenschein?
Noch mehr willkommen muſs, im Falle den wir setzen,
Die Schwärmerey des Platonisten seyn,
Der das Geheimniſs hat, die Freuden zu ersetzen

Die Zeno nur entbehren lehrt;
Der, statt des thierischen verächtlichen Ergetzen
Der Sinne, uns mit Götterspeise nährt.
Wir sehn mit ihm aus leicht erstiegnen Höhen
Auf diesen Erdenball als einen Punkt herab;
Ein Schlag mit seinem Zauberstab
Heiſst Welten um uns her bey Tausenden entstehen;
Sind's gleich nur Welten aus Ideen,
So baut man sie so herrlich als man will;
Und steht einmahl das Rad der äuſsern Sinne still,
Wer sagt uns, daſs wir nicht im Traume wirklich sehen?
Ein Traum, der uns zum Gast der Götter macht —"

Hat seinen Werth — zumahl in einer Winternacht,
Ruft Fanias: allein auch aus den schönsten Träumen
Ist doch zuletzt Endymion erwacht!
Wozu, Musarion, aus Eigensinn versäumen
Was wachend uns zu Göttern macht?

An Antworts Statt reicht sie, zum stillen Pfand
Der Sympathie, ihm ihre schöne Hand.
Er drückt mit schüchternem Entzücken
Sie an sein schwellend Herz, und sucht in ihren Blicken

Ob sie sein Klopfen fühlt. Ein sanftes Wieder-
drücken
Beweist es ihm. Mit manchem süſsen Ach,
Das ihr im Busen zu ersticken
Unmöglich ist, bekämpft sie allzu schwach
Die Macht des süſsesten der Triebe,
Und kämpfend noch bekennt ihr Herz den Sieg
der Liebe.

Der schönste Tag folgt dieser schönen Nacht.
Mit jedem neuen fühlt sich unser Paar
beglückter,
Indem sich jedes selbst im andern glücklich
macht.
Durch überstandne Noth geschickter
Zum weiseren Gebrauch, zum reitzendern
Genuſs
Des Glückes, das sich ihm so unverhofft ver-
söhnte,
Gleich fern von Dürftigkeit und stolzem
Überfluſs,
Glückselig, weil er's war, nicht weil die Welt
es wähnte,
Bringt Fanias in neidenswerther Ruh
Ein unbeneidet Leben zu;
In Freuden, die der unverfälschte Stempel
Der Unschuld und Natur zu echten Freuden
prägt.
Der bürgerliche Sturm, der stets Athen bewegt,
Trifft seine Hütte nicht — den Tempel

Der Grazien, seitdem Musarion sie ziert.
Bescheid'ne Kunst, durch ihren Witz geleitet,
Giebt der Natur, so weit sein Landgut sich verbreitet,
Den stillen Reitz, der ohne Schimmer rührt.
Ein Garten, den mit Zefyrn und mit Floren
Pomona sich zum Aufenthalt erkohren;
Ein Hain, worin sich Amor gern verliert,
Wo ernstes Denken oft mit leichtem Scherz sich gattet;
Ein kleiner Bach von Ulmen überschattet,
An dem der Mittagsschlaf ihn ungesucht beschleicht;
Im Garten eine Sommerlaube,
Wo, zu der Freundin Kuſs, der Saft der Purpurtraube,
Den Thasos schickt, ihm wahrer Nektar däucht;
Ein Nachbar, der Horazens Nachbarn gleicht, 4)
Gesundes Blut, ein unbewölkt Gehirne,
Ein ruhig Herz und eine heitre Stirne,
Wie vieles macht ihn reich! Denkt noch Musarion
Hinzu, und sagt, was kann zum frohen Leben
Der Götter Gunst ihm mehr und bessers geben?
Die Weisheit nur, den ganzen Werth davon
Zu fühlen, immer ihn zu fühlen,
Und, seines Glückes froh, kein andres zu erzielen!

Auch diese gab sie ihm. Sein Mentor war
Kein Cyniker mit ungekämmtem Haar,
Kein runzliger Kleanth, der, wenn die
Flasche blinkt,
Wie Zeno spricht und wie Silenus trinkt:
Die Liebe war's. — Wer lehrt so gut wie
sie?
Auch lernt' er gern, und schnell, und sonder
Müh,
Die reitzende Filosofie,
Die, was Natur und Schicksal uns gewährt,
Vergnügt genieſst, und gern den Rest entbehrt;
Die Dinge dieser Welt gern von der schönen
Seite
Betrachtet, dem Geschick sich unterwürfig
macht,
Nicht wissen will was alles das bedeute,
Was Zevs aus Huld in räthselhafte Nacht
Vor uns verbarg, und auf die guten Leute
Der Unterwelt, so sehr sie Thoren sind,
Nie böse wird, nur lächerlich sie findt
Und sich dazu, sie drum nicht minder liebet,
Den Irrenden bedau'rt, und nur den Gleiſsner
flieht;
Nicht stets von Tugend spricht, noch, von
ihr sprechend, glüht,
Doch, ohne Sold und aus Geschmack, sie übet;
Und, glücklich oder nicht, die Welt
Für kein Elysium, für keine Hölle hält,
Nie so verderbt, als sie der Sittenrichter

Von seinem Thron — im sechsten Stockwerk sieht,
So lustig nie als jugendliche Dichter
Sie mahlen, wenn ihr Hirn von Wein und Fyllis glüht.

So war, so dacht' und lebte Fanias,
Und weil er war — wornach wir andern streben,
So that er wohl, zu seyn, zu denken und zu leben,
So wie er that. — „Das mag er denn! — Und was
Ward aus dem Manne, der so gerne — Sfären maſs?"
Gut, daſs ihr fragt, den hätt' ich rein vergessen —
Er ward in einer einz'gen Nacht
Zum γνωϑι σεαυτον in Chloens Arm gebracht; 5)
Er fand er sey nicht klug, und lernte Bohnen essen.
„Und Herr Kleanth?" — Der kroch, so bald die Mittagssonne
Ihn aufgeweckt, ganz leise auf den Zehn
Aus seinem Stall — vielleicht in eine Tonne;
Kurz, er verschwand, und ward nicht mehr gesehn.

Anmerkungen.

1) S. 78. Und sich — mit stumpfen Nägeln wehret —

Anspielung auf das Horazische — *praelia virginum sectis in juvenes unguibus acrium*, in der sechsten Ode des ersten Buchs.

2) S. 84. Hat Plato nicht sein Recht an Focion verloren.

Dafs dieser unter den Feldherren und Staatsmännern so seltene Mann in seiner ersten Jugend noch den Plato und dessen ersten Nachfolger den Xenokrates gehört und in ihrer Schule die Maximen eingesogen habe, deren Ausübung ihn sein ganzes Leben durch und bis zu seinem Sokratischen Tode zum tugendhaftesten Manne seiner Zeit machte, bezeugt Plutarch in seiner Lebensbeschreibung.

3) S. 84. Wie zum Feldherrn Xenofon —

In den vorigen Ausgaben lautet diese Stelle so:

— Man wird zum Geisterseher
Geboren wie zum Held, wie zum Anakreon.

Da das Wort Held kein *Indeclinabile* ist, und in allen seinen Biegefällen Helden lautet, so mufste es, nicht zum Held, sondern zum Helden, heiſsen. Weil dieſs aber nicht in den Vers passen wollte, so muſste der Held hier ein Opfer der Sprachrichtigkeit werden, und auch Anakreon, wiewohl unschuldig, konnte seinen Platz nicht behalten. Die neue Lesart, wodurch dem Sprachfehler abgeholfen worden ist, hat auſserdem, daſs der Gedanke an Wahrheit nichts dadurch verliert, noch den Vorzug, sich mit dem folgenden Verse richtiger zu verbinden. — Daſs man von Xenofon vorzüglich sagen könne, er sey zum Feldherrn geboren gewesen, scheint sich hinlänglich dadurch erwiesen zu haben, daſs er, als er nach dem Tode des jüngern Cyrus aus einem bloſsen Freywilligen, der die Dienste eines gemeinen Soldaten verrichtete, auf einmahl zum Rang eines Feldherrn stieg, auch die Talente eines Feldherren in einem Grade zeigte, der ihm bis auf diesen Tag einen Platz unter den Meistern der Kriegskunst erhalten hat.

4) S. 89 Ein Nachbar, der Horazens Nachbarn gleicht —

Vermuthlich hatte der Dichter die Stelle im sechsten der Horazischen Sermonen (des zweyten Buchs) im Sinne:

Cervius haec inter vicinus garrit aniles
Ex re fabellas, u. s. w.

wo Horaz den alten Nachbar Cervius die berühmte Fabel von der Feldmaus und Stadtmaus in einem so unnachahmlich gutlaunigen und verständigen Ton erzählen läfst, dafs man nicht umhin kann, den Dichter eben so sehr wegen seines Nachbars Cervius als wegen seines Sabinums, und des frohen Lebensgenusses, den es ihm gewährte, glücklich zu preisen.

5) S. 91. Zum γνωθι σεαυτον,

d. i. zur Selbsterkenntnifs, welche diese zwey über die Pforte des Tempels zu Delfi geschriebenen Worte empfahlen, als den besten Rath, den der Delfische Gott allen Sterblichen, die sich bey ihm Rathes erhohlten, ertheilen konnte.

A S P A S I A

ODER

DIE PLATONISCHE LIEBE.

ASPASIA.

Schön, liebenswerth, mit jedem Reitz geschmückt
Der Aug' und Herz und Geist zugleich entzückt,
An edlem Bau und langen blonden Haaren
Der schönsten Frau in Artaxatens Reich,
An Grazien nur Amors Mutter gleich,
Sah sich, im Flor von fünf und zwanzig Jahren,
Aspasia zum priesterlichen Stand
Aus eines Helden Arm, aus Cyrus, Arm, verbannt.

Es hatte zwar zu Ekbatane
(So hieſs ihr Sitz) die Oberpriesterin
Der stets jungfräulichen Diane
Die Majestät von einer Königin.
Ihr Kerker war ein schimmernder Palast,
Ihr Zimmer ausgeschmückt mit Indischen Tapeten;
Und, ihr Brevier gemächlicher zu beten,
Schwoll unter ihr mit Polstern von Damast

Der weichste Kanapee. Auch hielt die Frau
im Beten
(Wie billig) Maſs, aſs viel und niedlich, trank
Den besten Wein, den Kos und Cypern
senden,
Und, wenn sie sich zur Ruh begab, versank
Die schöne Last der wohl gepflegten Lenden
In Schwanenflaum: und doch, bey frischem Blut
Und blühendem Gesicht, schlief sie — nur
selten gut

Man glaubt, der Stand der Oberpriesterinnen
Sey diesem Ungemach vor andern ausgesetzt.
Vergebens hoffen sie mit ihren andern Sinnen
Was Einem abgeht zu gewinnen;
Durch alle fünfe wird der sechste nicht ersetzt.

Die Stoa lehrt uns zwar, wir können
was wir wollen;
Allein dem Prahlen bin ich gram.
Aspasien hätte man, eh' sie den Schleier nahm,
Vorher im Lethe baden sollen.
Liegt's etwa nur an ihr, sich nicht bewuſst zu
seyn?
Und kann man stets der Fantasie gebieten?
Sie mag sich noch so sehr vor Überraschung
hüten,
Geberde, Kleidung, Blick, mag noch so geist-
lich seyn;
Man ist deſswegen nicht von Stein.

Oft fällt im Tempel selbst, bey ihrer Göttin Schein,
Ein weltlicher Gedank' ihr ein:
„So schien durch jenen Myrtenhain,
Wo Amorn über sie der erste Sieg gelungen,
Der stille Mond!“ — Was für Erinnerungen!
An solchen Bildern schmilzt der priesterliche Frost.
Diana selbst, um ihr die Strafe gern zu schenken,
Darf an Endymion nur denken.
Ein Priester hälfe sich vielleicht, in süſsem Most
Versuchungen, wie diese, zu ertränken:
Doch, wenn ich recht berichtet bin,
Schlägt dieſs Recept nicht an bey einer Priesterin.
Galenus sagt: das Übel quille
Bey dieser aus der Herzensfülle.
Nichts hemmt und alles nährt bey ihr die Fantasie;
Die Einsamkeit, die klösterliche Stille,
Die Andacht selbst vermehrt, ich weiſs nicht wie,
Den süſsen Hang zu untersagten Freuden.
Muſs Amor gleich Dianens Schwelle meiden,
Ist ihre Stirne gleich verhüllt:
Ihr Herz, von dem was sie geliebt erfüllt,
Läſst sich davon durch keine Gitter scheiden,
Und sieht im Mithras selbst des schönen Cyrus Bild.

Mit Einem Wort: ihr ging's nach aller Nonnen Weise.
Die gute Priesterin gestand sich selbst ganz leise,
Es irre, wer sie glücklich preise.
Die Schäferin, die, statt auf Sammt und Flaum
Im dunkeln Busch auf weiches Moos gestrecket,
Ihr junger Hirt leibhaftig, nicht im Traum,
Mit unverhofften Küssen wecket,
War, wenn sie schlaflos sich auf ihrem Lager wand,
Oft ihres Neides Gegenstand.

Doch (wie uns die Natur für alle kleine Plagen
Des Lebens immer Mittel weist)
Auch unsre Priesterin fand endlich das Behagen,
Das ihr Gelübd' und Zwang versagen —
Wo meint ihr wohl? — in ihrem Geist!

Der Zufall führt ihr einen Magen
Vom Strand des Oxus zu. Es war in seiner Art
Ein seltner Mann, wiewohl noch ohne Bart,
Von Ansehn jung, doch altklug an Betragen;
An Schönheit ein Adon, an Unschuld ein Kombab;
Bey Damen, denen er sehr gern Besuche gab,

Kalt wie ein Bild von Alabaster;
Doch seelvoll, wie ein Geist in einem Luftgewand,
Und mit dem unsichtbaren Land
Beynahe mehr als unsrer Welt bekannt;
Mit Einem Wort: ein zweyter Zoroaster!

Ein Weiser dieser Art schien wirklich ganz allein
Für eine Priesterin, wie sie, gemacht zu seyn.
Er sprach von dem, was in den Sfären
Zu sehen ist, mit aller Zuversicht
Der Männer, die, versengt an Angesicht
Und an Gehirn, vom Land der fabelhaften Seren,
Gebläht mit Wundern, wiederkehren.

Der Weg — nur bis zum nächsten Stern,
Ist ziemlich weit, wie uns die Zache lehren:
Drum lügt sichs gut aus einer solchen Fern';
Und was er ihr erzählt — setzt, daſs es Mahrchen wären —
So wünscht man's wahr, und glaubt es gern.
Wie dem auch sey, die Luft der idealen Sfaren
Bekam Aspasien gut; sie ward in kurzer Zeit
So schön davon! Ihr ist, es werde
So leicht ihr drin, so wohl, so weit
Ums Herz, daſs ihr der Dunstkreis unsrer Erde
Bald grauenhafter scheint als eine Todtengruft.

Die vorbesagte Luft
Hat eine sonderbare Tugend
Mit Lethens Flut gemein.
Aspasia sog darin von ihrer freyern Jugend
Ein gänzliches Vergessen ein.
Bald wurde selbst an jenen Myrtenhain,
Wo sie dem Liebesgott ihr erstes Opfer brachte,
Nicht mehr gedacht, als an ein Puppenspiel,
Das ihr vordem die Kindheit wichtig machte.
Ihr schien die Welt und was ihr einst gefiel
Ein Traum, woraus sie eben itzt erwachte.
Ihr Geist (der ganz allein itzt alles bey ihr that,
Was bey uns andern pflegt mechanisch zuzugehen)
Sah in der neuen Welt, in die er wundernd trat,
Rings um sich nichts als — Geister und Ideen.
Doch führt Herr Alkahest (so hieſs der Weise) sie
Nicht so geradezu ins Land der Fantasie.
Ihr neu geöffnet Aug' ertrüge (wie er spricht)
Den unsichtbaren Glanz des Geisterreiches nicht.
Erst läſst er (wie ein weiser Okuliste
In solchem Fall verfahren müſste)
Von dem, was wahr und immer schön
Und selbstbeständig ist, ihr nur die Schatten sehn,
Die auf den Erdenklos, auf dem wir alle wallen,
Herab aus höhern Welten fallen;

Denn was uns Wesen heiſst, ist bloſser Wiederschein.
So mahlen sich im majestät'schen Rhein,
Indem er stolz mit königlichem Schritte
Das schönste Land durchzieht, bald ein bejahrter Hain,
Bald ein zertrümmert Schloſs, bald Hügel voller Wein,
Bald ein Palast, bald eine Fischerhütte.

Nachdem in weniger als einem Vierteljahr
Ihr diese Art zu sehn geläufig war:
Nun war es Zeit zu höhern Lehren!
Nun wies ihr Alkahest die edle Kunst — zum Sehn
Der Augen gänzlich zu entbehren.
Nothwendig muſste dieſs ein wenig langsam gehn.
Erst sah sie — nichts. Doch nur getrost und immer
Hinein geguckt! Schon zeigt ich weiſs nicht welcher Schimmer
Von ferne sich. Was kann ein fester Vorsatz nicht!
Zusehens öffnet sich ihr innerlich Gesicht
Dem nicht mehr blendenden unkörperlichen Licht;
Dem Element ätherischer Geschöpfe.
Sie sieht — o welche Augenlust! —
Sie sieht bereits die schönsten Engelsköpfe

Mit goldnen Flügelchen; bald wächst die schönste Brust
An jeden Kopf, an jeden Busen schliessen
Sich schöne Arme an. Zuletzt stehn Geister da,
(So geistig als Aspasia
Sie immer glaubt) vom Kopf bis zu den Füssen
Den schönsten Knaben gleich, die man sich denken kann:
Doch da es Geister sind, macht sie sich kein Gewissen
Und sieht sie unerröthend an.

Der Nahme, wie man weiss, thut öfters viel zur Sache.
Vor Alters stellten euch die von Böozien
Drey Klötze auf, und nannten's Grazien.
Man irrt noch heut zu Tag' sehr gern in diesem Fache.
Wie mancher sieht bey seinem Trauerspiel
Dass unsre Augen Wasser machen,
Und, überzeugt wir weinen aus Gefühl,
Bemerkt er nicht, wir weinen bloss vor Lachen.
Zwar Thränen sind's, in diesem Falle wie
In jenem; nur die Quelle ist verschieden.
Allein, wie selten giebt auch jemand sich hienieden
Den Quellen nachzuspähen Müh!
Die muntre rasche Fantasie

Hat einen kürzern Weg. Sie giebt den Dingen Nahmen
Nach Willkühr und Bequemlichkeit;
Vermenget Wesen, Form, Verhältniſs, Ort und Zeit,
Bestimmt den Platz und Werth der Bilder nach den Rahmen,
Und läſst, wie Kinder, gern von jeder Ähnlichkeit,
So plump sie ist, sich hintergehen.

Dieſs war Aspasiens Fall. Die gute Frau befand
Nur darum sich so wohl im Lande der Ideen,
Weil alles dort dem schönen Feenland,
Worin von Jugend an sie gern zu irren pflegte,
Dem Land der Fantasie, so wunderähnlich sah.

Ob Alkahest hiervon die Folgen überlegte;
Ob ihm nicht selbst vielleicht was menschliches geschah,
Wovon er Anfangs nicht den kleinsten Argwohn hegte;
Kurz, ob er, ohne die Gefahr
Voraus zu sehn, der Narr von seinem Herzen war,
Getrauen wir uns nicht zu sagen.
Er fing sein Werk so systematisch an,

Daſs man zur Noth sich überreden kann,
Er habe nichts dabey zu wagen
Vermeint; — wiewohl für einen Mann
Von seiner Gattung gut zu sagen
Bedenklich ist. Genug, Herr Alkahest gewann
Bey seiner guten Art, die Damen
In den Mysterien der Geister einzuweihn.
Von jeher, um ein Herz zu überschleichen nahmen
Die Alkahesten erst das Cerebellum ein.

Die Geister — konnten sie auch wohl erzogner seyn? —
Die Geister kamen nun, zwar ohne Fleisch und Bein,
Doch so geputzt als Geister nur vermögen,
In Mäntelchen von Sonnenschein
Aspasien auf halbem Weg entgegen.
Den ganzen Weg zu ihr zurück zu legen,
Dieſs hieſse (meint Herr Alkahest)
Mehr fordern als sich billig fordern läſst.
Man soll vielmehr zu beiden Theilen
Einander gleich entgegen eilen.
Wenn Geister, einer schönen Frau
Zu Lieb' in Rosenduft sich kleiden:
So ziemt es auch der schönen Frau
Der Geister wegen, selbst mit einem kleinen Leiden,

Von Fleisch und Blut sich möglichst zu entkleiden.
Nichts, dächt' ich, kann so billig seyn!

Aspasia ergiebt sich desto leichter drein,
Da sie dabey an Schönheit zu gewinnen
Die beste Hoffnung hat. Den Salamanderinnen
An Reitzen gleich zu seyn, diefs ist doch wohl Gewinn
Für eine Oberpriesterin,
Die ihrem Spiegel gegen über
Mit jedem Tag ein Reitzchen welken sieht?
Die unsrige, wie ganz natürlich, glüht
Vor Ungeduld, je schleuniger je lieber
Entkörpert sich zu sehn. Allein Herr Alkahest
Belehrt sie, dafs sich hier nichts übereilen läfst.
Das grofse Werk kann nur durch Stufen
Zur Zeitigung gedeihn. Die erste ist, den Geist,
Der oft zur Unzeit sich am thätigsten erweist,
Von aller Wirksamkeit zum Ruhen abzurufen;
Die zweyte, nach und nach ihn von der Sinnlichkeit,
Von dem, worin wir uns den Thieren ähnlich finden,
Selbst vom Bedürfnifs, los zu winden;

Die dritte Stufe — Doch, so weit
Kam unser Pärchen nicht. Denn leider! auf der zweyten,
Schon auf der zweyten, glitscht der Fuſs den guten Leuten.
Auch ist der Schritt ein wenig dreist,
Wenn man es recht bedenkt. Verwickelt
Im Stoffe, wie wir sind, — verstümmelt und zerstückelt
Man leichter sich, als daſs man los sich reiſst.
Zum mindsten ist den Kandidaten
Des Geisterstandes kaltes Blut
Und Eile langsam! anzurathen:
Denn hier thut Eilen selten gut!

Herr Alkahest, um beym Entkörp'rungswesen
Recht ordentlich zu gehn, fing mit der Tafel an.
Aspasia aſs und trank nach Skrupel und nach Gran,
Und nur was ihr der Weise ausgelesen;
Nichts was nicht fein und leicht und geistig, kurz so nah
An Nektar und Ambrosia
Als möglich war, der echten Geisterspeise.
Dem Schlummer brach er gleicher Weise

Die Hälfte ab, zumahl beym Mondenschein
In schönen warmen Sommernächten;
Nur ließs er sie alsdann, aus Vorsicht, nie allein.

Wir selbst gestehn, wir sind den Sommernächten
Bey Mondschein gut, wiewohl wir dächten
Daſs unserm schwärmerischen Paar
Die Hälfte schon entbehrlich war.

Der Mondschein hat dieſs eigen, wie uns däucht,
Er scheinet uns die Welt der Geister aufzuschlieſsen:
Man fühlt sich federleicht,
Und glaubt in Luft dahin zu flieſsen;
Der Schlummer der Natur hält rings um uns herum
Aus Ehrfurcht alle Wesen stumm;
Und aus den Formen, die im zweifelhaften Schatten
Gar sonderbar sich mischen, wandeln, gatten,
Schafft unvermerkt der Geist sich ein Elysium.
Die Werktagswelt verschwindt. Ein wollustreiches Sehnen
Schwellt sanft das Herz. Befreyt von irdischer Begier

Erhebt die Seele sich zum wesentlichen Schönen,
Und hohe Ahnungen entwickeln sich in ihr.

Es sey nun was ihr wollt — denn hier es zu entscheiden
Ist nicht der Ort — es sey ein süſser Selbstbetrug,
Es sey Realität, es sey vermischt aus beiden,
Was diesen Seelenstand so reitzend macht — genug,
Ein Schwärmer, der in diesem Stande
Mit einer Schwärmerin, wenn alles dämmernd, still
Und einsam um ihn ist, platonisieren will,
Gleicht einem, der bey dunkler Nacht am Rande
Des steilsten Abgrunds schläft. Auch hier macht Ort und Zeit
Und Er und Sie sehr vielen Unterschied!

Die zärtlichste Empfindsamkeit
Bemächtigt unvermerkt sich unsers Mystagogen.
Der Geist der Liebe weht durch dieſs Elysium
Wohin er mit Aspasien aufgeflogen.
Er schlägt, indem er spricht, den Arm um sie herum,

Und schwärmt ihr von der Art wie sich die
Geister lieben
Die schönsten Dinge vor, mit einem Wörterfluſs,
Mit einer Gluth, daſs selbst Ovidius
Korinnens Kuſs nicht feuriger beschrieben.
„Wie glücklich diese Geister sind!
Wie viel ein Geist dadurch gewinnt,
Daſs ihn im Ausdruck seiner Triebe
Kein Körper stört! — An ihm ist alles
Liebe,
Und sein Genuſs ist nicht ein Werk des Nervenspiels.
Wie matt, wie unvollkommen mahlet
In unsern Augen sich die Allmacht des
Gefühls!
Wenn dort ein Geist den andern ganz durchstrahlet,
Ihn ganz durchdringt, erfüllt, mit ihm in
Eins zerflieſst,
Und ewig unerschöpft, sich mittheilt und
genieſst!
Ach! — ruft er aus und drückt (vor Schwärmen und Empfinden
Deſs, was er thut, sich unbewuſst)
Sein glühendes Gesicht an ihre heiſse Brust —
Ach! ruft er, welch ein Glück vom Stoff
sich los zu winden,
Der so viel Wonn' uns vorenthält!"

Aspasia, in eine andre Welt
Mit ihm entzückt, und halb, wie er, entkörpert, fühlte
So wenig als ihr Freund, daſs hier
Der unbemerkte Leib auch eine Rolle spielte.
Zu gutem Glück kommt ihr — und mir
Ein Rosenbusch zu Hülf', in dessen Duft und Schatten
Sie, in Gedanken, sich zuvor gelagert hatten.

Wie weit sie übrigens in dieser Sommernacht
Es im Entkörp'rungswerk gebracht,
Läſst eine Lücke uns im Manuskript verborgen.
Nur so viel sagt es uns: Kaum war am nächsten Morgen
Das gute fromme Paar erwacht,
So wurden sie gewahr, der Weg den sie genommen,
Sey wenigstens — der nächste nicht
Um in die Geisterwelt zu kommen.
Sie sahn sich schweigend an, verbargen ihr Gesicht,
Versuchten oft zu reden, schlossen wieder
Den offnen Mund, und sahn beschämt zur Erde nieder.
Der junge Zoroaster fand,
Er habe bey dem Amt von einem Mystagogen
Sich selbst und seinen Gegenstand

Durch wie? und wo? und wann? betrogen.
Gern hätt' er auf sich selbst, gern hätt auf sich und ihn
Aspasia gezürnt: allein sie fühlten beide
Ihr Herz nicht hart genug, in dem gemeinen Leide
Des Mitleids Trost einander zu entziehn.

„Freund, sprach die Priesterin zuletzt, wir müssen fliehn!
In dieser Art gilt ein Versuch für hundert:
Wir würden immer rückwärts gehn;
Und alles was mich itzt bey unserm Zufall wundert,
Ist, daſs wir nicht den Ausgang vorgesehn."

Und nun — was haben wir aus allem dem zu lernen?
Sehr viel zu lernen, Freund, sehr viel!
Kennt ihr den Mann, der, als er nach den Sternen
Zu hitzig sah, in eine Grube fiel?
Es war ein Beyspiel mehr! Laſst's euch zur Warnung dienen!
Auch, wenn ihr je bey Mondenlicht im Grünen
Platonisieren wollt, platonisiert allein!
Und kommt die Lust euch an, in einem heil'gen Hain

Um solche Zeit — des Stoffs euch zu entladen,
So laſst dabey (so wie beym Baden
In einer Sommernacht) ja keine Zeugin seyn!

Wir zögen leicht mehr schöner Sittenlehren
Aus der Geschichte noch heraus:
Allein wir lassen gern den Leser selbst gewähren.
Wer eine Nase hat — spürt sie unfehlbar aus;
Die andern können sie entbehren.

GEDICHTE

AN OLYMPIA.

Nimm aus der Hand der Dankbarkeit und Treue,
Schutzgöttin meines Musenspiels,
Die Blumen huldreich an, die Kinder des Gefühls,
Die ich in diesem Strauſs zum zweyten Mahl Dir weihe.

I.

ZWEYERLEY GÖTTERGLÜCK.

Am 24 Oktober 1777.

1.

„Der Götterstand — sprach einst von seinem Wolkenthron
Der Sultan im Olymp zu Majens schönem Sohn,
Der Götterstand, Herr Sohn, um ihm sein Recht zu geben,
Ist (unter uns) beym Styx! ein schales Leben.
Ja, wer nur nicht dazu geboren wär',
Und allenfalls auf acht bis vierzehn Tage,
Da liefs' ichs gelten! Aber mehr
Wird Unsrer Deität am Ende sehr zur Plage.

Man kriegt zuletzt des Weihrauchs so genug!
Und für und für zum Dudeldum der Sfären
Die Grazien tanzen sehn, die Musen singen hören,
Und immer Ganymed mit seinem Nektarkrug,
Ich sage dir, man kriegt's genug!
Dann noch dazu den ew'gen Litaneyen
Des Erdenvolks die Ohren herzuleihen!
„Zevs, gieb mir dieſs! Zevs, gieb mir das!“
Ein tolles Galimathias
Von Bitten ohne Sinn und Maſs
Um nichts und wieder nichts, oft um Unmöglichkeiten!
„Es sind ja (sagen sie) dir lauter Kleinigkeiten!
Ein wenig Sonnenschein zu meiner Wäsche nur!“
„Zwey Regentage bloſs für meine trockne Flur!“
Ruft Mann und Frau aus hellem Munde
In Einem Haus, in Einer Stunde.
Der Dedschial hör' alle das Gebrüll!
Thät' ich ein einzigmahl was jeder haben will,
Es richtete die Welt und mich zu Grunde.
Kurz, trauter Sohn, die Stiefeln angeschnürt!
Steig, eh' ich hier des Gähnens müde werde,
Ein wenig nieder auf die Erde,
Zu sehen, ob man dort sich besser amüsiert!“

Merkur gehorcht, und ohne anzufragen,
Ob Juno nach dem Erdenplan
Was zu bestellen hat, und ohne Donnerwagen,
Schleicht Jupiter sich weg, und wird bey
Leda — Schwan.

2.

Von feinerem Gefühl getrieben
Vertauschte mit dem Hirtenstand
Apollo den Olymp. Er stieg herab, und fand
Die Menschen, die man ihm bald gar zu gut
beschrieben
Bald gar zu schlimm, wie's immer pflegt zu
gehn,
Erträglich erst, und endlich gar zum
Lieben.
Die Leutchen, mufst' er sich gestehn,
Gewännen näher angesehn;
Und setzte man sich nur auf gleichen Fufs
mit ihnen,
So wären sie doch ganz was andres, als sie
schienen,
Da er aus seinen Wolkenhöh'n
Wer weifs wie schief auf sie herunter schielte.
Mit Einem Wort: Apoll, so bald er Mensch
sich fühlte,
Entdeckte — was er nie als Göttersohn
gewufst —

Es schlage was in seiner linken Brust;
Und unvermerkt, mit lauter Scherz und Spielen,
Lernt Seine Gottheit auch für arme Menschlein fühlen,
Nimmt fröhlich Theil an ihrer Lust,
Entdeckt sogar, auch das sey wahre Lust,
Und von der besten Art, mit andern sich betrüben,
Kurz, schmeckt die Wollust da zu seyn
Zum ersten Mahle ganz und rein,
Und merkt zuletzt — (was ihm bisher geheim geblieben)
Die Kunst von allem dem sey — Lieben.

Was von Thessaliens Volk Apoll
Nicht alles lernte! Tausend Sachen
Wovon euch Göttern nie ein Wörtchen träumen soll:
Den losen Scherz, das wohlgemuthe Lachen
Gedrückt von keinem Zwanggesetz,
Und ohne Absicht, ohne Schraube,
Das trauliche, gutlaunige Geschwätz
Beym Abendstern in einer Sommerlaube,
Und, o! den grofsen Talisman,
Mehr freye Herzen zu gewinnen,
Als Mahmud oder Dschingiskan
Sich Sklaven durch sein Schwert gewann,
Den Zauber, den die Charitinnen
Cytherens Gürtel eingewebt,

Was jeden Mangel deckt und jeden Reitz
erhebt,
Gefälligkeit. — Sey einer von uns
allen,
Verlange nichts voraus, — wir werden dir
gefallen
So wie du uns gefällst! — Die erste Schä-
ferin,
Die, ohne daſs sie auf ihn zielte,
In frohem Muth und dumpfen Sinn
Das Herz ihm aus dem Busen spielte,
Ward seine Sittenlehrerin.
„Ein bloſser Hirt — ist's möglich? — vor-
gezogen
Dem schönsten Gott?" — Das schrie um
Rache! — Schon
Ergriff sein Zorn den mächt'gen Pythons-
bogen;
Zu gutem Glück entfloh der Senn' ein sanf-
ter Ton.
Er stutzt, und plötzlich kommt ein Einfall
angeflogen,
Der seinen Eifer kühlt und bald zum Mittel
wird
Das Ziel, wornach er lüstet, zu erreichen.
Halt! denkt er, bist du hier was anders als
ein Hirt?
Was forderst du voraus vor deines gleichen?
Dem Hirten, der gefällt, muſs Gott und
Halbgott weichen

Der nicht gefällt! Versuch's, gewinne sie!
Das Herz ist frey und Lieb' erzwingt sich nie.

Stracks geht er hin und macht aus seinem Bogen
Ein Werkzeug des Gefühls; der Dollmetsch süſser Pein,
Die neue Leier, liegt mit Saiten straff bezogen
In seinem Arm, und schwirret durch den Hain.
Herbey gelockt von ihren süſsen Tönen
Versammeln sich um ihn die Hirten und die Schönen,
Ein jedes will des Wunders Zeuge seyn.
Bald wirkt der Zauber, Arme schlingen
In Arme sich, den Füſsen wachsen Schwingen,
Der ungelehrte Tanz dreht rasch sich um ihn her,
Und wer war glücklicher als er!
Wie lieben alle nun den Schöpfer ihrer Freuden!
Er ist, wiewohl in Schäfertracht,
Ein Gott für sie! Er hat sie glücklicher gemacht.
Wie freundlich nun ihm jede Hirtin lacht!
Wie drängt man sich, um nah an ihm zu weiden!
Und wenn am warmen Abendglanz

Im Rosenbusch, zu Chloens Füſsen —
Indeſs die Holde manchen süſsen
Verstohlnen Blick am halb geflochtnen Kranz
Herunter schlüpfen läſst — wenn dann die sanfte Leier
Der Liebe Schmerzen mit gedämpftem Klang
So zärtlich klagt, stets näher sein Gesang
Ans Herz sich schmiegt, das durch den leichten Schleier
Stets höher schlägt, und nun, wenn sich in vollem Feuer
Der Harmonienstrom ergieſst,
In süſsem Mitgefühl zerflieſst:
O welche Wonne ist's — in diesem Augenblicke
Ein Mensch, und nur ein Mensch zu seyn!
Wie wenig ist Genuſs in ungetheiltem Glücke!
In ihren Freuden selbst sind Götter stets — allein.

Apoll behielt in seinem Hirtenstande
Vom Gott allein des Wohlthuns edle Macht.
Mit jedem Tag erwacht
Das Volk am Peneusstrande
Zu neu geborner Lust.
Ein feineres Gefühl entfaltet sich ganz leise
In jeder Brust,
Man sieht und hört nicht mehr nach alter Weise,

Der Nebel fällt vom Antlitz der Natur,
Und o! wie schön, wie neu ist Wald und Flur!
Man fühlt sich selbst in allen Wesen leben,
Vom Blümchen, das der Erd' entspringt,
Zum Vogel, der in hohen Wipfeln singt,
Scheint alles uns vom Seinen was zu geben,
Verwebt uns alles mit ins allgemeine Weben.
Der holde Geist der Eintracht schlingt
Sein goldnes Band um alle, stimmt die Herzen
Zu sanften Freuden, süſsen Schmerzen;
Die lange Weile flieht, und nur zu leicht beschwingt
Entfliehen itzt, man weiſs nicht wie, die Stunden,
Die man vordem so drückend lang gefunden.

3.

Der Ruhm dieſs Wunder zu erneu'n,
OLYMPIA, der seltne Ruhm, sey Dein!
Der schönste aller Deiner Preise!
Wohl Dir, die in dem Weihrauchkreise
Der Erdengötter nicht den hohen Sinn verlor
Für Freyheit und Natur, nach alter Deutscher Sitte
Sich einen Wald zum Ruhesitz erkohr,
Und in der moosbedeckten Hütte,
Wenn tief im nächtlich stummen Hain

Auf offnem Herd die heil'ge Flamme lodert,
Sich glücklich fühlt und nichts vom Schicksal fodert.
Des Waldes Geister sehn den ungewohnten Schein
Ringsum die hohen Buchen weissen,
Und nähern freundlich sich, und heissen
Willkommen Dich in ihrem stillen Reich.
Wir spüren sie, bald leichten Nebeln gleich
Um halb bestrahlte Erlen lauschen,
Bald über uns durch hohe Wipfel rauschen.
Ein leises Grauen schleicht um unsre Brust,
Doch stört es nicht, erhöht nur unsre Lust.
Wir singen — um Dich her im Kreise
Gelagert — nach der schönen Weise
Die Dir, Olympia, die Musen eingehaucht,
„Zaydens Schmerz bey ihres Mohren Klagen,"
Und fühlen unser Herz im Busen höher schlagen:
Bis jetzt der Herd mit trüberm Feuer raucht,
Und späte Sterne, die durch schwarze Wipfel blinken,
Uns in die Burg zurück zu unsern Zellen winken.

Was ist's, das uns Olympiens hehren Wald
Zum Zaubergarten macht, zum Tempel schöner Freuden,

Zu dem man eilt um zögernd draus zu scheiden?
Sie selbst! — O! würde Sie zu Ihrem Aufenthalt
Der rauhsten Alpe Gipfel wählen,
Der rauhsten Alpe würde bald
Kein Reitz der schönsten Berge fehlen.
Ja, zöge Sie bis an den Anadir,
Wohin Sie gehen mag, die Musen folgen Ihr,
Ihr einen Pindus zu bereiten.
Sie, von Olympien stets geliebt, gepflegt, geschützt,
Belohnen Sie durch ihre Gaben itzt.
Sie schweben Ihr in Ihren Einsamkeiten,
Wenn Sie im Morgenthau die Pfade der Natur
Besuchet, ungesehn zur Seiten,
Und leiten Sie auf ihre schönste Spur.
Und wenn Sie, in begeisterndem Entzücken,
An einen Stamm gelehnt, mit liebender Begier
Was Sie erblickt und fühlt Sich sehnet auszudrücken,
So reichen sie den Bleystift Ihr.
Sie sind's, die am harmonischen Klavier
Der leichten Finger Flug beleben;
Und wer als sie vermöchte Ihr
Die Melodien einzugeben,
Von denen das Gefühl der lautre Urquell ist,
Die tief im Herzen wiederklingen,

Die man beym ersten Mahl erhascht und nie vergiſst,
Und niemahls müde wird zu hören und zu singen?

O Fürstin, fahre fort aus Deinem schönen Hain
Dir ein Elysium zu schaffen!
Was hold den Musen ist soll da willkommen seyn!
Doch allen, die in Deine Wildniſs gaffen
Und nichts darin als — Bäume sehn,
Dem ganzen Midasstamm der frost'gen langen Weile
Mit ihrem Troſs, dem Uhu und der Eule,
Und ihrer Schwesterschaft von Gänschen und von Kräh'n,
Sey Deine Luft zu rein! Das traur'ge Völkchen weile
Stets an des Berges Fuſs; und führt das böse Glück
Es ja hinauf, so kehr' es bald zurück,
Und banne selber sich aus Deiner Republik!

Und so, Natur, und ihr, geliebte Pieriden,
Pflegt eurer groſsen Priesterin!
Ihr sey das schönste Loos des Erdenglücks beschieden,

Zur Lust an euch ein immer offner Sinn,
Ein immer fühlend Herz, und eine Quelle drin,
Die nie versiegt, von süſsem innerm Frieden!
Was sonst die Sterblichen zu wünschen sich
ermüden,
Ist gleich der Flut im Faſs der Danaiden:
Und schöpften sie äonenlang hinein,
Es würde niemahls voller seyn.

II.

WETTSTREIT DER MAHLEREY UND MUSIK.

Im Jahre 1781.

Zwey Musen, deren Zwist zu steuern
Drey weise Männer unsrer Zeit
Viel Aufwand von Beredtsamkeit
Und Witz gemacht, begannen ihren Streit
Am vier und zwanzigsten des Weinmonds zu erneuern.
Den andern Musen ward die Weile lang dabey;
Es schien als ob der Zwist zu mehr nicht nütze sey
Als beider Galle zu versäuern.

Ihr Kinder, sprach zuletzt der schöne Gott des Lichts,
Lafst eure Zungen einmahl feiern!
In diesem Streit, ich kann's beym Styx betheuern,

Hilft Lock und Wolf und Plato selber
nichts,
Als eure Eifersucht vergeblich anzufeuern;
Denn so viel zeigt sich Angesichts,
Du kannst nicht mahlen, Sie nicht leiern.
Was jede kann ist gut in seiner Art,
Ihr wirket einzeln viel und dreymahl mehr
gepaart;
Doch welche mehr? soll itzt die That ent-
scheiden.
Laſst sehn und hören was ihr könnt,
Um einer Fürstin, die euch beiden
Gleich hold ist — (Ihren Nahmen nennt
Euch euer Herz) — und die von Ihrem schö-
nen Leben
Euch immer wechselsweis den schönsten Theil
gegönnt,
Was Sie um euch verdient, Unsterblich-
keit, zu geben.

Ich bin bereit, rief Polyhymnia.
Und alles schwieg und lag in stiller Feier;
Und jedes Herz schlug höher, jedes Auge sah
Entzückt empor, da ihrer goldnen Leier
Die Harmonie bald zaubrisch süſs entfloſs,
Bald majestätisch sich wie Meereswogen wälzte,
Bald Feuerströmen gleich aus Donnerwolken
schoſs;
Die Seelen bald in Liebeswehmuth schmelzte,

Bald kühn und stolz, mit immer höherm Flug,
Dem Adler gleich, zum Sitz der Götter trug.

Die Aganippe vor Vergnügen
Hielt ihren Strom zurück, es schien der Lorberhain
Zum himmlischen Getön die Wipfel hinzubiegen,
Und in den Lüften hielt im Fliegen
Der Vögel Schar auf einmahl lauschend ein.

Die Musen sahn einander an und schwiegen,
Apollo lächelte, und Polyhymnia,
Die was man ihr verschwieg in jeder Miene sah,
Verbirgt in Kalliopens Busen
Ihr glühendes Gesicht. Ein andermahl, mein Kind,
Vergiſs nicht, spricht der Gott der Musen,
Daſs selbst der Götter Ohren — blind
Und alle deine Zaubereyen
Nur lieblicher Tumult und dunkle Räthsel sind,
Wenn andre Musen dir nicht ihre Sprache leihen.

Itzt warf er einen Blick dahin,
Wo, mit Palett und Pinsel in den Händen,

Apellens schöne Lehrerin
Beschäftigt stand ein Bildniſs zu vollenden,
Das mit dem letzten Pinselstrich
Ins Leben sprang, und ganz in allen Zügen
Der Fürstin, die er liebte, glich.
Zu Ihren Füſsen sah man liegen
Was gröſsern Glanz Ihr schuldig war als gab,
Den Fürstenhut, den goldnen Hirtenstab;
Ihr huldigten, mit einer Blumenkette
Umschlungen von den Grazien,
Die Musenkünste in die Wette,
Und alle milden Tugenden;
Und über Ihr, aus eines Volkes Mitten,
Von Ihr als Mutter einst beglückt,
Sah man die Töchter Zevs, die demuthsvollen
Bitten,
Vom frommen Dank empor geschickt,
Mit heiſsen Wünschen für Ihr Leben
Hinauf zum Thron des Göttervaters schweben.

Die Musen hatten kaum das edle Bild erblickt,
So flogen sie die Schwester zu umarmen.
Es ist Olympia! rief jeder Mund entzückt:
Und Klio trug das Bild in ihren Armen
Die Stirn des Musenbergs hinauf,
Und hing es am Altar des ew'gen Ruhmes auf.

III.

Am ersten Tage des Jahres 1782.

Wenn es wahr ist, was die frommen Alten
Sangen, und was alle die in Dir,
Beste Fürstin, glücklich sind, was wir
Alle aus Gefühl so gern für Wahrheit halten,
Wenn die guten Fürsten Geniusse sind,
Die in menschlichen Gestalten
Unter uns das Götteramt verwalten;
Die der Tafel, wo der Nektar rinnt,
Sich begaben, bloſs uns irdischem Gesind'
Auch, damit wir unsers Leids vergessen,
Dann und wann ein Tröpfchen zuzumessen:
Wenn dieſs Wahrheit ist, Olympia,
O! so bleib uns lange hold und nah!
So ermüde nicht bey uns zu weilen!
Denn, verlieſsest Du uns, alle edleren
Schönern Freuden, die mit Dir wir theilen,
Musen, Künste, Scherze, Grazien,
Spannten flugs Dir nachzueilen
Ihre Flügel aus und lieſsen uns allein.

Also lafs die Lust in deine Sfären,
Holde Göttin, wieder heim zu kehren
Uns zu Lieb' noch weit verschoben seyn!
Lang' umtanze noch der schönen Horen
Bunter Zirkel Dich, und gieſse, neu geboren,
Frische Blumen stets in Deinen Tritt:
Und wenn endlich doch das Heimweh nach dem Himmel
Dich besiegt, so nimm aus diesem Weltgetümmel,
Nimm uns, wenn Du auffliegst, alle mit!

IV.

Am 24. Oktober 1784.

Der Wonnetag, der Dich geboren,
Erhabne Fürstin, kam heran,
Und Dir mit lerer Hand zu nahn
Mich billig schämend, rief ich Floren,
Die freundlichste der milden Horen,
Um eine Handvoll Blumen an.

Du weiſst daſs unter andern Gaben
Wir Dichter auch das Vorrecht haben,
Daſs alle Geister, braun und weiſs,
Aus Luft und Wellen, Thal und Hainen,
Uns auf den ersten Wink erscheinen.
Es braucht da keinen Zauberkreis
Noch Zauberrauch, noch Zauberworte,
Noch Fallbret, noch geheime Pforte;
Es braucht, um aus der andern Welt
Sie stracks herunter zu citieren,
Vor keinem Ball, von Dunst geschwellt,
Erst Stroh und Wolle anzuschüren;

Noch läſst man, sie zu attrahieren,
Sich um sein bares blankes Geld
Von Mesmern erst magnetisieren;
Kurz, ohne Schwarzkunst und Magie,
Theosofie und Panurgie,
Und andre Kunstmaschinerie,
Muſs über, unter, und auf der Erden
Gott, Göttin, Halbgott und Genie
Uns, wenn wir rufen, sichtbar werden.

Kaum also daſs der Ruf geschah,
So stand auf ihrem lüft'gen Wagen
Von Schmetterlingen hergetragen
Die Göttin leibhaft vor mir da:
Doch nicht in jenem Blumenkleide,
Worin sie uns im May entzückt,
Wenn, trotz dem funkelndsten Geschmeide,
Ein bloſser Strauſs die Augenweide
Der losen Liebesgötter schmückt.
Anstatt der leichten Seide drückt
Ein Zobelpelz die zarten Glieder;
Er hängt in Falten steif und schwer
Um jeden ihrer Reitze her,
Und zieht sie schier zur Erde nieder;
Und wie ein frisches Rosenpaar
Im Lenz ihr ganzer Hauptschmuck war,
So wackelt itzt von Strauſsgefieder
Ein bunter Busch auf ihrem Haar
Bey jedem Schritte hin und wieder.

Zwar prangt ihr reiches Unterkleid
Mit tausend niedlichen Buketten,
Die mit Geschmack und Leichtigkeit
Sich zierlich in einander ketten;
Auch breitet sich ein groſser Strauſs
Von Anemonen, Veilchen, Nelken
Und Rosen welche nie verwelken,
Gar stolz an ihrem Busen aus;
Man schwüre drauf, er sey natürlich
Und blüh' und dufte: aber, ach!
Die Blumen blühen nur figürlich!
Sie wurden unter B * * s Dach
Von jungen züchtigen Brigitten,
(Gleich rein an Fingern und an Sitten)
An einem langen Arbeitstisch
Aus Leinewand und altem Plüsch
Und dünnem Taffet ausgeschitten.

Ich sehe, sprach die Göttin, Freund,
Daſs dir zu einem solchen Feste,
Wie alle Götter heut vereint,
Mein Aufzug etwas seltsam scheint.
Du siehst das Werk der frühen Fröste:
So hausen die Oktoberweste!
Fürwahr es ist bejammernswerth,
Wie sie in meinem Eigenthume
Geschaltet, alles umgekehrt,
Entfärbt, zerknickt, versengt, zerstört;
So daſs ich gegen mein Kostume
Sogar mich selber, mit Verdruſs,

In Konterbande kleiden muſs.
Denn leider! auch nicht Eine Blume
Blieb mir, anstatt der Händevoll
Womit ich dich bedienen soll.
Ein einzig Röschen, spät geboren,
Wärmt' ich an meinem Busen auf;
Wie viele Sorge wandt' ich drauf!
Das letzte Lieblingskind von Floren
War für Olympiens Fest erkohren;
Du hättest Ihr's in voller Pracht
In meinem Nahmen dargebracht;
Und auch dieſs Röschen — ist erfroren!

So viel ich mich erinnern kann,
Sah Flora hier mich lächelnd an,
Indem ich mit gesenkten Ohren
Kopfschüttelnd ihr vorüberstand,
Und Antwort suchte, und nicht fand.

In einem Nu erfüllt mein Zimmer
Mit süſsem Duft ein bunter Schimmer,
Dem ähnlich, der im Sonnenlicht
Aus einem Tulpenfelde bricht.
Behangen sind mit Blumenketten
Die Wänd' umher, ein Baldachin
Von Hyacinthen und Tazetten
Umwölbt die Blumenkönigin,
Und tausend junge Zefyretten,
An Flügeln Amors Psyche gleich,

An Farben gleich den Schmetterlingen,
Umfächeln sie mit seidnen Schwingen,
Und bilden mir ihr Zauberreich.

Du Sohn des alten Schwans am Bober,*)
(So hör' ich wie die Göttin spricht)
Der vier und zwanzigste Oktober
Bedarf entlehntes Schmuckes nicht.
Ihm wird so leicht von andern Tagen
Sich keiner gleich zu stellen wagen;
Ihm, der des Engels stolzen Flug
Bestrahlte, der ins Erdeleben
Olympien einst herunter trug!
Verdiensts und Ruhms für ihn genug
Sein Haupt vor andern zu erheben!

Indeſs, wiewohl an diesem Fest
Ihr Zeichen meiner Gunst zu geben
Die Zeit mir freye Hand nicht läſst,
Nichts soll in funfzig künft'gen Lenzen
Die nie ermüdende Begier
Olympien zu gefallen, Ihr
Getreu zu seyn, in mir begrenzen.
Ihr Hain sey künftig mein Refier;
Ihn soll ein ew'ger Frühling kränzen,
Und wo Sie hinblickt, wo Sie harrt,

*) Martin Opitz von Boberfeld, der Vater der neuern Deutschen Dichterey.

Soll Florens stille Gegenwart
Ihr überall entgegen glänzen!
Mein bestes Nachtigallen-Kor
Soll Ihr Erwachen laut begrüſsen,
Und Blumen immer neu hervor
Aus jedem Ihrer Tritte sprieſsen.
Will Sie Sich selbst Gesellschaft seyn,
Soll plötzlich Sie im stillen Hain
Der schönste Rosenbusch umweben;
In seiner Blätter leisem Beben
Schein' Ihr ein Genius zu schweben,
Und lade Sie zum Denken ein.
Wird Ihre Hand den Reiſsstift halten,
So soll auf immer neuer Spur
In tausend wechselnden Gestalten
Die unerschöpfliche Natur
Vor Ihren Augen sich entfalten!
Euch übergeb' ich Ihre Flur,
Ihr holden Geisterchen! Vertheilet
Euch schwarmweis überall darin;
Und wo, mit einem Plan im Sinn,
Olympia im Gehn verweilet,
Da zaubert ein Elysium hin!

Mit diesem Wort verschwand der Baldachin
Von Hyacinthen und Tazetten,
Die schöne Blumenkönigin
Und alle ihre Zefyretten.
Frau Göttin, rief ich ihr, (ihr, die so viel versprach,

So wenig that) indem sie aufflog, nach:
Versprechen zeugt von gutem Willen;
Es kostet nichts und klingt doch fein;
Vergiſs nicht, wenigstens die Hälfte zu erfüllen.
Wir wollen dir noch immer dankbar seyn.

V.

Am 24. Oktober 1790.

Die Dankbarkeit, der Menschen erste Pflicht,
Ist, wie man ohne sehr zu lästern
Behaupten mag, der Götter Tugend nicht.
Die Grazien nehm' ich aus, und ihre holden Schwestern,
Das heil'ge Dreymahl Drey, das auf dem Pindus thront,
Die freundlichsten der Götter und Göttinnen.
Die bloſse Lust, womit man ihnen dient, belohnt
Schon durch sich selbst: uns wird an Herz und Sinnen
So wohl dabey, so leicht, so warm, so frey!
Die liebe Zeit, die insgemein wie Bley
Auf Adams Kindern liegt, scheint mit den Charitinnen
Und Musen immer nur zu schnell uns zu entrinnen,
Und kurz, das Wenigste, was wir durch sie gewinnen,
Ist hier — ein Himmelreich, und dort — Unsterblichkeit.

Drum dächt' ich auch (mit Gunst der werthen Christenheit!)
Wir blieben noch, so lang' es uns gedeiht,
In diesem Stück ein wenig — Heiden,
Und schafften unsre Seligkeit,
Anstatt mit Angst und Herzbeklommenheit,
Im Dienst der Grazien — mit Freuden.

* * *

Beschworen sey er denn an diesem goldnen Tag,
Der Dich, Olympia, der Welt und uns gegeben,
Beym heil'gen Drey und Neun, der festliche Vertrag,
So lang' die Parzen noch an unserm Daseyn weben,
Den Musen und den Grazien zu leben!
Sie haben von des Lebens Morgen an
So viel für Dich, Du hast so viel für sie gethan:
Wie sollte durch dieſs wechselseit'ge Geben
Und Nehmen jenes Blumenband,
Das euch umschlingt, nicht unverwelklich dauern?
Was sag' ich? Führten sie nicht selbst an ihrer Hand
Dich in ihr zweytes Vaterland
Im Jubel ein? — in jene stolzen Mauern,

Wo Göttin Rom, die Herrscherin der Welt,
Noch unter Trümmern sitzt, die Herz und Mark durchschauern,
Und den Kolossen gleich, von ihnen aufgestellt,
Die Heldengeister Roms noch ihren Fall betrauern;
Wo jeder Athemzug, geschwellt
Von dieser Zauberluft, den Funken
Des Hochgefühls, das uns zu Göttern macht,
Selbst in der engsten Brust zur hellen Flamme facht.

Doch, darf wohl ein Profaner sich entblöden,
Olympia, von dem was Du gesehn zu reden?
Der Arme, dem das Heiligthum der Kunst
Stets unzugangbar blieb! Dem, ach! aus tiefer Ferne
Diefs alles nur in blauem Dunst,
Traumähnlich, oder gar gleich einem Nebelsterne,
Gespenstern gleich, die im Erscheinen fliehn,
Geahndet nur, ach! nicht gesehn, erschien!
Ihm ziemt es, mit religiosem Schweigen
Sich vor der Glücklichen zu beugen,
Die bis ins Heiligste der ew'gen Tempel drang

Der höchsten Kunst der Neuern und der Alten,
Mit eignen Augen sah die göttlichen Gestalten,
Mit eignem Ohr den himmlischen Gesang
Der Musen hörte, Jahre lang
Mit Nektar und Ambrosia Sich nährte,
Und als Sie endlich — voll der Götterspeise, nicht
Gesättigt — wieder zu uns kehrte,
Beym ersten Wiedersehn, aus Ihrem Angesicht
(Den Jüngern gleich die Tabors Glanz verklärte)
Von allem, was Ihr Aug' in jenem Götterlicht
Gesehn, den Wiederschein in meine Seele strahlte,
Und o! so ganz Sie selbst, so ganz Olympia,
Vor meinen Augen stand, wie Sie — Angelika,
Der Grazien vierte Schwester, mahlte!

* * *

Ihr holden Drey, nehmt meinen Dank dafür,
Daſs ihr Olympien und unser Glück in Ihr
Uns wiedergabt! — Und wenn, was ich von euch gesungen,
Und wenn um eueren Altar
Ein Blumenkranz, von mir geschlungen,
Euch je nicht ungefällig war,

So hört mich itzt! — Laſst die Erinnerungen
Aus jenem schönen Doppeljahr
Gleich Platons göttlichen Ideen
In einem ew'gen Traum vor Ihrer Seele stehen!
Sein Zauber wirke stets auf Ihre Fantasie,
Belebe stets Ihr Herz, erneue
Mit jedem Morgen sich, und streue
Nicht eignen Reitz auf alles um Sie her.
So, holde Grazien, geleitet Sie durchs Leben,
Und (meinem kleinen Ich sein Recht nicht
zu vergeben)
So laſst, in Belvedere's Hain,
Auch mich von allem dem noch lange Zeugen
seyn!

DIE ERSTE LIEBE

AN PSYCHE

Im Jahre 1774.

DIE ERSTE LIEBE.

Die Quelle der Vergessenheit,
Aus welcher in der Fabelzeit
Die frommen Schatten sich betranken,
Und dann, vom Loos der Sterblichkeit,
Von Sorgen und von Nachtgedanken,
Von langer Weil' und Zwang befreyt,
In sel'ger Wonnetrunkenheit
Hin auf Elysiens Rosen sanken:
Was meinst du, Freundin, was sie war?
Dein Beyspiel macht die Sache klar;
Du kennst nun Amors Wundertriebe;
Von diesem Lethe sehen wir
Die klaren Wirkungen an Dir:
Dieſs Zauberwasser ist — die Liebe.

Ein Tröpfchen, sey es noch so klein,
In Unschuld züchtiglich hinein
Geschlürft aus Amors Nektarbecher,
Thut alles dieſs! Was wird geschehn,
Wenn unerfahrne junge Zecher
Im Trinken gar sich übersehn?

Das süſse Gift! es schleicht die Kehle
So sanft hinab! — Was Wunder auch,
Wenn eine wonnetrunkne Seele
Dem jungen Faun beym ersten Schlauch
Ein wenig gleicht, dem seine Höhle,
Sein Schlauch, und der geliebte Freund
Der mit ihm zecht, das Weltall scheint?

Du staunst mich an? — O! um die Dichter-
köpfe!
Fy! wie mir der Faununkulus,
(Das ungleichartigste Geschöpfe
Mit Amorn, der von einem Kuſs
Zehn Jahre lebt) da ich ein Gleichniſs brauche,
Just in die Quere laufen muſs!
Das närr'sche kleine Ding mit seinem ersten
Schlauche!
Allein, so geht's uns armen Reimern gern.
Nicht immer bleiben wir des Flügelpferdchens
Herrn!
Bald übermeistert uns die Laune,
Bald gar der Reim. Wer sieht den Abstand nicht
Vom Gott der Zärtlichkeit zum Faune?
Allein den Reim, die Laune, ficht
Dieſs wenig an; sie wechseln oder paaren,
Nach Willkühr und Gemächlichkeit,
Oft Dinge, die, seitdem den Elementenstreit
Ein Gott entschied, noch nie gepaart gewesen
waren:

Die Laune hohlt zur feinsten Ironie
Den Stoff vom — Vorgebirg der Nasen;
Und läſst der Reim nicht ohne Müh
Den Hasen bey Delfinen grasen?

Doch, so wie auch ein Thor einmahl was kluges spricht,
So reimte dieses Mahl der Reim so übel nicht:
Denn etwas, gutes Kind, ist, leider! an der Sache.
Nicht, daſs ich's dir zum Vorwurf mache!
Die Grazien verhüten's! — Aber doch
Bleibt wahr, was wahr ist: daſs, seit du aus Amors — Schlauche
Den groſsen Zug gethan, du kaum von ferne noch
(Dank sey dem losen kleinen Gauche!)
Dich jenes schönen Traums aus einer bessern Zeit
Besinnen kannst, den wir für Wahrheit hielten,
Eh' diese Amorn noch um deinen Busen spielten.

Denn, sprich mit Offenherzigkeit,
Wo sind sie hin, die Bilder jener Zeit,
Als, an der besten Mutter Seite,
Wir, wie die guten frommen Leute
Der alten goldnen Schäferzeit,
In sel'ger Abgeschiedenheit

Von Hof und Welt, gleich Gefsners Hirten,
Im Schatten junger Pappeln irrten? —
Die, weil sie Panthea mit eigner Hand
gepflanzt,
In unsern Augen schöner waren
Als Tempe, wo mit los gebundnen Haaren
Um Dafnens Stamm die Nymfe tanzt.
Sprich, war in seinen Schäferjahren
Apollo glücklicher als ich?
Auch dich, Psycharion, auch dich
Schien unsre Freundschaft zu beglücken;
Ein sanftes, geistiges Entzücken
In deinem Lächeln, deinen Blicken
Schien der geschwisterlichen Schaar,
Die durch dein Anschaun glücklich war,
Des Engels Wonne auszudrücken,
Der sich allein in seinen Freunden liebt,
Und Wonne fühlt indem er Wonne giebt.

O gute Psyche, welch ein Leben,
Hätt' ihm ein günstiges Geschick
Ein wenig Dauer nur gegeben!
Denn ach! es war ein Augenblick!
Der Mond ging auf, der Störer unsrer Freuden,
Der Amorn oft die Zeit zu lange macht:
Uns kam er stets zu früh — er kam, um
uns zu scheiden!
Vergebens hofften wir den Flug der braunen
Nacht

Durch unsre Wünsche aufzuhalten:
Wir wurden im Olymp, wie billig, ausgelacht;
Die Götter sparen ihre Macht;
Kurz Föbus ging zur Ruh, und alles blieb beym alten.
Was war zu thun? Geschieden muſst' es seyn!
Ein traurig Lebewohl erstarb auf jedem Munde.
Noch diesen letzten Blick! — Da bin ich nun allein,
Und stehe noch, mit offnem Aug' und Munde,
Als wurzelt' ich in zauberischem Grunde,
Wie ein gebannter Ritter, ein.

Nicht wahr, an alles dieſs erinnerst du dich kaum,
Vielleicht, wie man von einem Morgentraum
Die schnell zerfliesenden Gestalten
Vergebens sich bestrebet fest zu halten?
Vergessen ist im Arm des neuen Agathon
Der gute Psammis - Danischmende;
Die Götterchen von Pafos sehn mit Hohn
Auf ihn herab von ihrem Lilienthron,
Und klatschen in die kleinen Hände.
Doch, was ist hier, ihr Götterchen, am Ende
So viel zu klatschen? Spart den Hohn!
Hofft nicht, daſs uns der Werth der Überwundnen blende!
Mit Zauberwaffen trägt man leicht den Sieg davon.

Die Wahrheit, Freundin, ist, daſs der
Von Liebe gar nichts wissen müſste,
Der in dieſs Wunderwerk sich nicht zu finden wüſste.
Die erste Liebe wirkt dieſs alles und noch mehr.
Mit ihrem ersten süſsen Beben
Beginnt für uns ein neues beſs'res Leben.
So sehen wir im Lenz der Sommervögel Heer
Auf jungen Flügeln sich erheben:
Gleich ihnen, sind wir nun nicht mehr
Die Erdenkinder von vorher;
Wir athmen Himmelslüfte, schweben
Wie Geister, ohne Leib, einher
In einem Ocean von Wonne;
Bestrahlt von einer schönern Sonne
Blüht eine schönere Natur
Rings um uns auf; der Wald, die Flur,
So däucht uns, theilen unsre Triebe,
Und alles haucht den Geist der Liebe.

O Zauberey der ersten Liebe!
Noch jetzt, da schon zum Abend sich
Mein Leben neigt, beglückst du mich!
Noch denk' ich mit Entzücken dich,
Du Götterstand der ersten Liebe!
Was hat dieſs Leben das dir gleicht,
Du schöner Irrthum schöner Seelen?

Wo ist die Lust die nicht der hohen Wonne weicht,
Wenn von den göttlichen Klarissen und Pamelen,
Von jedem Ideal, womit die Fantasie
Geschäftig war in Träumen uns zu laben,
Wir nun das Urbild sehn, sie nun gefunden haben,
Die Hälfte unsrer selbst, zu der die Sympathie
Geheimniſsvoll uns hinzog — Sie,
Im süſsen Wahnsinn unsrer Augen,
Das Schönste der Natur! Aus deren Anblick wir,
Wie Kinder an der Brust, nun unser Leben saugen,
Von allem um uns her nichts sehen auſser Ihr,
Selbst in Elysiens goldnen Auen
Nichts sehen würden auſser Ihr,
Nichts wünschen würden, als sie ewig anzuschauen!

Von diesem Augenblick nimmt sie als Siegerin
Besitz von unserm ganzen Wesen.
Wir sehn und hören nun mit einem andern Sinn;
Die Dinge sind nicht mehr was sie zuvor gewesen.
Die ganze Schöpfung ist die Blende nur, worin

Die Göttin glänzt, die Wolk', auf der sie
schwebet,
Der Schattengrund, der ihren Reitz erhebet.
Ihr huldigt jeder Kreis der lebenden Natur:
Ihr schmücken sich die Hecken und die Bäume
Mit jungem Laub, mit Blumen Thal und Flur;
Ihr singt die Nachtigall, und Bäche murmeln
nur
Damit sie desto sanfter träume;
Indeſs der West, der ihren Schlummer kühlt,
Für sie allein der Blüthen Balsam stiehlt,
Und, taumelnd vor Vergnügen,
Verliebte Rosen sich auf ihrem Busen wiegen.

Sie träumt — Ein süſses Lächeln schwebt
Um ihren röthern Mund, um ihre vollern
Wangen:
O! wär' es zärtliches Verlangen,
Was den verschönten Busen hebt!
O! träumte sie — (so klopft mit ängstlicher
Begier
Des Jünglings Herz) o träumte sie von mir!
O Amor, sey der blöden Hoffnung günstig!

Er nähert furchtsam sich, und selbst der keu-
sche Blick
Besorgt zu kühn zu seyn, und bebt von ihr
zurück.

Doch Amor giebt ihm Muth, die Dämm'rung
ist so günstig,
Und, o wie schön ist Sie! — Verloren im
Genuſs
Des Anschau'ns steht er eine Weile
So steinern da wie eine Marmorsäule.
Wie selig er sich fühlen muſs!
Den Göttern gleich zu seyn was fehlt ihm
noch? — ein Kuſs,
Ein einz'ger unbemerkter Kuſs,
Wie Zefyr küſst, auf ihre sanfte — Stirne.
Der höchste Wunsch, den seine Liebe wagt!
Und auch dieſs Wenige, so viel für ihn! versagt
Sein Zaudern ihm. Denn eh' sein Mund es wagt,
Reibt Chloe schon den Schlummer von der
Stirne.
Sie schlägt die Augen auf. Bestürzung, Zärt-
lichkeit,
Und holde Scham, in zweifelhaftem Streit,
Verwirren ihren Blick. Er glaubt ihr Auge
zürne,
Sieht bang sie an, und flieht. Nun ist rings
um ihn her
Die weite Schöpfung öd' und leer,
Die Luft nicht blau, der May nicht blühend
mehr;
Das Sonnenlicht hört auf für ihn zu scheinen.
Dort sitzt er, wo der finstre Hain
Die längsten Schatten wirft, auf einem rauhen
Stein,

Gefühllos jedem Schmerz — als ungeliebt zu seyn,
Gefühllos jeder Lust — als ungestört zu weinen.

Schon sinkt des Himmels Auge zu,
Schon liegt die Welt in allgemeinem Schlummer,
Und Er, versenkt in seinen Kummer,
Er wird es nicht gewahr. Die Ruh
Flieht, Ärmster, deine Brust, und deine Augenlieder
Der süſse Schlaf! Der Abend weicht der Nacht,
Die schöne Nacht dem schönern Morgen wieder,
(Für dich nicht schön!) und du, an Chloens Bild
Geheftet, ganz von ihr und deinem Schmerz erfüllt,
Bemerkst es nicht! Und doch, bey allem seinem Leiden,
Liebt er die Quelle seiner Pein:
Er nähme nicht der Götter Freuden
Von seinem Wahn geheilt zu seyn!

Doch, welche Wonne, welche Freuden,
Erwarten, sanfter Jüngling, dich,
Wenn Sie, — die alle deine Leiden
Mit dir getheilt, und, wenn bey deinem Anblick sich

Oft eine Thrän' aus ihrem Auge schlich,
Kaum Muth genug sich wegzuwenden hatte, —
Wenn sie die Kraft verliert mehr Widerstand zu thun,
Wenn, ganz des Gottes voll, das matte
In Liebe schwimmende, unschuld'ge Auge nun
An deiner Wange sich des süfsen Drucks entladet,
Und die vom Übermafs der Lust
Dem Schleier ausgerifsne Brust
In unverhehlten Thränen badet!

Vergieb, Psycharion — Bey diesem Bild entfällt
Der Pinsel meiner Hand! — Nehmt ihn, ihr Huldgöttinnen,
Euch weih' ich ihn! und aufgestellt
In eurem Heiligthum, geliebte Charitinnen,
Sey euch zum Preis, das unvollendte Bild!
Von eurem Schleier sey's verhüllt
Dem Faunenblick des Sklaven seiner Sinnen,
Dem unbegreiflich ist, wie man
Mit Amors Dienst den euren paaren kann;
Der Flammen, die bey ihm nur in den Adern rinnen,
Vom Schlauch Silens entlehnt,
Und die Empfindungen verfeinter innrer Sinnen
In feilen Armen höhnt.

Verachte, Psyche, der Bacchanten
Und Satyrn Hohn! Geneuſs der sel'gen Schwärmerey,
Des goldnen Traums, der uns zu Anverwandten
Der Götter macht! Laſs kalte Sykofanten
Beweisen daſs er Täuschung sey,
Und glaube du, Glückselige, der Stimme
Des Engels der in deinem Busen wohnt!
Neu ist die Wonne dir womit uns Amor lohnt;
Durch manche Thrän' erkauft, und desto süſser! — Schwimme
In diesem Ocean! — Sie, die gefällig sich
Mit der Natur und dem Geschick verglich,
Dich, schöne Freundin, zu beglücken,
Die Tugend billigt dein Entzücken,
Und Amors holde Schwestern pflücken
Idaliens schönsten Kranz für dich.

Du bist beglückt, — und Ich — vergessen!
Es sey! — Die Freundschaft eifert nicht.
Noch tanzt das magische Gesicht
Um deine Stirne, noch ist alles eitel Licht
Und Himmel um dich her, noch flieſset ungemessen,
Gleich dem unendlichen Moment der Ewigkeit,
Die Zeit der süſsen Trunkenheit —
O Psyche, auch für mich war einst so eine Zeit!
Was hätt' ich damahls nicht vergessen,
Als ich in dem Bezaubrungsstand,
Worin Du bist, mit Doris mich befand;

Und — wenn ich ihr, so früh es immer tagte,
Bis unbemerkt der letzte Strahl verschwand,
Das ew'ge Einerley, das ich für sie empfand,
Stets neu auf tausend Arten sagte —
Den längsten Tag zu kurz, es ihr zu sagen, fand!

O Wonnetage, gleich den Stunden,
In ihrem Anschaun zugebracht!
O Wochen, gleich dem Traum in einer Sommer-
nacht!
Geliebter Traum! der, längst verschwunden,
Noch durch Erinn'rung glücklich macht!
Wo seyd ihr hin, ihr unbereuten Freuden,
Du Blüthe der Empfindsamkeit,
Um die wir jene goldne Zeit
Schuldloser Unerfahrenheit
Und unbesorgter Sicherheit
Und wesenloser Lust und wesenloser Leiden
(Mit aller ihrer Eitelkeit)
In weisern Tagen oft beneiden;
Du erster Druck von ihrer sanften Hand,
Und du, mit dem ich mein entflohnes Leben
Auf ihren Lippen wieder fand,
Du erster Kuſs! — Euch kann kein Gott mir
wieder geben!

Sie welkt dahin des Lebens Blumenzeit!
Ein ew'ger Frühling blüht allein im Feenlande;
Und Amors reinste Seligkeit
Bringt uns zu nah dem Götterstande

Um dauerhaft zu seyn. Wie selten ist das Glück,
Das deine Liebe krönt, Psycharion! wie selten
Erhört das neidische Geschick
Der ersten Liebe Wunsch! Wir gäben Thronen, Welten,
In ihrem Rausch, um eine Hütte hin;
Ein Hüttchen nur, im Land der Gefsnerischen Hirten,
Just grofs genug, um uns und unsre Schäferin,
Die Grazien und Amorn zu bewirthen.
Sie wüchsen von sich selbst, im Schutz des guten Pans,
Die Bäume, die, indem wir sorglos küfsten,
Uns Müfsiggänger nähren müfsten!
Wie selig! — Aber Zevs lacht des verliebten Wahns.
Sein Schicksal trennt — aus guten Gründen —
Den Schäfer und die Schäferin.
Und o! wie spitzt sich einst des Pastorfido's Kinn,
Wenn zu den väterlichen Linden
Die Zeit zurück ihn führt, die holde Schäferin,
Auf deren Schwur und treuen Sinn
Er seines Lebens Glück versichert war zu gründen,
In eines andern Arm zu finden!
Noch glücklich, wenn vielmehr — ihr Aschenkrug,
Umringt von traurigen Cypressen,

Ihm sagt: Daſs Chloens Herz, von stillem Gram zerfressen,
Aus Sehnsucht brach, und Zug für Zug
Sein werthes Bild mit sich ins Land der Schatten trug;
Daſs in der letzten Todesstunde
Ihr Aug' ihn noch gesucht und auf dem kalten Munde
Sein Nahme noch geschwebt! — Doch dreymahl glücklicher,
Wenn, wie Amandus und Amande,
Nachdem sie manches Jahr zu Wasser und zu Lande
Durch Berg und Thal, von Zara's heiſsem Sande
Bis an den gelben Fluſs, sich rastlos aufgesucht,
Der Liebesgott mitleidig ihrer Flucht
Ein Ende macht, im Thor von Samarkande
Sie unverhofft zusammen fügt,
Und, wie sie nun, im vollen Überwallen
Der Zärtlichkeit, sich in die Arme fallen,
Davon mit ihren Seelen fliegt.

Doch, Freundin! setzen wir den seltensten der Falle;
(Denn selbst die Königin der Amorn sah sich nie
In diesem Fall; Vulkan vertrat des Ehmanns Stelle,
Und für Adone seufzte sie!)
Gesetzt daſs Cypripor und Hymen sich verbanden,

Zwey Hälften, die, zum Glück, einander fanden,
So zu beseligen, wie mit gesammter Hand
Die beiden Götterchen uns glücklich machen
können;
Kurz, Psyche, setzen wir ein Band
Wie deines: glaubest du, der hohe Wonnestand
Der ersten Schwärmerey, er werde dauern
können?
Wie gerne wollt' ich dir den süſsen Irrthum
gönnen!
Doch, leben wir nicht unterm Mond?
Was bleibt vom Loos der Sterblichkeit ver-
schont?
Im Zauberlande der Ideen,
Da gäb' ichs zu! allein in unsrer Welt,
In dieser Werktagswelt, wo bloſs vom langen
Stehen
Selbst der Koloſs von Rhodus endlich fällt,
Wird, glaube mir, so lange sie noch hält,
Nichts Unvergängliches gesehen.
Da hilft kein Reitz, kein Talisman!
Der Zauber löst sich auf! — Wir essen
(Verschlingen oft, und thun nicht wohl daran)
Die süſse Frucht, und mitten in dem Wahn
Des neuen Götterstands, dem magischen Ver-
gessen
Der Menschheit, werden uns die Augen auf-
gethan.
So wie die Seele sich — dem Leibe
Zu nahe macht, weg ist die Zauberey!

Die Göttin sinkt herab zum — Weibe,
Der Halbgott wird — ein Mann. — Doch, Psyche, wenn dabey
Die, so am meisten wagt, am wenigsten verlöre:
Verdiente sie, den Grazien zur Ehre,
Nicht ein Kapellchen in Cythere?

Daſs übrigens euch in der stolzen Ruh
Des schönen Irrthums nicht die Profezeihung störe!
Gesetzt, der Ausgang sagt' ihr zu —
Uns anderm Erdenvolk ist's immer sehr viel Ehre,
Daſs uns ein Mann wie Er, ein Weib wie Du,
So bald als möglich angehöre.
Der Menschenstand, den Doktor Mandevil
Und Freund Hans Jack (wenn ihn die Laun' auf Vieren
Zu gehn ergreift) bey uns verkleinern will,
Hat seinen Werth; und unter allen Thieren
(Die Kaffern nehm' ich aus) ist, wie ein weiser Mann
Vorlängst gesagt, nicht Eines anzuführen
Das sich an Tugenden mit uns vergleichen kann;
Vorausgesetzt, daſs Amor mit den Musen
Und Grazien die letzte Hand
An uns gelegt! — Denn, in dem rohen Stand,
Worin an Mutter Isis Busen
Die meisten hangen, geb' ich zu,
Daſs mir ein hübscher Sapaju,

Der Sperling Lesbiens, ein Täubchen aus Cythere,
Und Gressets Papagay zum Umgang lieber wäre.

Dir, Schwesterchen, und deinem künft'gen Mann,
Begünstigt wie ihr seyd von Grazien und Musen,
Steht ganz gewiſs die schöne Menschheit an,
Zu welcher, wie das Nektarräuschchen schwindet,
Die Göttin unvermerkt sich abgeschattet findet.
Auch das Gedächtniſs wird dann wieder aufgethan.
Im kleinen Hain der Nachtigallen
Wird, Psyche, dir mein eignes Bild sogar
(Nicht ohne Wunder, wo's zeither geblieben war)
Stracks wieder in die Augen fallen.
Die Freundschaft, eingesetzt in ihr erlangtes Recht,
Wird nicht mehr, weil ihr Rosen brecht,
Von ferne stehn und sich verlassen grämen:
Doch wird sie willig sich bequemen,
In deinem Herzen nur das Plätzchen einzunehmen,
Das Hymen, der doch wohl nicht alles füllen kann,
Ihr lassen will. Auch wird er bald gestehen,
Daſs — wär' es nur, um zuzusehen
Wie wohl euch ist — man dann und wann
Den Freund, so nebenher, ganz wohl gebrauchen kann.

SIXT UND KLÄRCHEN

ODER

DER MÖNCH UND DIE NONNE

AUF DEM MÄDELSTEIN

Ein Gedicht in zwey Gesängen.

1775.

VORBERICHT.

Neben der berühmten Wartburg bey Eisenach stand vorzeiten eine Burg, die (nach einigen Kroniken) schon in der Mitte des fünften Jahrhunderts von einem von Frankenstein erbaut, sieben hundert Jahre darauf von der Herzogin Sofia von Brabant, während ihrer Händel mit dem Markgrafen von Meissen, Heinrich dem Erlauchten, wieder aus den Ruinen gezogen worden, nun aber nur noch wenige Spuren ihres ehmahligen Daseyns aufzuweisen hat. Diese Burg hieſs der Mittelstein, woraus der Nahme Mädelstein entstanden, den der Berg noch heutiges Tages in der Gegend führt. Auf diesem Mädelstein ragen zwey Felsenspitzen hervor, die von ferne, und wenn die Einbildungskraft das Ihrige beyträgt, wie zwey sich umarmende menschliche Figuren aussehen. Das gemeine Volk glaubte vorzeiten, (und glaubt vielleicht noch) diese zwey Steine seyen ein Mönch und eine Nonne gewesen, die aus wechselseitiger Liebe dem Kloster entsprungen und sich auf diesen Berg geflüchtet, daselbst aber, zur Strafe ihres Verbrechens und andern ihres gleichen zum abscheulichen Exempel, in dem Augenblicke, da sie sich umarmen wollen, in Stein verwandelt worden seyen. Diese alte Sage konnte vielleicht zu nichts besserm dienen, als daſs sie die Entstehung des gegenwärtigen Gedichts veranlaſste. Die damit vorgenommenen Veränderungen bedürfen keiner Rechtfertigung. Von der Fabel selbst aber kann, wer Lust hat, in Limperts lebendem und schwebendem Eisenach das Mehrere lesen.

ERSTER GESANG.

Der Klosterstand, wovon Pythagoras
Den blinden Heiden schon ein Musterlein gegeben,
Hat seinen Werth, so gut (zum mindsten) als — ein Leben
In Diogens berühmtem Lagerfaſs.
Wenn gleich nicht alle propagieren,
Seyd unbesorgt, das menschliche Geschlecht
Stirbt drum nicht aus. — Doch fordert man mit Recht
Des inneren Berufs sich erst zu überführen,
Bevor ein Menschensohn das kühne Wagstück wagt,
Und allem, was in Kopf und Herz und Nieren
Uns zweygebeinten federlosen Thieren
Diesseits des Monds am meisten wohl behagt,
Durch einen derben Schwur entsagt,
Um all sein Lebenlang, bey wohl verschloſsnen Thüren,
Zu fasten und zu psalmodieren.

Beruf, Beruf! darauf kommt alles an!
Der fehlte nun — sagt uns ein altes Mährchen —
Zum Unglück just dem lieben frommen Pärchen,
Wovon ich euch, so gut ich weiſs und kann,
Erzählen will, was sich in jenen Tagen
Der Einfalt und der Wunder zugetragen.
Ergetzt es euch, so hat der Dichter halb erreicht,
Was er dem Leser gerne gönnte;
Denn, glaubet mir, kein Mährchen ist so seicht,
Aus dem ein Mann nicht weiser werden könnte.

* *
*

Ein frommes klösterliches Pärchen,
Er, Bruder SIXT, Sie, Schwester KLÄRCHEN,
Noch beide jung und schön und zart
Und fromm und gut nach Deutscher Art,
Kurz, recht geschaffen für einander,
Wie ehmahls Hero und Leander,
Und (was ich nicht verschweigen muſs).
Der Künste, die Ovidius
De Arte lehrt, so unerfahren
Als nie ein Paar von achtzehn Jahren:
Dieſs gute Paar — erschrecket nicht!
Sie glaubten nicht daran zu fehlen,
Die armen argwohnlosen Seelen!

Sie — liebten sich, und nanntens Pflicht.
Sixt sah die junge Schwester gerne,
Die Schwester sah den Bruder gern,
Und ihre schönen Augensterne
Gestanden's frey, doch nur von fern.
Sie fühlten, sich so anzusehen,
Ihr könnt nicht glauben welche Lust:
Sixt blieb wie eingewurzelt stehen,
Und Klärchens Herz hüpft' in der Brust.

Bey dieser Lust sich vorzusehen
Fiel, bloſs aus Unschuld, keinem ein.
Wie kann darin was böses seyn?
Denkt junges Volk. — So pflegt's zu gehen!
Das süſse Gift der Liebe schleicht,
Wie eitel Nektar, glatt und leicht,
Ins Herz hinab: allein, die Wehen,
Die Wehen Kinder, folgen nach.
Da geht's euch wie Dionens Knaben,
Als ihn, versteckt im Honigwaben,
Ein Bienchen in den Finger stach.
Des Busens wollustreiches Dehnen,
Dieſs dunkle nahmenlose Sehnen,
Wird unvermerkt zum stumpfen Schmerz.
Euch preſst ihr wiſst nicht was das Herz,
Im truben Auge schwimmen Thränen;
Von eurem Lager flieht die Ruh,
Ihr ruft zu Stillung eures Kummers
Umsonst dem holden Gott des Schlummers,
Und schlieſst die Augen schlaflos zu.

Ein innerlich verzehrend Feuer
Leckt euer jugendliches Blut;
An eurer Leber nagt der Geier
Des Tityus, der niemahls ruht;
Wie Rosen in der Mittagsgluth
Welkt ihr dahin, wie auf den Matten
Gemähtes Gras; und, kurz und gut,
Wenn Amor nicht ein Wunder thut,
Bleibt nichts von euch als euer Schatten.

Dieſs war der jammervolle Stand,
Worin sich unser Paar befand.
Denn, ach! sich lieben und nicht sehen,
Und, sieht man sich, durch Blicke nur
Einander was man fühlt gestehen,
Ist mehr als menschliche Natur
Ertragen kann! — Nur Einmahl, nur
Auf ihre Hand, den Mund zu drücken,
(Seufzt Bruder Sixt) o welch Entzücken!
Nur ihre Hand an meine Brust:
Mein Leben gäb' ich drum mit Lust!

Wie gern erhörte Schwester Klärchen,
Du lieber armer Bruder Sixt,
Den Wunsch den du zum Himmel schickst!
Sieh, zum Beweis, das helle Zährchen,
Das aus den Augen — stets nach dir
Mit reiner herzlicher Begier
Gerichtet — auf die Leinwand bebt,

Die sich von ihren Seufzern hebt.
Wie gerne hätt' er diese Zähre
Vom weifsen Kragen weggeküfst!
In meinen Augen, dafs ihr's wifst,
Macht Sixten diese Schwachheit Ehre.
Ein Mensch, der doch kein Engel ist,
Kann traun! um kleinern Sold nicht minnen.
Ach! um diefs Thränchen zu gewinnen
Wär' er auf Erbsen, barfufs, bis
Nach Rom gereist, diefs ist gewifs!
Allein dem Prior mit dem langen
Eisgrauen Barte sein Verlangen,
So unschuldsvoll es immer war,
Zu beichten, — nein, diefs war nicht möglich!
Er hätt' es noch so herzbeweglich
Vorbringen mögen, offenbar
Lief er Gefahr — o Gott! ihm stehen
Vor dem Gedanken schon die Haar'
Zu Berge — lief er nicht Gefahr
Sein Klärchen gar nicht mehr zu sehen?

Wie wird's den armen Seelen gehn!
Verhaltne Liebe, sagt Galen,
(Sagt's oder hätt' es sagen sollen)
Je mehr wir sie verbergen wollen,
Je tiefer frifst sie sich ins Herz.
Ihr Schmerz ist ein zu süfser Schmerz,
Als dafs man gleich an Heilung dächte;
Und wenn man dann geheilt seyn möchte,

So ist's zu spät. Diefs sehen wir
An Bruder Sixt und Schwester Klare.
Schon drey äonenlange Jahre,
Unglückliche, bekämpfet ihr
Natur und Herz; Kasteyen, Beten,
Die Geifsel und das härne Kleid
Habt ihr versucht, den Feind zu tödten:
Umsonst, je hitziger ihr kämpft,
Je minder wird sein Trotz gedämpft.

Zum Unglück ist, zumahl bey Klaren,
Der Sitz des Übels — nicht im Fleisch.
Sie ist so neu, so unerfahren,
Und liebt so schön, so engelkeusch!
Für sie nur schlimmer! Denn je reiner
Des Nönnchens Seele ist, je feiner
Sie denkt und fühlt, je minder läfst
Durch Geifseln, Wachen, Fasten, Beten,
Solch eine Neigung sich ertödten.
Im Tempel selbst, am höchsten Fest,
Schwebt Sixtens liebes Bild ihr immer
Vor ihrer Stirn! Im Speisezimmer,
In jedem Kreuzgang, jedem Sahl,
An jeder Wand hängt's überall
Gemahlt, geschnitzt, mit einem Schimmer
Von Gold ums Haupt. Ihn mufs sie sehn
Wohin sich ihre Blicke lenken,
Mufs mit ihm auf und nieder gehn,
Mufs von ihm träumen, an ihn denken,

Und träumte sie vom Himmelreich.
Kurz, was in Klärchen leibt und lebet,
Ist durch und durch mit ihm verwebet,
Und ihm sehn alle Heil'gen gleich.

Eh' könnte sie sich selbst verlieren
Als dem geliebten Bild entfliehn.
Vertieft sie sich im Meditieren,
Unwissend meditiert sie — ihn;
Wenn Todesbilder ihr erscheinen,
So ist's, um Sixtens Tod zu weinen;
Wenn zu des Paradieses Glanz
Sich ihre Fantasie erhöhet,
Entzückt der schöne Sternenkranz,
Der sich um ihre Scheitel drehet,
Sie nur, weil Sixt ihn pflückt' und gab;
Und selbst des Fegfeur's Flammen wehet
Sein Athem kühlend von ihr ab.

O sagt, die ihr die Liebe kennet,
Ist euch um Klärchens Herz nicht bang?
Ein Herz, das so wie ihres brennet,
Wenn Schicksal, Mauern, Klosterzwang
Und Schwur den Liebling von ihr trennet,
Laſst seine Liebe noch so rein,
Laſst seine Seufzer Engel seyn,
Zu bald wird die Natur es rächen!
Die schwärmerische Seelengluth

Entflammet bald ein junges Blut,
Und reinste Liebe wird zu Wuth
Wenn Trost und Hoffnung ihr gebrechen.

Wie kann sie von Entbehrung leben?
Sie will genieſsen was sie liebt,
Und Küsse die sie träumend giebt
Will sie zuletzt auch wachend geben.

Ihr sprecht: in stillen Liebesthränen
Ist Wollust; — wahr! doch sagt, was ist
Natürlicher als sich zu sehnen:
„O! würden sie mir aufgeküſst!“

Allein, wenn jeder Wunsch des Herzens
Auf ewig unbefriedigt bleibt;
Wenn jede Nacht den Grad des Schmerzens,
Die Pein der Sehnsucht höher treibt;
Wenn sich in brünstigem Verlangen
Die Arme aufthun, liebevoll,
Und einen Schatten stets umfangen:
Sagt, wie ein Herz nicht brechen soll?
Wer wünschte nicht, ein Marterleben,
Das nur verlängert wird zur Pein,
Dem der es gab zurück zu geben?

Bald ausgespannt, bald frey zu seyn,
Ist nun auch Klärchens Trost allein!

Da sitzt bey mattem Lampenschein
Das arme Kind in seiner Zelle,
Blaſs, wie bey düstrer Mondeshelle
Ein Geist auf einem Leichenstein.
Vertrocknet ist der Thränen Quelle;
Auf einen Todtenkopf den Blick
Geheftet, bebt sie nicht zurück
Vor dem Gedanken, bald zu sinken
Ins kühle Grab, die Ruhestatt
Des Müden, der vollendet hat
Der Leiden bittern Kelch zu trinken.
Sie sieht, mit Palmen in der Hand,
Ihr aus den Wolken Engel winken;
Sieht schon die Siegeskrone blinken,
Und seufzt: „O! diese Scheidewand
O! möchte sie noch heut zerstieben!
Was ist's das mich an diese Welt,
Mein Trauter, noch gefesselt hält?
Werd' ich dich dort nicht reiner lieben?“

So schwärmt die kranke Fantasey
In Klärchens sanfter schöner Seele,
Stets sanft und zärtlich, — wie im May
Die stille Nacht durch Filomele
Um den geraubten Gatten weint.

Ganz anders wirkt die Fieberhitze
In ihrem unglücksel'gen Freund.

Wild springt er auf vom harten Sitze,
Umarmt in glüh'nder Raserey
Ein Krucifix — (er wähnt es sey
Der Abgott seiner Seele) — drückt
Mit tausend liebestrunknen Küssen
Es an sein schlagend Herz, — erblickt
Mit kaltem Schau'r was er gethan,
Und stürzt betäubt dem Gott zu Füſsen,
Und fleht um einen Blitz ihn an!

Die ihr, von frommem Wahn geblendet,
Den Arm zu Molochs-Opfern hebt,
O Väter, eh' ihr sie vollendet,
Betrachtet dieses Bild, und bebt!

ZWEYTER GESANG.

Nun, da ihr die verliebten Seelen
So unaussprechlich elend seht,
Daſs Satan selbst sie baſs zu quälen
(So gut er auch die Kunst versteht)
Nicht möglich fände; sagt, was können
Wir eilends für sie thun? — Sie brennen;
Ihr letzter Augenblick ist nah.
O! ist denn zwischen Erd' und Himmel
Kein Engel sie zu retten da?
Und käm' er auf Sankt Görgens Schimmel
Geritten — Ach! der Fall ist da,
Wo nur ein Gott *ex machina*
Uns helfen kann. Sey's um ein Wunder!
Noth geht an Mann; wir sinken unter!

So höret also was geschah:
Ein Schutzgeist — nicht *ex machina*,
(Denn jeder Mensch hat seinen eignen,
Sagt Hermas, der es wissen muſs,

Und Dichter werden's ihm nicht läugnen)
Ihr guter weiſser Genius
Demnach — doch, richtiger zu sagen,
Sind's ihrer zwey; die dieses Mahl,
Zwey arme Seelen aus der Qual
Zu retten, sich ins Mittel schlagen.

Ein Genius kann, wie ihr wiſst,
Viel thun, das uns unmöglich ist;
Kann Wetter machen, donnern, blitzen,
In einem Wink ein Weltchen baun,
Und Träume, lieblich anzuschaun,
Aus bunten Morgenwolken schnitzen.

Ein Traum — spricht Klärchens Genius
Zu Sixtens — denkst du nicht dieſs brächte
Die Sach' am ehesten zum Schluſs?
Versuchen wir's die nächsten Nächte!

Sie senden also, mit Bedacht,
Stracks in der ersten Osternacht,
Früh eh' die Glock' aus ihren Nestern
Die Brüder aufweckt und die Schwestern,
Zwey Träume, die so gleich sich sah'n
Wie neugeborne Zwillingsbrüder.
Mit schlummertriefendem Gefieder
Läſst einer sich auf Sixten nieder:
Der andre schmiegt wie Leda's Schwan
Sich sanft an Klärchens Busen an.

Auf einmahl stellt der Traum sich ihnen
Gleich einem jungen Cherub dar,
Schön wie die Liebe, hell und klar:
Von Amaranten und Schasminen
Durchwebt ein Kranz sein goldnes Haar:
Zwey Sterne seine Äuglein schienen,
Und seine Wängelein Rubinen;
Doch deckt ein dreyfach Flügelpaar
Mit tausend Regenbogenfarben
Sein zartes Leiblein ganz und gar.

Die beiden armen Seelen starben
Vor Freuden fast ob dem Gesicht.
Es tritt zu ihnen hin und spricht:
„Ich bin der Schutzgeist frommer Liebe,
Und euer Leiden rühret mich;
Es wäre Jammer, sicherlich,
Wofern es unvergolten bliebe.
Hört an! Dort hinter jenem Hain
Erhebt sich zwischen öden Bergen
Der kahle schroffe Mittelstein;
Scheint recht dazu gemacht zu seyn,
Zwey fromme Täubchen zu verbergen.
Ein festes Schloſs war's hiebevor;
Noch ragen stattliche Ruinen
Aus wilden Büchsen hoch empor,
Die sollen euch zur Zuflucht dienen!
Dort fliehet hin, dort sollt ihr ruhn:
Das Weit're wird die Liebe thun."

Drey Nächte nach einander träumen
Die Liebenden den gleichen Traum.
Er heiſst sie eilen und nicht säumen;
Und, ihren Zweifeln keinen Raum
Zu lassen, reicht der Cherub ihnen
Sein weiſses Händchen, unersucht,
Zum Unterpfand, auf ihrer Flucht
Mit sicherem Geleit zu dienen.

„O lieber süſser Wonnetraum!
Ruft Sixt, und springt von seinem Schragen
Lusttaumelnd auf: — du goldner Traum,
Du sollst es mir nicht zweymahl sagen!“
Und gleichwohl, da er nach und nach
Sich kühler mit sich selbst besprach,
Erhoben sich Bedenklichkeiten;
Er wankte noch sogar beym zweyten:
Doch auch den dritten zu bestreiten —
Bewahre Gott! — Und müſst' er sich
Durch zwanzig Ritter-Görgens-Drachen
Den Weg zu seinem Nönnchen machen,
Er ist entschlossen festiglich!

Mit Klärchen, von Gewissen zärter,
Und schüchterner, wie billig, als
Ein junger feur'ger Wagehals,
Mit Klärchen ging es ungleich härter;
Wiewohl den Traum, so schön er war,
Mit seinem krausen gelben Haar

Und seinen Regenbogen - Schwingen,
Sich wieder aus dem Sinn zu bringen
Ihr schlechterdings unmöglich war.
„Allein, solch einen Schritt zu wagen!
Ich, eine Gottgeweihte, fliehn
Aus seinen Mauern! Und wohin?
Dir, heil'ge Scham, o dir entsagen,
Um einem Jüngling nachzuziehn?
Entsetzlich! Nein! Ich kann's nicht wagen!"

Und doch — wie könnt' es Sünde seyn,
So, wie Sie liebt, zu lieben? — Nein,
Es kann nicht! Lieben nicht die Engel
Im Himmel auch? — Ihr Herz ist rein,
Rein, wie am unberührten Stengel
Die Lilie, zum ersten Mahl
Halb aufgethan dem Sonnenstrahl.
Entfernt vom eiteln Weltgetümmel
Für ihren Sixt und für den Himmel
In frommer Abgeschiedenheit
Die wenig Tage hinzuleben,
Die ihr der nahe Tod noch leiht!
„Aus seinen Armen hinzuschweben
Ins Reich der Unvergänglichkeit!
O Sixt, an deiner Brust zu sterben,
Von deinen Thränen noch erquickt,
Von Dir mein Auge zugedrückt —
Wie? machte dieſs mich ungeschickt
Des Paradieses Kranz zu erben?

Und doch! — o Gott, was ist denn dieſs
Das mich beklemmt? Warum dieſs Schauern?
Was ruft mich? Welche Hand ist dieſs
Die mich ergreift, in diesen Mauern
Zurück mich hält? Ach! zu gewiſs,
Sie warnt mich! Unglücksel'ge, fliehe!
Die Hölle öffnet gegen dich
Den düstern Flammenschlund — Ich glühe!
O alle Engel, rettet mich!"

So ungestüm schlug Well' auf Welle
In Klärchens Brust; sie treibt umher
In einem wilden Zweifelmeer:
Entfliehn ist Tod, und bleiben Hölle!
Sie kämpft, das gute Seelchen! ach,
Sie kämpft aus allen ihren Kräften:
Doch ihre Kräfte waren schwach;
Sixt zog mit dreymahl stärkern Kräften
Ihr liebend Herz dem seinen nach.
Und hieſs sie nicht ihr Engel wandern?
Ihr Engel? — Und sie glaubt so dreist
Daſs es der weiſse war! Ein Geist
Vertauscht sich leicht mit einem andern;
Zumahl der schwarze (wie bekannt)
Gern unsern bösen Lüsten schmeichelt,
Und oft im schönsten Lichtgewand
Den reinen heil'gen Engel heuchelt.

Doch, wie ihm sey, dieſs ist gewiſs,
Die guten Klosterkinder zogen,

(Nachdem sie was ihr Herz sie hieſs
Mit ihrer Pflicht leicht abgewogen)
Wohin der schöne Traum sie wies:
Und wurden sie von ihm belogen,
So werfe jedes, das sich nie
In Fällen dieser Art betrogen,
Getrost den ersten Stein auf sie.

Zu groſsem Labsal unsrer Frommen
Ist nun die vierte Nacht gekommen.
In beide haucht ihr Genius
Zugleich den nehmlichen Entschluſs.

Wie sie aus ihrer Klaus' entkommen,
Darüber mag, wie's ihm gefällt,
Sich jedes mit sich selbst vertragen.
Was läſst sich nicht mit Amorn wagen,
Dem gröſsten Zaubrer in der Welt!
Zudem war's in den Ostertagen,
Und Schwesterchen und Brüder lagen,
Nach tausend überstandnen Plagen,
Mit Gottes Gaben wohl gefüllt,
In Schlaf und Weindunst eingehüllt.

Viel Glücks! Die Vögel sind dem Bauer
Entwischt! rings um ist alles still;
Erstiegen ist die Gartenmauer,
Der Hahn kann krähen wenn er will.

Auf ungebahnten Pfaden keuchen
Die Pilgrime der Liebe fort:
Hoch schlägt ihr Herz, den sichern Port
Noch vor der Sonne zu erreichen.

Sie wallen führerlos daher,
Von Osten Sie, von Westen Er,
Nicht ohne Angst und schwere Zweifel,
Ob nicht vielleicht ihr Feind, der Teufel,
Sie durch ein falsches Traumgesicht
Belogen? — „Gott, denkt Schwester Kläre,
Wenn ich nun hingekommen wäre,
Und fänd' ihn nicht! und fänd' ihn nicht!
O alle Heilige und Seelen,
Erbarmt euch eurer armen Magd!
Mein Gott! ich glaubte nicht zu fehlen,
Thät' ich was Engel mir gesagt.
O gute Geister, tragt Erbarmen,
Nie hätt' ich's aus mir selbst gewagt!"

Indem, noch fern von seinen Armen,
So bitterlich sein Klärchen klagt,
Hat Sixt mit herzlichem Vergnügen
Den hohen Berg bereits erstiegen,
Das Ende seiner schweren Pein.
Er steht und zieht mit vollen Zügen
Die Luft der Freyheit wieder ein.
Nachdem er lang' ein Afterwesen,
Das die Natur nicht kennt, gewesen,
Welch eine Wollust, Mensch zu seyn!

O Klärchen, ruft er, diese Wonne
Mit Dir getheilt! — und schaut umher
Nach seiner herzgeliebten Nonne;
Erblickt sie nirgends — weg ist Wonne!
Er steht allein, rings um ihn her
Ist Erd' und Himmel wonneleer!

Nun färbt der erste Strahl der Sonne
Des Berges Stirne. Unruhvoll
Steigt Sixt herab, den Weg zu wallen,
Auf dem sein Nönnchen kommen soll.
Er ruft ihr laut; die Felsen hallen
Den Ruf zurück, und Klärchen schallt
Vervielfacht durch den Fichtenwald.
Erwachte Nachtigallen feiern
Des Tages Sieg; doch von der theuern
Geliebten Stimme und Gestalt
Ist nichts zu hören noch zu sehen.

Schon will ihm Sinn und Muth vergehen:
Als ihm, indem er Thal und Höhen
Wie ein verrückter Mensch durchschweift,
Auf einmahl hinter dichten Hecken
Mit einem Schrey von süſsem Schrecken
Sein Klärchen in die Arme läuft.

Verlangt nicht daſs ich ihr Entzücken
Beschreiben soll. Natur, Natur,
Du bist mir heilig! Wer's erfuhr

Schwatzt nicht von solchen Augenblicken.
Ich seh', ich seh' sie, Brust an Brust,
Entseelt von grenzenloser Lust
Die Augen starr gen Himmel heben;
Er hat sich aufgethan — sie schweben
In seinem Wonneglanz daher,
Nichts Sterblichs ist an ihnen mehr,
Sie schweben auf — ins ew'ge Leben!

Versteinert bleibt ihr Leib zurück,
Und zeigt, noch warm vom heil'gen Triebe,
Des Wandrers sanft gerührtem Blick
Dieſs ew'ge Denkmahl ihrer Liebe.

DAS LEBEN EIN TRAUM.

Eine Träumerey

bey

einem Bilde des schlafenden Endymion.

1771.

DAS LEBEN EIN TRAUM.

1.

Wie schön, von Luna eingewiegt,
Endymion hier im Mondschein liegt!
Auf seinen Wangen scheint der schönste Traum
zu schweben.
Die Wonne, die sein Herz entzückt,
In jedem Muskel ausgedrückt,
Scheint was Vergötterndes dem Sterblichen zu
geben.
Du, dem sein Schlaf ein Bild des Todes heiſst,
Sieh hier dich widerlegt! Ist glücklich
seyn nicht leben?

2.

Wenn Demokrits, des Weisen, Geist
In andre Welten zieht, läſst er den Abderiten
Sein sichtbar Theil zurück. Sie nennen's
Demokriten;

Da geht er ja, und schwatzt, und ifst und trinkt,
Und macht es (wie die Herren dünkt)
So gut, als einer ihrer besten.
Und doch betrügen sich die Herr'n.
Der wahre Demokrit ist fern
Im Geisterreich, bey Jovis Gästen,
Giebt unterwegs vielleicht Besuch dem Mann
im Mond,
Und irrt, von Welt zu Welt, durch Lam-
berts Himmelskreise,
Bis in den Raum wo niemand wohnt.

3.

Und glaubet nicht, dafs etwa diefs der weise
Demokritus *ex privilegio*
Voraus gehabt. Es geht uns eben so.
Das träge Thier, das wir gewöhnlich reiten,
Ist (wie Pythagoras uns lehrt)
Kein Theil von unserm Selbst, wie des Cen-
tauren Pferd.
Was Wunder denn, wenn sich der Geist zu
Zeiten
Veränd'rung macht, (denn meistens geht der
Trott
Des Thierchens etwas schwer) und, wie sich
Anlafs zeiget,
Bald einen Schmetterling, bald einen
Liebesgott,
Bald einen Cherub gar besteiget?

4.

Die letzte Art von Reiterey
Hat (die Gefahr des Schwindels ausgenommen,
Und daſs man wissen will, der ein' und andre sey
Ein wenig angebrannt davon zurück gekommen)
Den Werth der Schnelligkeit. Ihr kommt, in gleicher Zeit,
Auf keinem Pegasus so weit,
Und steigt so hoch, daſs euch (wie dort dem frommen
Stallmeister Don Quischotts) der Sitz der Sterblichkeit
Ein Senfkorn nur, und wir, die auf zwey Beinen
Uns drauf bewegen, kaum wie Haselnüsse scheinen.

5.

Die Weisen die zu Fuſse gehn,
Und nach den überird'schen Reisen
Bey kaltem Blut durch lange Röhren sehn,
Sind keine Gönner zwar von solchen Seelenreisen,
Und fordern trotziglich, ihr sollt was ihr gesehn
Durch *x* und *y* beweisen.

Bleibt noch so überzeugt dabey
Ihr habt's gefühlt, gehört, gesehn — mit Geistessinnen:
Bey ihnen ist damit sehr wenig zu gewinnen.
Das grofse Machtwort Schwärmerey
Löst alles auf! — Als ob, indem ich seh' und höre,
Am Wie? mir was gelegen wäre?

6.

Denkt, zum Exempel, euch, in aller seiner Pracht
Den ersten besten Schach aus Tausend Einer Nacht:
Mit aller Majestät die seines gleichen kleidet
Füllt er den goldnen Thron in seinem Divan aus;
Er nickt (im Schlummer zwar) doch dieser Nick entscheidet!
Sein Seneschall macht ein Edikt daraus.
Der Staatsversorgung folgt ein Schmaus
Und Saitenspiel, und Tanz, und Sängerinnen;
Bis endlich, mit betäubten Sinnen,
Der eingesungne Völkerhirt
In grofsem Pomp zu seiner Ruhestätte
Um Mitternacht getragen wird.
Flugs nehmen an dem goldnen Bette
Zwey junge Nymfen ihren Stand,

An Lieblichkeit den Huri's zu vergleichen,
Mit grofsen Wedeln in der Hand,
Von Seiner Majestät die Fliegen wegzuscheuchen.
Nun setzet, dafs auf diesem Fufs,
Wiewohl im Wahne blofs, ein Waldheimsbürger lebe,
Worin bestände wohl der Unterschied? — Ich gäbe
Für meinen Theil darum nicht eine hohle Nufs.
Hört, wenn ihr wollt, warum. — Als Dionysius
Die Knaben zu Korinth das Alfa - Beta lehrte,
Anstatt des goldnen Stabs, den ihm das Glück entwand,
Den Birkenzepter in der Hand:
Was, meint ihr, dacht' er da von seinem Fürstenstand?
„Was einer, der im Traum sich Sultan nennen hörte."
War's etwa mehr? — Ich glaube kaum.
Ihm däucht sogar, die ganze Posse währte
Nicht länger als ein Wintertraum.
Denn zwanzig Jahre gehn in einen engen Raum
Wenn sie vorüber sind; sie werden zu Sekunden:
Füllt sie mit allem aus, was je in frohen Stunden
Ein Glücklicher an Seel' und Leib empfunden;
Sie fliehn vorbey, und sind — ein Traum.

7.

Wenn Salomo in seinen alten Tagen
Uns predigt: „Unterm Sonnenwagen
Ist alles eitel Eitelkeit!
Ihr guten Leute, braucht die gegenwärt'ge Zeit!“
War's ohne Zweifel dieſs, was Seine Hoheit meinte.
Dieſs war's, was bey Gelegenheit
Demokritus belacht' und Heraklit beweinte.
Deſswegen bloſs hielt Diogen
Es nicht der Mühe werth, in diesem Traum von Leben
Um wie und um warum sich viele Müh' zu geben;
Und wenn er nicht, um Filipps Sohn zu sehn,
Aus seiner Tonne kriechen wollte,
Und da er eine Gunst von ihm sich bitten sollte,
Ihn bat: so gut zu seyn und seines Wegs zu gehn;
So denket nur, es sey aus diesem Grund geschehn.
Hingegen fand, ich wette, bloſs deſswegen
Freund Aristipp, es sey daran gelegen,
Den Augenblick, worin wir sind,
Flugs, eh' er uns entschlüpft, zu etwas anzulegen,

Wovon wir, wenn das Glas zu Ende rinnt,
Uns mit Vergnügen sagen mögen:
„Da lebten wir! Dieſs Tröpfchen Zeit,
Nach seinem innern Werth, war eine Ewigkeit!"
Was wollt ihr? Selbst ein Mann von unbescholtnem Leben,
Selbst Epiktet giebt uns den Unterricht:
„Genieſsen was die Götter geben
Sey aller frommen Menschen Pflicht."
Ist alles gleich nur Luft und Seifenblase,
Gemahlte Wolke, Wurmgespinst,
Und Flittergold, und Schmuck von buntem Glase,
Kurz, eitel Eitelkeit — Her Seneka, gewinnst
Du etwa mehr dabey, von unsern Kinderspielen
Dich abzusondern? nichts zu sehen, nichts zu fühlen,
Weil, was man sieht und fühlt, ein Spiel der Sinnen ist?

8.

„Gewinnen? — (schnarrt mit aufgeworfner Nase
Ein neuer Seneka) man hört an dieser Frase
Von welcher feinen Zunft du bist!

Gewinnen? — Wisse, daſs ein Weiser
Nicht Sich, daſs er dem Ganzen lebt.
Gold, Diademe, Lorberreiser,
Mit Amors Rosen unterwebt,
Der Künste Zauberey, der Reitz verwöhnter Musen,
Der wollustvolle Tanz, das weiche Saitenspiel,
Glitscht schadlos ab an seinem festen Busen.
Sein einzigs, unbeweglichs Ziel
Ist, treu zu seyn den ewigen Gesetzen
Des groſsen Alls, und Arbeit sein Ergetzen.
Nie macht in seiner Pflicht ihn Furcht und Hoffnung schwank,
Und weder Frynens Schooſs, noch eine Folterbank,
Wird über ihn erhalten können,
Die Lust ein Gut, den Schmerz ein Weh zu nennen.
Die ganze Welt verschwöre sich
Was Unrecht ist in Recht zu wandeln:
Betrogne Welt! bedauern kann er dich,
Doch anders wird er nicht dir zu Gefallen handeln.
Und träten, wie in Rom geschah,
Die Götter selbst auf Cäsars Seite:
Auch dann, im hoffnungslosen Streite,
Steht Kato ganz allein auf Seiner Seite da;
Der Mann des Staats, sein Schutzgeist, sein Berather,

Nur für die Republik Freund, Bruder, Ehmann, Vater;
Der nur für Rom und für die Freyheit lebt,
Und, ihren Fall den Göttern zu vergeben
Unfähig, sie zu überleben
Verschmähend, sich in ihrem Schutt begräbt. —
Und solch ein Leben Traum zu nennen,
Erröthest du im Angesicht
Der Weisen aller Zeiten nicht?"

Freund Seneka, du wirst vergönnen —
Ich rede von der Brust — ich nenn' es: ein Gedicht.
Den Weisen, den du mahlst, hat ihn ein Weib geboren,
Und flofs in seinen Adern Blut,
War er mit Augen und mit Ohren
Versehn, und afs und trank, wie unser einer thut,
So war er wahrlich nicht der Mann, den du uns mahlest!
Herr Stoiker! wir kennen uns, du prahlest!
Wir wissen auch, was seyn kann oder nicht:
Dein weiser Mann bleibt ewig — ein Gedicht.
Ich sage mehr! Der Mann, der stets nach Regeln handelt,
Stets Herr ist von sich selbst, und niemahls sich verwandelt,

Allein für andre lebt, nichts fürchtet, nichts begehrt,
Kurz, nie was Menschliches erfährt,
Der Mann, wofern er nicht ein Gott ist, ist ein Schwärmer;
In seiner Art ein wenig beſsrer Mann
Als Attila und Gengiskan,
Als Kromwell, Miriweys, und andre solche Lärmer.
„Die Tugend?" — O, die hat dein Kato selbst nicht wärmer
Geliebt als ich! Sie ehrt sogar der Bösewicht;
Und ohne Gleiſsnerey, aus Neigung, nicht aus Pflicht,
Ist schöner Seelen Lust sie fröhlich auszuüben.
Doch selbst die Tugend kann kein Schwärmer weislich lieben.

9.

Die Tugend ist den schönen Formen gleich,
Die jungen Künstlern zu Modelen
Ein Polykletus giebt: „Ihr Knaben hütet euch
Die Schönheitslinie nur ein Haar breit zu verfehlen!"
Sie hält in allem Maſs und Zeit;
Dem strengen Recht vermischt sie Billigkeit;
Sie wird sogar aus zweyen Übeln wählen,

Wenn ihr die Noth die schwere Wahl gebeut.
Fehlt dem geraden Weg, wie öfters, Sicherheit,
Läſst sie die Klugheit sich durch Seitenwege führen;
Und wenn der Widerstand ihr Werk zu hemmen dräut,
So giebt sie etwas nach, nicht Alles zu verlieren.

10.

Dieſs thut ein Kato nie: sein edler Starrsinn geht
Allein und unverwandt auf seinem eignen Pfade,
Und achtet nicht, woher der Wind des Zufalls weht.
Sein Anti-Kato selbst gesteht,
Halb ungern, ein, es sey um seine Tugend Schade:
Sie nahte sich vielleicht dem höchsten Grade,
Allein sie kam ein Säkulum zu spät.
Was half es, Porcius, die gute Zeit der Alten,
Des armen Roms gezwungne Mäſsigkeit
Der Königin der Welt zum Muster vorzuhalten?
Die Sitten wechseln mit der Zeit.
Soll sich Lukull, bereichert mit den Schätzen
Des goldnen Asiens, der Mehrer seines Staats,
Der Cimon Roms, der Sieger Mithridats,

Wie Kurius, zu magern Rüben setzen?
Vergebens hoffest du, durch deines Beyspiels Kraft
Die neuen Sitten zu besiegen.
Mit einer Art von schauerndem Vergnügen
Wirst du vielleicht wie einer angegafft,
Der aus der andern Welt zu uns herauf gestiegen:
Doch bald gewöhnt das Auge sich an dich,
Und findet deinen Ton, und deine strengen Sitten,
Gleich deinem Rock ahnherrlich zugeschnitten,
Zwar ehrenfest, doch etwas lächerlich.
Von allen, welche sich für deine Freunde gaben,
War auch nur einer, der zum Muster dich erkohr?
Den Einen wenigstens war's besser nicht zu haben;
Den dieser eine heifst Plutarchen selbst ein Thor.
Gestehe nur, (wenn das Gesetz der Schatten
In die vergangne Welt dir einen Blick erlaubt)
Die Cäsarn und Pompejen hatten
So Unrecht nicht wie du geglaubt.
Ein Kato war in Cäsars Tagen
Was Mancha's Held, als ihn Cervantes schuf.
Aus eigenmächtigem Beruf
Mit Zauberern und Riesen sich zu schlagen,

Und, weil der Riesenstamm längst ausgestorben war,
Windmühlen dafür anzusehen;
Dieſs, oder, so wie Du, dem Manne widerstehen
Der Rom allein zu retten fähig war,
Mich dünkt, es gleicht sich auf ein Haar.
Gut war, dieſs ist gewiſs, der Wille bey euch beiden:
Wohlthätig, tapfer, keusch, bescheiden,
Stolz ohne Übermuth, ein Feind von trägen Freuden,
Fromm ohne Gleiſsnerey, an jeder Tugend reich,
War Er, warst Du; — und wer, der Sinn hat, liebet euch
Von dieser Seite nicht, wünscht nicht er wär' euch gleich?
Und dennoch stelltet ihr, mit allem guten Willen,
Mehr Unheil an, als zwanzig Ginesillen.
Wer Tag und Nacht euch in Bewegung sah,
Bewehrt von Kopf bis zu den Füſsen,
Stets wachsam, stets bald dort, bald da,
Mit eingelegtem Sper — der hätte denken müssen,
Wenn Ihr nicht thätet würde bald
Die Welt zurück ins Chaos fallen.
Bekenne, Porcius, mit deinen Thaten allen,
Warst du ein Rittersmann von trauriger Gestalt.
Der Widerstand, den du dem Schicksal thatest;

Bewies, wie wenig du von seinem Plan errathest.
Dem Helden gleich, der, auf des schwarzen Berges Höh'
Thorheiten that, um Nachruhm zu erwerben,
Gabst du dein Daseyn preis um unbesiegt zu sterben,
Und deine Tugend war — was seine Dulcinee.

11.

Hört eine Wahrheit, lieben Leute!
Nur ärgert euch, ich bitte, nicht daran.
Der Meisten Lebenslauf ist, von der schönsten Seite,
Ein kläglich Lustspiel ohne Plan,
Und ihr Verdienst oft bloſs ein angenehmer Wahn.
Kaum daſs wir aus dem Traum der Kindheit aufzuwachen
Beginnen, kaum die Freude da zu seyn
Durch Überlegung uns beginnen wahr zu machen:
So wiegt die Fantasie uns zwischen Lieb' und Wein
In süſser Trunkenheit zu neuen Träumen ein.
„Von Liebesgöttern und Freuden umgeben,
Däucht dem bezauberten Jüngling die Welt

Ein ewiges Pafos, unsterblich sein Leben,
Und eine Venus — die erste, in deren Netz er fällt.“

Gesetzt (ein seltner Fall!) daſs seine beſsre Jugend
Am Arm der Weisheit und der Tugend
In edlern Übungen verflieſst,
Und daſs Homer sein Spiel, sein Lehrer Plato ist:
Auch dann, im Mittagspunkt von seiner Weisheit, schwärmet
Sein Kopf, warm wie sein Herz. Dem Unerfahrnen däucht
Das Leben — ein System, und jede Tugend — leicht.
Athen und Rom ist seine Welt,
Sein Genius Sokrates und Focion sein Held.
O warum konnt' er nicht in ihren Tagen leben!
Wie häſslich findet er die Gothen seiner Zeit!
Doch fehlt's der Fantasie wohl an Gelegenheit
Auch Gothen selbst zu Griechen zu erheben?
Voll von der hohen Würdigkeit
Der Menschheit, o! wie leicht sieht er in ihren Söhnen
Und Töchtern überall Geschöpfe beſsrer Art,

Diotima's in allen sanften Schönen,
Und einen Epiktet in jedem — weisen Bart!
Sein Ideal (von Bildern abgezogen,
An deren Schönheit ihm Plutarch und Xenofon
Vielleicht den dritten Theil gelogen)
Ist ihm des Schönen Maſs, — ein Gott Timoleon,
Und Alcibiades ein schönes Ungeheuer;
Der stolze Kassius des Vaterlands Befreyer;
Und nichts als ein Tyrann der Sieger vom Anton.

So lebt er unbesorgt im Lande der Ideen,
Glaubt Wunder, wenn er fantasiert,
Wie tief er die Natur studiert,
Und bleibt so unbekannt mit dem was stets geschehen,
Und ist so ungewohnt was vor ihm liegt zu sehen,
Als hätt' ihn ein Komet zu uns herab geführt.
„Nur das, was wirklich ist, (wie ihn sein Plato lehret)
Ist unsrer Neigung werth." — Er glaubt's! Und doch bethöret
Ihn tausendmahl (wie kann es anders seyn
So lang' er schwärmt?) ein falscher Augenschein.

Was wollen wir? Wie soll er andre kennen?
Er sieht ja gar sich selbst durch Platons Augen an:
Beglückt vielleicht in seinem Wahn,
So gut als Täuschungen uns glücklich machen können;
Doch stündlich in Gefahr, wenn er (wie Demokrit)
Vor lauter Himmel nicht die Erde vor sich sieht,
An irgend einen Baum die Nase anzurennen.
Und wenn diefs oft genug geschieht,
So weifs ich nicht, wie ich den Träumer nennen wollte,
Der nicht zuletzt erwachen sollte.

12.

Wohlan! er werde wach! — Wie lange? — Nur zu bald
Läfst Göttin Thorheit ihm in anderer Gestalt
Den Zauberkelch entgegen blinken.
Wir werden nie zu weise noch zu alt,
Ihr süfses Gift mit Lust hinein zu trinken:
Unmerklich schläfert es die Weisheit wieder ein;
Wir träumen fort, und glauben wach zu seyn.

Wenn Ritter Don Quischott den besten Platz im Himmel,
Und nöch vorher in diesem Weltgetümmel

Ein hübsches Kaiserthum sich zu erfechten
denkt;
Wenn Sancho hinter ihm, auf seinem frommen Schimmel,
Den Inseln, die sein Herr ihm vor der Hand
geschenkt,
Getrost entgegen trabt; wenn Harpax, reich
begraben
Zu werden, dürftig lebt; wenn Flox den
Schlaf vergiſst,
Um einen neuen Stern zuerst begrüſst zu haben;
Wenn in gelehrtem Staub vergraben
Sich Rufus blind an alter Mönchsschrift liest;
Marullus sein Gehirn mit Wörtern so belastet,
Daſs selbst Homer — für ihn nur Wörter
schreibt;
Wenn (was, auch wenn's geschieht, noch
unwahrscheinlich bleibt)
Ein Bonz' in vollem Ernst sich zur Pagode
fastet;
Wenn Nifus, als getreuer Hirt,
Nach siebzig Wintern noch verliebte Seufzer
girrt;
Wenn Brutus, ein Gespenst von Freyheit zu
erlösen,
Aus Tugend lasterhaft, zum Vatermörder wird;
Und Timon, um von allem Bösen
Auf einmahl frey zu seyn, in eine Wildniſs irrt:
Was sind sie wohl? — Und Sie, die man uns
anzupreisen

Gewohnt ist, ohne recht zu wissen was man
preist,
Die ganze Zunft der Helden und der
Weisen,
(Den nehm' ich höchstens aus, den Delfi
weise heiſst)
Der Virtuosen, und — der Reimer,
Wo sie am besten sind, was sind sie sonst als
Träumer?
Traum ist der Wahn von ihrer Nützlichkeit!
Die Hoffnung Traum, als ob noch in der
spät'sten Zeit
Ihr Nahm', im Reihn der Götter unsrer Erde,
Auf allen Lippen schweben werde!
Traum der Gedank', als ob ganz Paros Mar-
mors kaum
Genug besitze, drein zu graben,
Durch welche Thaten sie die Welt verpflichtet
haben!
Kurz, ihr Bemüh'n, ihr Stolz, ihr ganzes Glück —
ein Traum!

BEYLAGE

ZU DEM VORSTEHENDEN GEDICHTE.

Ein schlafender Endymion, den ich einst in einer müſsigen Stunde mit Vergnügen betrachtete, brachte mir eine Stelle aus dem Cicero in den Sinn, wo dieser groſse Schriftsteller, bey Gelegenheit des Satzes, „daſs der Mensch zur Thätigkeit geboren sey," sagt: „Und wenn wir auch versichert wären, daſs wir die angenehmsten Träume von der Welt haben sollten, würden wir uns doch Endymions Schlaf nicht wünschen; im Gegentheil, der Zustand eines Menschen, dem dieſs begegnete, würde in unsern Augen um nichts besser seyn, als Tod." [1])

1) *De Finib. L. V.* 19.

Diese Stelle führte mich zu einer Folge von Betrachtungen über den Gegenstand des berühmten Monologs in Shakespeares Hamlet, — „Seyn und Nichtseyn;“ — einen Gegenstand, der dem gedankenlosen Haufen so klar und einfach vorkommt, daſs sie nicht begreifen, wie man etwas darüber sollte denken können, während der Filosof mit Schwindeln in die Tiefe desselben hinab sieht.

Es war an einem schönen Sommertage, [2]) und ich befand mich eben ohne irgend etwas, das meinen Geist verhindert hätte, sich aus dem ersten besten Gegenstande, der sich ihm anbieten mochte, ein Geschäft zu machen. Ein Überrest von der Laune, welche den Neuen Amadis geboren hatte, machte meine Gedanken in Verse hinflieſsen; und so entstand das Gedicht, welchem Herr Boie einen Platz in seiner Poetischen Blumenlese auf das Jahr 1773 S. 81 einzuräumen beliebte. — Ein Gedicht, welches mehr einem Werke der Natur als der Kunst ähnlich sieht,

2) Im Jahre 1771.

und keinen andern Plan hat, als die oft unsichtbaren Faden, wodurch freywillige Gedanken in einem Dichterkopfe zusammen hangen; aber, seiner anscheinenden Unordnung ungeachtet, ein Ganzes, in der kunstmäſsigen Bedeutung dieses Wortes, geworden wäre, wenn die Dazwischenkunft zufälliger Umstände dessen Vollendung nicht verhindert hätte.

Der Grundriſs davon ist ungefähr dieser:

„In jeder Vorstellung, die für die Seele Empfindung ist, ist subjektive Wahrheit. Endymion hat in seinem langen Traume die angenehmsten Gesichte. Es sind Einbildungen; aber diese Einbildungen haben für ihn die Stärke wirklicher Empfindungen: er genieſst, weil er zu genieſsen glaubt. Das Daseyn dieser angenehmen Gegenstände auſser seinem Gehirne — würde die Wonne dieses Genusses nicht vergröſsern. Was geht es ihn an, ob sie für andre, ob sie für sich selbst wirklich sind? Sie sind wirklich für ihn; dieſs ist ihm genug. Er ist in diesem Falle so glücklich als in jenem. — Wohl bemerkt, dafs hier der Zustand, worin er sich vor diesem langen Traume, wovon die Rede ist, befunden, und der Zustand, in welchen er durchs Erwachen versetzt werden mag, hier in keine Betrachtung kommt. — Sein Zustand während des besagten Träumens ist also vom Tode so verschieden, als Leben und Tod verschieden sind, und Cicero hat Unrecht.

„Unsre Seele kann auch wachend träumen. Der spekulative Weise — ein Demokrit, zum Beyspiel, der (wie Horaz sagt) sein Vieh auf seinen Äckern weiden läfst, indessen sein Geist in idealischen Welten herum wandert — oder ein Begeisterter aus einer andern Klasse, der, wenn wir andern Erdensöhne uns auf gewöhnlichen Steckenpferden erlustigen, auf einem Cherub in die unsichtbaren Welten hinein trottet — Leute von dieser Art gelangen oft dazu, von dem, was sie wachend träumen, von ihren Hypothesen, Vermuthungen, Wünschen, sich so stark zu überreden, als ob es empfundene oder erwiesene Wahrheiten wären.

Ohne es zu bemerken, oder bemerken zu wollen, däucht ihnen die Fertigkeit, womit sie sich ihre Einbildungen anschauend denken, für die Gewifsheit derselben gut zu sagen. Was sah nicht Poiret, dieser scharfsinnige Vernunftkünstler, nachdem er es einmahl bis zu der muthigen Entschliefsung gebracht hatte, die Realität der Geschichte einer Antoinette Bourignon *a priori* zu beweisen? Was sind die wunderbarsten Feenmährchen gegen die erstaunlichen Träume, womit sein Buch von der Ökonomie Gottes angefüllt ist? Und was für ein demonstratives Ansehen hat er diesen Träumen nicht zu geben gewufst?

„Die Seher dieser Art finden einen wesentlichen Theil ihrer Glückseligkeit in dergleichen Träumereyen, welche für sie Wahrheit sind; und sie würden Ursache haben, denjenigen, die sie ihrer Gesichte berauben, sie dadurch in den Stand gemeiner unbegeisterter Menschen setzen wollten, — wie jener Argeer (der, in einer Art von Wahnsinn, ganz allein im Schauplatze sitzend die schönsten Tragödien zu hören glaubte) seinen

Freunden, welche ihn mit Niesewurz geheilt hatten, — statt des Dankes zuzurufen: *Pol me occidistis!*

„Doch wozu haben wir nöthig, unsre Beyspiele aus der Klasse der ungewöhnlichen Menschen herzuhohlen? Ist nicht das Leben der Meisten eine Kette von angenehmen oder unangenehmen sinnlichen Eindrükken und Vorstellungen? Gesetzt, es wäre aus allem, was die Sinne vergnügen und berauschen kann, zusammen gewebt, und dauerte so lange als Nestors Leben; wenn es vorüber ist, was ist es anders als ein verschwundener Traum?

„Von jeher fanden die Weisen, daſs es so leicht nicht sey, als viele meinen, sich zu überzeugen, daſs Alles, was einem Sterblichen unterm Monde von seiner Geburt an bis zum Erwachen in eine andre Welt (denn was ist der Tod anders?) begegnet, etwas mehr als ein langer Traum sey, in welchem die Sachen nur allzu oft wenig ordentlicher, weiser und zweckmäſsiger zugehen, als in einem Sommernachtstraum.

„Vermuthlich dachte der weise Salomo so etwas, da er sein berühmtes „Eitelkeit der Eitelkeiten“ über alles, was unter der Sonne ist, ausrief.

„Aus diesem Grunde fand es vermuthlich Diogenes nicht der Mühe werth, in einem Leben, das einem Traume so ähnlich ist, sich den Kopf darüber zu zerbrechen, wie und warum wir so und nicht anders träumen? — [3]) oder, wenn er in seiner Tonne gemächlich lag, sich heraus zu begeben, um

3) Die Cyniker — ein alter filosofischer Orden, der sich den Diogenes vornehmlich zum Meister und Vorbild wählte — verachteten alle Wissenschaften, die sich mit Untersuchung der Ursachen und Eigenschaften der natürlichen Dinge beschäftigen. Ob sie recht daran thaten, ist eine andre Frage — oder ist vielmehr keine Frage; es wäre denn, daſs man dem menschlichen Geschlechte für zuträglich halten wollte, wieder in die Zeiten der goldnen Legende, und aus diesen, mittelst eines sanften Abhangs, in den seligen Zustand der Kamtschadalen, Hottentotten und Kalifornier zurück zu sinken; den ersten Zustand aller Völker, aus welchem einige bloſs durch die Künste und Wissenschaften heraus geführt worden sind.

bey Alexandern Gefahr zu laufen, auf Persischen Polstern übel zu liegen. Aber aus eben diesem Grunde fand Aristipp, indem er die Sache von einer andern Seite betrachtete: dafs nichts thörichter wäre, als in einem Leben, worin der künftige Augenblick so wenig in unsrer Gewalt ist, den gegenwärtigen ungebraucht oder ungenossen entschlüpfen zu lassen.

„Ein weiser Mann, sagt er, geht nicht auf die Jagd des Vergnügens aus — denn wie oft findet man gerade das Gegentheil dessen, was man sucht! — Aber ein unschädliches Vergnügen, das man — wie ein Wanderer im Vorübergehen eine Blume die an seinem Wege steht — pflücken kann, nicht zu pflücken, würde eine grofse Sünde — gegen uns selbst seyn.

„Man hat dem ehrlichen Aristipp diese Maxime übel ausgedeutet; und gleichwohl enthält sie mit Grunde nichts, als einen Gedanken, welchen Epiktet noch stärker und ernsthafter ausdrückt, da er sagt: Es würde Gottlosigkeit seyn, die Annehmlichkeiten, womit uns die Götter dieses mühselige Leben verſüſsen wollen, zu verschmähen.“

So weit spricht der Dichter der zufälligen Rhapsodie, von welcher wir hier den Entwurf geben, gleichsam mit sich selbst. Aber nun fängt er zu dialogieren an — denn, in der That, die besten Monologen schläfern ein, wenn sie zu lange währen. Er stellt sich einen Stoiker vor, der ihn behorcht hat, und über die Maxime des Aristipps, oder überhaupt über den Ton, worin der Dichter von Träumen und Leben vernünftelte, den Kopf schüttelt. Er redet ihn an:

„Du hörest, sagt er, daſs ich nicht viel dawider einwenden werde, wenn du alle Vergnügungen der Sinne und der Einbildung — wenigstens in Rücksicht auf ihren Gegenstand, auf ihre Dauer, und auf ihre Ungewiſsheit — für eitel Eitelkeit erklärest. Aber, guter Seneka! wenn dieſs nun einmahl das Loos der Erdenbewohner wäre: was gewännest du dabey, wenn du dich von unsern Kinderspielen absondertest, in deinem Winkel ernsthafte Grillen fingest, und nichts angenehmes fühlen, sehen, hören, schmecken und riechen wolltest, weil alles, was wir fühlen, sehen, hören, schmecken und riechen, ein Spiel der Sinne ist?"

Der Stoiker antwortete dem Dichter, der ihn in der Person Aristipps anredet, in dem hohen Tone, der diese Sekte unterscheidet. „Der Weise, spricht er, hat andre Dinge zu thun, als sich zu belustigen. Lebt er etwa für sich selbst? Was ist Vergnügen oder Schmerz für den Mann, der nichts bedarf, nichts wünschet, nichts fürchtet? der keine andern Gesetze kennt als das ewige Gesetz des Rechts, und unbeweglich der einzige auf seiner Seite bleibt, wenn gleich die ganze Welt zum glücklichen Laster überginge? Immerhin mag das Leben eines Krassus, eines Antonius, eines Cäsars, den Nahmen eines Traumes verdienen; aber das Leben eines Kato — ist das Leben eines Gottes!"

Natürlicher Weise kann der Dichter seinen Aristipp nicht sogleich verstummen lassen. Dieser hat noch etwas zu sagen, eh' er schweigen muſs; und es wäre unbillig, ihn mit Strohhalmen fechten zu lassen, da es ihm nicht an bessern Waffen fehlt. „Es steht bey dir, (erwiedert Aristipp) einem in deiner Fantasie erzeugten Menschen die Eigenschaften, die Selbstgenügsamkeit, die Unabhängigkeit, die immer weise, immer wohlthätige Wirksamkeit, mit Einem Worte, die ganze Gröſse des vollkommensten Wesens zu geben. Aber was nicht bey dir steht, ist, uns auf dem ganzen Erdboden einen Menschen zu zeigen, der diesem Ideal, das du den Weisen nennest, gleich wäre. Die Rede ist von Erdensöhnen, und du sprichst uns von einem Gott. Denn dieſs ist der Weise, den du ohne Leidenschaften, ohne Ungleichheiten, ohne Bedürfnisse, ohne Schwachheit schilderst: er ist ein Gott, oder — ein Schwärmer, dem es träumt daſs er ein Gott sey. Dein Kato, zum Exempel —“

Bey diesem Nahmen brennt der Stoiker auf. „Wie? (ruft er) und selbst einen Kato, selbst den Helden der Tugend, verschont dein sträflicher Leichtsinn nicht?“

„Die Tugend: (antwortet jener) — dieſs Wort umfaſst alles, was gut, schön und groſs ist! Aber die Tugend giebt keinen Freybrief gegen das Urtheil der gesunden Vernunft; und nicht alles ist Tugend, was ihren Stempel trägt. Die Tugend ist die Göttin der schönen Seelen; nichts ist liebenswürdiger als sie: aber ein Schwärmer, ein Mensch, der nicht Herr von seiner Einbildung ist, kann die Tugend selbst nicht weislich lieben. Dein Kato, mit allen seinen grofsen Eigenschaften, war gleichwohl nur ein Don Quischott: er kämpfte sein ganzes Leben durch mit fantasierten Ungeheuern, wie dieser mit Riesen und bezauberten Mohren. Es ist wahr, er liebte die Tugend über alles; er blieb ihr getreu — bis sie ihn auf eine gar zu harte Probe setzte; er unternahm das unmögliche für sie: aber seine Tugend — war eine Dulcinee."

* * *

Hier wurde der Dichter unterbrochen. Andre Beschäftigungen brachten ihm dieses Spiel einiger müfsigen Stunden aus dem Sinne; und seine Rhapsodie blieb ein Fragment.

Seinem ersten Plane nach sollte es hier nicht aufgehört haben. Nicht der Stoiker sollte siegen; aber sein vorgeblicher Aristipp eben so wenig. Der Dichter wollte in seiner eigenen Person zwischen sie treten und Friede unter ihnen machen. Er wollte in einem lebhaften Gemählde gegen den Stoiker vorstellen wie viel Schimären, wie viel Träumerisches selbst in dem Leben der besten Menschen ist. Aber er wollte auch in der warmen, kunstlosen Sprache der Empfindung gegen Aristippen beweisen: „Dafs die Thätigkeit des Weisen und Tugendhaften allein den Nahmen eines wahren Lebens verdiene; und dafs, mitten unter den angenehmen oder unangenehmen Täuschungen unsrer innern und äufsern Sinne, die Vervollkommnung unser selbst, und die Bestrebung, alles Gute aufser uns zu befördern, unserm Daseyn Wahrheit, Würde, und innerlichen Werth mittheilen, und ein Leben, welches ohne sie der Zustand einer sich einspinnenden Raupe wäre, zu einer Vorübung auf eine bessere Zukunft, zu einem wirklichen Fortschritt auf der langwierigen, aber herrlichen Laufbahn machen, auf welcher die Geister einem Ziele, das sie nie erreichen können, sich ewig zu nahen bestimmt sind."

* *
*

Dieses unvollendete Gedicht, wovon bisher die Rede gewesen ist, sollte, der Absicht des Dichters nach, entweder vollendet werden, oder, wenn es Bruchstück bliebe, unter zwanzig andern verungluckten Geschöpfen der Laune, unvermerkt vermodern. Aber sein Schicksal wollte es anders. Der ehmahlige Herausgeber des Göttingischen Musenalmanachs ersuchte ihn, mit einer so verbindlichen Art, um einen kleinen Beytrag zu seiner Blumenlese für das Jahr 1773, daſs es unserm Dichter um so weniger möglich war, ihn mit Entschuldigungen abzuspeisen, da viele freundschaftliche Dienste, wodurch Herr B. ihn verpflichtet hatte, der Verweigerung einer so geringen Gefälligkeit einen Schein von Unerkenntlichkeit zu geben schienen. Gleichwohl fand sich unter seinen Papieren nichts, als dieſs nehmliche Bruchstück, was im Nothfall den Mangel eines vollendeten Stückes einiger Maſsen ersetzen konnte. Er schickte es ihm also zu, mehr zum Zeichen seines guten Willens, als in der Meinung, daſs es eines Platzes in einer Sammlung, die mit den Nahmen unsrer besten Dichter prangt, würdig sey. Ein freundschaftliches Vorurtheil hieſs den Herrn B. anders denken, und so wurde dieses Fragment der Welt bekannt.

Was sich der Verfasser von dem Urtheile, das manche darüber fällen würden, zum voraus vorgestellt hatte, traf nun ein. Er vermuthete, daſs die wackern Leute, die ihn (damahls wenigstens) nicht verstehen konnten oder wollten, auch dieſsmahl nicht errathen würden, was er mit diesen zufälligen Gedanken über einen schlafenden Endymion beabsichtigt haben könne. Und so erfolgte es. Man fand sehr ärgerlich, daſs er von Aristipp in einem Tone, der wenigstens keine deutliche Miſsbilligung merken läſst, gesagt hatte:

Und eine Lust in Unschuld, die ein Mann,
Wie einen Schmetterling, geschwinde
In seinen Wege haschen kann,
Nicht haschen, hielt der weise Mann
Für eine Sünde.

Aber noch ärgerlicher fand man, daſs er sich nicht gescheuet hatte, eine höchst anstoſsige Vergleichung zwischen dem Tugendhelden Kato, und dem irrenden Ritter Don Quischott von Mancha, anzustellen, ja die Tugend des ersten gar für eine bloſse Dulcinee auszugeben. „Dieſs ist entsetzlich! sagte jemand, dessen Nahmen wir aus billiger Schonung verschweigen: Dulcinee, so zärtlich und inbrünstig sie auch von dem Ritter von Mancha geliebt wurde, war im Grunde doch weder mehr noch weniger, als eine Schimäre. Wenn also Kato's Tugend eine Dulcinee war, so war sie ein bloſses Hirngespenst. Welche Lästerung!" — Gleichwohl hat es eine Menge gelehrter Männer, ja sogar heilige Kirchenväter gegeben, welche mit Kato's Tugenden noch weit unfreundlicher umgegangen sind. Eine Schimäre ist, nach der Erklärung der Gräfin Orsina, ein Ding, das kein Ding ist; und ein Ding, das kein Ding ist, (sagt eben diese kluge Dame) ist so viel als gar nichts. Nun frage ich alle ehrlichen Leute, ob es ihnen nicht auch so zu Muthe sey, wie dem guten Plutarch, der irgendwo sagt: „Ich würde mich weit weniger beleidigt halten, wenn man von mir sagte: es giebt keinen Plutarch, es ist nie ein solcher Mann wie Plutarch gewesen, Plutarch ist eine Schimäre; als wenn man sagte: Plutarch ist ein hoffärtiger, ungerechter, neidischer, hartherziger, boshafter Mann." — Gesetzt nun auch, der Dichter hätte Kato's Tugend eine Schimäre genannt: was wäre diefs gegen das, was der heilige Augustinus gethan hat, da er die Tugenden Kato's und aller andern weisen und guten Heiden geradezu für Laster ausgiebt? Wer vergreift sich wohl mehr an Kato's Tugend, derjenige, der sie für eine Dulcinee hält, oder die unendliche Menge von Theologen, die den guten Mann zusammt seiner Tugend — in die Hölle geworfen haben? Wenn der Dichter diefs letztere gethan hätte, hätte er nicht die ehrwürdigsten Autoritäten, und eine unendlich überwiegende Mehrheit der Stimmen auf seiner Seite? Aber er hat nie einen solchen Gedanken gehabt. Er ist ein gutherziger Mensch, der gern lebt und leben läfst; aber, wie Plato, es den Poeten ein wenig übel nimmt, wenn sie dem Vater der Natur ungerechte und seiner unwürdige Dinge nachsagen.

Er hat Kato's Tugend nicht einmahl für eine Schimäre ausgegeben, wiewohl er sie eine Dulcinee genannt hat. Sollte der ungenannt bleibende Jemand nicht aus der Geschichte des Ritters von Mancha gewufst haben, dafs Dulcinee keine Schimäre, sondern ein hübsches Bauermädchen von Toboso war, Alonza Lorenzo genannt, welche dadurch nichts von ihrer Wirklichkeit, Personalität, auch übrigen Eigenschaften und jungfräulichen Ehren verlor, dafs der Ritter sie in seiner Einbildung zu einer Prinzessin von Toboso und zur Dame seiner Gedanken erhob? Und hier liegt eigentlich der Vergleichungspunkt, welchen der Ungenannte zu übersehen beliebte. Der Dichter, indem er von Kato sagt — und deine Tugend war nur eine Dulcinee — sagt weiter nichts als diefs: Kato liebte die Tugend, wie Don Quischott die schöne Alonza Lorenzo liebte. Beiden war es vollkommener Ernst damit. Aber in beider Köpfen stand es nicht so ganz richtig. Don Quischott erhob das Bauermädchen Alonza Lorenzo in seiner Einbildung zu einem Ideal der Schönheit und weiblichen Vollkommenheit; und von diesem Augenblick an war sie für ihn nicht mehr Alonza Lorenzo, sondern die Prinzessin Dulcinea von Toboso. Kato machte sich ein Ideal von der politischen Tugend, welches nicht die Tugend eines weisen Staatsmannes, sondern die Tugend eines politischen Schwärmers war; und eben dadurch hörte sie auf, echte Tugend zu seyn, und wurde für ihn eben das, was Dulcinee für den Ritter von Mancha. Die Tugend konnte nichts dafür, daſs Kato sich übertriebene Begriffe von ihr machte: so wie Alonza Lorenzo nichts dafür konnte und sich wenig darum bekümmerte, daſs Don Quischott sie zu einer Dulcinee erhob. Diese war darum nicht weniger Alonza Lorenzo, jene nicht weniger Tugend; und der Ungenannte gab sich also eine sehr undankbare Mühe, da er dem Dichter in einer langen gereimten Epistel, aus Gründen die keinem Schulknaben unbekannt sind, bewies, die Tugend sey keine Schimäre. Davon war ja gar die Rede nicht; und der müſste wohl ein übel organisirter, unglücklicher Mensch seyn, der eines solchen Beweises vonnöthen hätte. Ob die Tugend eine Dulcinee sey, kann unter vernünftigen Leuten niemahls eine

Frage seyn. Aber ob Kato's Tugend eine Dulcinee war, darüber läſst sich wenigstens reden; und wer es behauptete, wäre darum noch lange kein Mensch, gegen welchen man das Kreuz predigen müſste.

Es lassen sich zwar ganz gute Gründe angeben, warum Esprit, Mandevill, und andre, welche ganze Bücher über die Falschheit der menschlichen Tugenden geschrieben, der Tugend eben nicht den wichtigsten Dienst dadurch geleistet haben. Denn Montaigne hat sehr Recht, da er sagt: „Man gebe mir die allerschönste und reinste Handlung, und es müſste mir übel fehlen, wenn ich nicht ganz wahrscheinlich funfzig schlimme oder unlautere Beweggründe dazu finden wollte." — Aber wer sich darum ein Bedenken machen wollte, die Tugend eines Dion, Kato, Seneka, Julian, oder irgend eines andern Sterblichen, den man uns für ein Muster giebt, zu prüfen, um das Echte von den Schlacken, das Übertriebene von dem Wahren darin abzusondern, würde dem abergläubischen Andächtler gleichen, der, aus Furcht zu wenig zu glauben, dem Gebrauch seiner Vernunft entsagte, und lieber Gefahr laufen wollte, die ungereimtesten Mährchen für Wahrheit anzunehmen, als zu untersuchen, ob der Gegenstand seines Vorurtheils die Hochachtung auch wirklich verdiene, die er auf Hörensagen demselben gewidmet hatte.

Überhaupt scheint der Ungenannte sehr übel zu finden, daſs man sich die Freyheit genommen, einen so ehrwürdigen Mann, wie Kato, mit einem so groſsen Narren, wie Don Quischott, zu vergleichen. Vermuthlich gehört er unter die weisen Männerchen, welche ihre Zeit übel anzuwenden glaubten, wenn sie ein Buch, das ihnen nur zum Zeitvertreib gemacht zu seyn scheint, mit Aufmerksamkeit lesen sollten. Gleichwohl sind wenig Bücher in der Welt, welche ernsthafter gelesen und öfter wieder gelesen zu werden verdienten, als Don Quischott; ja, wir erdreisten uns zu behaupten, daſs ein Professor, der dazu angestellt würde, öffentliche Vorlesungen über den Don Quischott zu halten, wofern der Angestellte anders der Mann dazu wäre, der studierenden Jugend und dem gemeinen Wesen ungleich nützlicher seyn würde, als ein Professor des Aristotelischen Organons. Hätte der Ungenannte das Buch des weisen Cervantes gelesen wie man lesen soll, so würde er vermuthlich klug genug daraus geworden seyn, um sich über eine Vergleichung zwischen Kato und Don Quischott nicht zu ärgern. Es ist immer noch eine Frage, ob Kato oder der Held von Mancha mehr dabey zu verlieren hat. Don Quischott war freylich ein Narr — was den Punkt der irrenden Ritterschaft anbetraf; aber, dieser Narrheit ungeachtet, ein so edelmüthiger, frommer und tugendhafter Mann, als irgend eine wahre Geschichte einen aufzuweisen hat. Es würde sehr überflüssig seyn, den Beweis hiervon führen zu wollen. Seine ganze Geschichte, von Anfang bis zu Ende, enthält diesen Beweis. Er hatte sich den erhabensten Begriff von dem Karakter und den Pflichten eines irrenden Ritters aus allem, was man jemahls edel, gut und lobenswürdig genannt hat, zusammen gesetzt; und er war, seiner Absicht und den Gesinnungen des Herzens nach, der Mann wirklich, der er zu seyn wünschte. Daſs die äuſsern Gegenstände seinen Vorstellungen nicht immer entsprachen, daſs der Ausgang seine edelsten und wohlthätigsten Absichten so oft zu Schanden machte, war seine Schuld nicht. Was konnte Er dafür, als er mit so viel Groſsmuth und Unerschrockenheit dem guten König Pentapolin mit dem aufgeschürzten Arm gegen den mächtigen Kaiser Alifanfaron, Herrn der Insel Taprobana, und gegen den Riesen Brandabarbaran, Herrn der drey Arabien, zu Hülfe kam, und eine so groſse Niederlage unter dem zahlreichen Heere der Ungläubigen verursachte, was konnte Er dafür, daſs am Ende das, was er für zwey furchtbare Kriegsheere angesehen hatte, zwey Herden Schafe waren? Und als er den wackern Ritter Don Gaiferos und die schöne Melisandra mit so vielem Eifer gegen die Mauren beschützte, hatte er darum weniger Recht, sich mit dem Bewuſstseyn, eine tapfere und wohlthätige That gethan zu haben, über die Bosheit der Zauberer, seiner Feinde, zu beruhigen, weil sichs beym Ausgang zeigte, daſs Don Gaiferos, die schöne Melisandra, der König Marsilius und alle seine Mauren — bloſse Marionetten waren? Freylich sind wir andern, welche dieſs schon vorher wuſsten, nicht zu verdenken, wenn wir die Achseln zücken, da er, nachdem er die Ungläubigen in die Flucht gejagt und einen der edelsten Ritter von Karls des Grofsen Hofe so glücklich befreyt zu haben glaubt, mit dem Triumfe der süfsesten Selbstzufriedenheit ausruft: „Nun möcht' ich doch gleich alle diejenigen vor mir haben, welche nicht glauben wollen, wie nützlich der Welt die irrenden Ritter sind! Man sehe mir einmahl, was aus Don Gaiferos und der schönen Melisandra ohne mich geworden wäre? Es lebe die irrende Ritterschaft, trotz ihren Neidern, und dem Unglauben derjenigen, welche nicht Muth genug haben sich einem so gefahrvollen Stande zu widmen! u. s. w. —" Allein dem ungeachtet ging in der Seele des guten Ritters eben dasselbe vor, was in ihr hätte vorgehen können, wenn der wirkliche Don Gaiferos und die wirkliche Melisandra seines Armes vonnöthen gehabt hätten; und er hatte — da er von Meister Petern, dem Eigenthümer des Marionettenspiels, aus seinem ekstatischen Gemüthszustande zurück gebracht wurde — vollkommen Recht, sich mit dem Gedanken zu trösten: „Dafs er bey der ganzen Sache keine andere Absicht gehabt, als die Pflichten seines

Standes zu erfüllen. Entspricht der Erfolg meiner Absicht nicht, setzt er hinzu, so ist es nicht meine, sondern der verfluchten Zauberer Schuld, die mich aufs äuſserste verfolgen."

Alles dieſs beweist wenigstens so viel, daſs die Vergleichung, welche den Ungenannten so sehr erhitzte, daſs er in seinem Unwillen eine ganze Epistel voll platter Verse gegen den armen Dichter aufs Papier schüttete, — dem Herzen und der Tugend des groſsen Kato keine Schande macht.

„Aber Don Quischott war doch ein Narr, (sagt man) ein Narr, der in einem Käficht eingesperrt zu werden verdiente?" — Gut! und nun fragt sichs, ob der groſse Kato, da er in dem äuſserst verdorbenen, gesetzlosen, und einer neuen monarchischen Verfassung schlechterdings bedürftigen Rom die Rolle seines Urgroſsvaters spielte, und durch eine moralisch unmögliche Wiederherstellung jener Sitten, die ehmahls das arme Rom groſs gemacht hatten, dem verzweifelt bösen Zustande des zu einer ungeheuern Gröſse aufgeschwollenen Roms abhelfen wollte, — ob er da was weiseres und schicklicheres unternommen habe, als Don Quischott, da er unternahm, den in Verfall gerathenen Stand der irrenden Ritterschaft (einen Stand, der in den Zeiten der Kreuzzüge wohlthätig und gewisser Maſsen unentbehrlich gewesen war) in den Zeiten Filipps des Dritten wieder herzustellen?

Alles würde wohl bey Beantwortung dieser Frage darauf ankommen, ob und in wie fern die Umstände, unter welchen Kato die Sitten und Grundsätze des hölzernen Roms in dem marmornen Rom wieder herstellen wollte, sich gegen seine Unternehmung eben so verhielten, wie sich zu Don Quischotts Zeiten die Verfassung Spaniens gegen das Unternehmen dieses tapfern und wohl meinenden Junkers verhielt? — Eine Frage, die durch die Geschichte beider Zeiten beantwortet wird, welche schwerlich irgend einem Unbefangenen den mindesten Zweifel übrig lassen kann, ob Cicero Recht gehabt habe von seinem Freunde Kato zu sagen: er füge mit dem besten Willen und Herzen der Republik zuweilen Schaden zu, weil er bey manchen wichtigen Gelegenheiten im Senat wie in Platons Republik, nicht wie *in Romuli faece* (in den Hefen der alten Zeiten Roms) spreche.

Doch genug zur Vertheidigung eines unvollendeten Gedichtes, dem wir, damit es auch in seiner jetzigen Gestalt für ein Ganzes gelten könne, die Überschrift: Das Leben ein Traum, gegeben haben; damit der Leser sogleich auf den rechten Gesichtspunkt gestellt werde, und nicht mehr davon erwarte, als was man von einer poetischen Rhapsodie über einen Satz, der in demselben Sinne, worin ihn unser Dichter nimmt, seit undenklichen Zeiten von einer Menge weiser Männer behauptet worden ist, billiger Weise erwarten kann.

BRUCHSTÜCKE VON PSYCHE

EINEM UNVOLLENDET GEBLIEBENEN

ALLEGORISCHEN GEDICHTE.

1767.

VORBERICHT.

Die bekannte Milesische Fabel von Amor und Psyche aus dem goldnen Esel des Apulejus, die schon in den frühesten Jahren unsers Dichters mit einem ganz eigenen Zauber auf seine Seele gewirkt hatte, bildete sich nach und nach in seiner Fantasie zu einem idealischen Traumgesicht einer Art von allegorischer Naturgeschichte der Seele, mit dessen Ausbildung er viele Jahre lang umging, ohne zu dieser besonderen feinen Stimmung des Gemüths und dieser äufseren Ruhe und Mufse gelangen zu können, welche ihm zur Ausführung und wirklichen Darstellung des ihm vorschwebenden Ideals nothwendige Bedingungen zu seyn schienen. Die Idee dieser Psyche verfolgte ihn, so zu sagen, wie das Gespenst einer lieben Abgeschiedenen, das dem Geliebten mit offnen Armen entgegen schwebt, aber so bald er es zu umfangen glaubt, zwischen seinen Armen in Luft zerflossen ist. Vermuthlich lag es auch an den Hindernissen, welche die verschiedenen Lagen des Dichters in dem ganzen Zeitraume zwischen den Jahren 1758 und 75 der Ausarbeitung eines so zart gesponnenen psychologischen Feenmährchens entgegen setzten, daſs er sogar über die Art der Einkleidung und den Hauptton, der durch das ganze Gemählde herrschen sollte, nie mit sich einig werden konnte.

Endlich brachte ihn ein zufälliges Zusammentreffen von Ideen auf den Einfall, diese Geschichte der Psyche einer liebenswürdigen und zur feinsten Art von Schwärmerey aufgelegten Priesterin, von einem — Platonischen Liebhaber in einer Reihe schöner Sommernächte erzählen zu lassen. Glücklicher Weise bot sich ihm hierzu die (aus dem Plutarch bekannte) zweyte Aspasia an, die aus einer Geliebten des jüngern Cyrus, nach dem tragischen Tode dieses Prinzen, Oberpriesterin der Diana zu Ekbatana geworden war. Zum Erzähler machte er einen schönen jungen Magier aus Zoroasters Schule; und, da ihm diese Form der Erzählung unter allen andern, die sich nach und nach dargestellt hatten, die schicklichste zu seyn däuchte, um alle Zwecke zu vereinigen, die er bey diesem poetischen Werke beabsichtigte: so beschloſs er keine andre zu suchen, und machte sich an einigen heitern und geschäftfreyen Tagen, die ihm im Jahre 1767 zu Theil wurden, an die Ausführung.

Diese Spiele mit seiner Muse waren ihm in seiner damahligen Lage, im eigentlichen Verstande, *curarum dulce lenimen;* und wenn es allgemein wahr wäre, daſs verstohlner Weise erzeugte Kinder schöner und geistreicher wären als andre, so müſsten seine in der Kanzley der Reichsstadt Biberach entstandenen Gedichte nicht geringe Vorzüge vor den übrigen haben.

Aber das angefangene Werk war von einem zu groſsen Umfange, — die günstigen Stunden, die er dazu stehlen mufste, zu selten — und, die Wahrheit zu sagen, das Gefühl der Geisteskraft, die zu dessen Ausführung erfordert wurde, nicht stark und anhaltend genug, als dafs er die Lust fortzufahren nicht ziemlich bald verloren hätte. Er vertröstete sich selbst mehrere Jahre durch auf gelegnere Zeiten: aber sie kamen nicht; andere Plane, andere Arbeiten bemächtigten sich seiner Einbildungskraft; ein Theil des Stoffes, woraus jenes Werk hätte gewebt werden sollen, wurde nach und nach im Idris, im Neuen Amadis und in den Grazien verarbeitet; aus einem andern Theil entstand die Erzählung Aspasia, und von dem, was das erste, zweyte, dritte und vierte Buch von Psyche ausgemacht haben sollte, erhielten sich blofs die

Bruchstücke, welche theils in der Vorrede zur ersten Ausgabe der Musarion, theils als Anhang der ersten Ausgabe der Grazien (1770) theils im Deutschen Merkur (May 1774) bereits abgedruckt worden sind, und damahls eine so günstige Aufnahme gefunden haben, daſs sie hoffentlich des wenigen Raums, den sie in gegenwärtiger Sammlung einnehmen, auch itzt nicht ganz unwürdig scheinen werden.

BRUCHSTÜCKE VON PSYCHE.

I.

Die folgenden Verse sind aus einer Art von Eingang übrig geblieben, der zu einer im Grunde sehr unnöthigen, aber damahls vielleicht nicht ganz unzeitigen Schutzrede für die Gattung von Gedichten, unter welche diese Psyche gehören sollte, bestimmt war.

Man weiſs, daſs Pilpai, Trismegist,
Und Plato selbst sich oft herab gelassen,
Was von der Geisterwelt zu sagen räthlich ist,
In eine Art von Mährchen zu verfassen,
Wobey, wie blau sie auch dem ersten Anblick sind,
Der beste Kopf zum Denken Stoff gewinnt.
Man pflegt' in jenen Kindheitstagen

Der Welt die Weisheit stets in Bildern vorzutragen;
Und klüglich, wie uns däucht; denn ungebrochnes Licht
Taugt ganz gewiſs für blöde Augen nicht.
Die Wahrheit läſst sich nur Adepten
Gewandlos sehn, und manches schwache Haupt,
Das ungestraft sie anzugaffen glaubt,
Erfährt das Loos der alten Nymfolepten, [1])
Und läſst für einen Augenblick
Zweydeut'ger Lust sein Bischen Witz zurück.
Ein Schleier, wie der Morgenländer
Um seine Dame zieht, nicht eben siebenfach,
Doch auch so gläsern nicht wie Koische Gewänder, [2])
Verhütet sehr bequem dergleichen Ungemach.
Liebhaber die Geschmack mit Witz verbinden,
Gewinnen noch dabey. Sie finden
In einem Putz, der weder schwimmt noch preſst,
Viel Schönes sehn doch mehr errathen läſst,

1) Nymfolepten. So hieſsen bey den Griechen eine Art von Wahnwitzigen, von welchen man glaubte, daſs sie von dem unversehenen Anblick einer Nymfe den Verstand verloren hätten.

2) Eine sehr feine Art von Flor, die auf der Insel Kos verfertigt wurde.

Die Wahrheit, just wie andre Schönen,
Nur desto reitzender. Gemeinern Erdensöhnen
Gefällt doch wenigstens die feine Stickerey,
Der reiche Stoff, der Farben Spiel und Leben;
Sie würden um den Putz die Dame selber geben;
Und was verlören sie dabey?

II.

Alkahest, der junge Magier, der die schöne Oberpriesterin Aspasia mit dem Mährchen von Psyche unterhalten sollte, beginnt seine Erzählung mit einer Schilderung der goldnen Zeit, die in dem ersten Buche der Grazien einen schicklichen Platz gefunden hat. Und nun fährt die Erzählung des Dichters folgender Maſsen fort:

Hier kommt, mit Recht, ein unaufhaltbar's Gähnen
Die aufmerksame Freundin an;
Sie weist dem jungen Mann die schönste Reih' von Zähnen
Im schönsten Munde, der sich jemahls aufgethan:
„Und Psyche — gähnt sie aus — war damahls schon geboren?"

Sie zupfen mich zu rechter Zeit, Madam,
(Spricht Alkahest) ein wenig bey den Ohren;
Ich weiſs nicht wie ich da ins Fantasieren kam:

Und Psyche — In der That, der Faden ist verloren —
Wir müssen schon zurück! — In dieser goldnen Zeit
Wovon die Rede war — Die Wendung, ich gestehe,
Ist etwas rasch, allein der Umweg war zu weit.
Das beste scheint mir itzt, ich gehe
Den nächsten Weg zurück in meine Bahn,
Und fange — bey dem Anfang an.

In jenen goldnen Tagen dann,
Wo? gilt uns gleich, lebt' eine junge Dirne,
Das angenehmste Ding, das man
Mit einem Schäferstab und Rosen um die Stirne
Sich denken mag. Ihr Ursprung, unbekannt;
Es ward davon verschiedentlich gesprochen:
Doch weil man sie an einer Hecke fand,
Gab der gemeine Wahn, von ihrem Reitz bestochen,
Ihr Dschinnistan [1]) zum Vaterland;
Denn ihre Wärterin gestand,
Die Windeln hätten nach Ambrosia gerochen.
Wie dem auch sey, genug aus Leda's Ey
War nichts so liebliches wie Psyche ausgekrochen.

1) Das Feenland der Persischen und Arabischen Dichter.

Sie schien beym ersten Blick die reitzendste
Kopey
Von einem Urbild aus dem Lande der Ideen;
Ganz Seele, ganz Gefühl, oft bis zur Schwärmerey,
Und dann, die Wahrheit zu gestehen,
Geneigt im Rausch der süſsen Raserey
Den ersten jungen Faun für — Amorn anzusehen,
Auch ihren Neigungen nicht immer sehr getreu;
Gefällig sonst und bildsam, leicht zu leiten,
Oft gar zu leicht, wiewohl zu andern Zeiten
Voll Eigensinn, von Launen selten frey,
Und sinnreich, sich aus einer Kinderey
Bald Stoff zur Lust und bald zur Unlust zu bereiten;
Der Ruhe hold, und doch nie ruhig; arbeitscheu,
Doch unermüdet zum Vergnügen;
Leichtgläubig allem was ihr neu
Und unbegreiflich schien, und, wenn ihr Herz dabey
Gewann, ein wenig rasch sich selber zu betrügen;
Doch ohne daſs das gute Herz dabey
An Arges dachte; frank und frey
Von Arglist und von Schadenfreude,
Der Schwermuth herzlich gram so wie der Gleiſsnerey;
Kurz, gar ein gutes Kind, das seine Augenweide

An Andrer Wonne sah, und wenn sie selbst der Freude
Sich überliefs, in ihrer Fantasey
Rings um sich her gleich alles glücklich machte,
Fest überzeugt, und sehr vergnügt dabey,
Dafs eine Welt, worin ihr alles lachte,
Die beste aller Welten sey.

So war sie, da sie aus den Händen
Der Mutter Isis kam; noch ungebildet zwar,
Doch voller Stoff. Sie auszubilden war
Der Musen Amt, sie zu vollenden
Der Grazien — Was fehlt zur Göttin ihr?
Der Götter Glück. Auch diefs ihr zuzuwenden,
Gebührt allein, o Gott der Liebe, Dir!

III.

Psyche befand sich, unmittelbar vor dem Augenblicke, da dieses Fragment anfängt, in der Gemüthsstimmung, für einen jungen Hirten, mit welchem sie erzogen worden war, etwas zu empfinden, das mehr den Nahmen einer Anlage zur Zärtlichkeit als einer leidenschaftlichen Liebe verdiente.

So zärtlich fühlte sich ihr junges Herz noch nie.
Aus Neugier halb und halb aus Sympathie
Zieht sie die Hand, die er ergreift, zurücke,
So reitzend ungewiſs, daſs Er an seinem Glücke
Nicht zweifeln kann. Doch, wie er, hoch entzückt,
Die schöne Hand — noch nicht an seine Lippen drückt,
Nur eben drücken will — in diesem Augenblicke
Wird Psyche schnell empor gerückt,
Und durch die Luft, verfolgt von seinen Klagen,
Wie leichter Flaum von Zefyr fortgetragen.

Mit diesen Versen schloſs sich das zweyte Buch, und was nun folget, machte einen Theil des dritten aus.

*   *
*

Wo bin ich? Welch ein Ort? Wer brachte mich hierher?
Rief Psyche, da sie sich, als wie von ungefähr,
Auf weichem Moos, beschneyt mit Rosenblättern
Und mit Schasmin, an eine Myrtenwand
Gelehnt, an einem Ort, der würdig schien von Göttern
Bewohnt zu seyn, auf einmahl wieder fand.

Sie dreht mit zweifelhaften Blicken
Sich schüchtern um, und fragt sich ob sie wacht?
„Träumt' ich bisher? — Vor wenig Augenblicken,
Wo war ich da? — Nicht hier! — In Hirtentracht
Schien mir die Hand ein Liebesgott zu drücken.
Es war ein Traum! — Und doch — Nein, nein,
Es kann kein Traum gewesen seyn!
Er lauscht gewiſs in diesen Myrten."

Sie sucht, und findet weder Hirten
Noch Liebesgott; ganz einsam ist der Hain,
Nur zärtlich girrende verliebte Turteltauben
Bewohnen ihn, und fliehen nicht vor ihr.

Ihr Wunder steigt und ihre Neubegier
Mit jedem Blick. Was soll sie glauben?
„Wie? ruft sie, war ich nicht kaum eine Schäferin?
War's nur ein Traum aus dem ich itzt erwachte?
Das fühl' ich doch, je mehr ich mich betrachte,
Daſs ich noch stets die kleine Psyche bin!"

Und dennoch eilet sie zu einer Quelle hin,
Die im Gebüsch ihr Murmeln sichtbar machte.
Ihr erster Blick erkennt die reitzende Gestalt,
Mit welchem innigen Entzücken!
Sie streckt die Arme aus, mit liebevollen Blicken
Die schöne Brust, die ihr entgegen wallt,
An ihr aufwallend Herz zu drücken.
So zärtlich liebten sich zwey schöne Schwestern nie.
Sey immerhin der junge Hirt verschwunden!
Verschwunden war er flugs aus ihrer Fantasie
Und alle Welt mit ihm, so bald sie — sich gefunden.

Noch schwebt sie über dem bezaubernden
Gesicht,
Als eine Stimme sie in dieser Wonne störet:
Musik war jeder Ton; sie schaut empor und
höret,
Doch wen sie höre, sieht sie nicht.

„Kann Psyche noch mit ihrem Schatten
spielen,
Sie, die der schönste Gott zum Liebling sich
erkieſst?
O wüſste sie wie schön er ist,
Wie würde sie zu ihm sich hingerissen fühlen!
Sie, die der schönste Gott zu seiner Braut
erkieſst,
Sie fühlte sich zu groſs mit Puppen noch zu
spielen."

So sang die Stimm' und schwieg. Das Mäd-
chen schaut empor
Und um sich her, sieht niemand, lauscht
betroffen
Dem Wohlklang nach, der im entzückten Ohr
Noch wiedertönt. — „Wer heiſst so stolz mich
hoffen?
Hört' ich auch recht? Ein Gott, der liebte
mich?
Der schönste Gott? — Warum verbärg' er
sich?"

„Dein Aug' ist noch zu schwach sein Anschaun zu ertragen,
(Versetzt die Stimm') obschon gewohnt dich selbst zu sehn;
Du würdest, Psyche, vor Behagen
Und Wonne, sollt' er dir erscheinen, gleich vergehn."

Auf die Gefahr, denkt Psyche, wollt' ichs wagen,
Und lächelt mädchenhaft ihr Bild im Wasser an.
Sie möchte gern noch dieſs und jenes fragen,
Allein die Stimme schweigt. Auch Sie verstummt' und sann
Der Wunderstimme nach und dieser neuen Liebe.

„Mich liebt ein Gott! So war es seine Macht
Was mich hieher in einem Wink gebracht?
Der schönste Gott? — Gewiſs der Gott der Liebe!
Gewiſs er selbst! Noch nie gefühlte Triebe
Und süſse Schauer sagen mir,
Sein Hain sey dieſs! Wer anders herrschte hier?
O, die ihr euch in diesen Myrten gattet,
Ihr Täubchen, leitet meinen Fuſs

Zur Laube hin, die ihn umschattet,
O zeigt ihn mir, und Psychens erster Kuſs
Sey euer Lohn!“

Dionens Vögel rühret
Der süſse Lohn. Sie wird auf einem Blumenpfad
In lieblich irrenden Gebüschen fortgeführet,
Und nahet unvermerkt dem angenehmsten Bad.

Ah! welch ein Anblick! — Roſenhecken,
Mit Efeu unterwebt, verhüllen und entdecken
Zugleich das Lieblichste, was Augen jemahls sahn.
Darf sie der Götterscene nahn?
Sie darf. Ein Zefyr schwebt voran
Und zieht den Vorhang weg. O göttliches Vergnügen!
Auf Blumen, welche, leicht wie Geist
Und hell wie Luft, ein sanfter Quell befleuſst,
Sieht sie die Huldgöttinnen liegen.
Wie schön gruppiert! Wie reitzend schwesterlich!
Zum Spiel beschäftigt, Blumenketten
Um lose kleine Amoretten
Zu winden, welche schmeichelnd sich
Um jeden runden Arm und weiſsen Nacken schmiegen,

Hier schlau versteckt aus schwarzen Locken
lächeln,
Dort sich auf Lilienbusen wiegen,
Und ihre rege Gluth mit goldnen Schwingen
fächeln.

Ein Mahler möcht' ich seyn, wie dieser
Augenblick
Auf Psychen wirkte auszudrücken!
Dieſs süſse Schaudern, dieſs Entzücken
Gemahlt von Guido — welch ein Stück
Die Dresdner Gallerie zu schmücken!
Doch dazu wählt' ich mir den schönern
Augenblick,
Da sie, entdeckt vom ganzen kleinen Schwarme
Der Götterchen, den Grazien in die Arme
Getragen wird, und (was ihr süſses Staunen
mehrt)
Sich Schwesterchen, sich Psyche nennen hört,
An jeden holden Mund, an jede Brust gedrückt,
Der Zärtlichkeit, wovon ihr Herz erstickt,
Sich überlassen darf, und küssend und geküſst
Vernimmt, daſs alles hier um ihrentwillen
ist.

Indem sie unter so viel Freuden
Sich selbst vergiſst, erhascht die kleine Schar
Den Augenblick, der ihnen günstig war
Zur Grazie sie umzukleiden.

In einem Wink steht sie gewandlos da,
Beschämt den losen Blick der Götterchen zu weiden,
Zu denen sie des Streichs sich nicht versah.
Sie schmiegt, um ihnen zu entrinnen,
In Pasitheens Brust ihr glühendes Gesicht;
Die kleine Blöde wuſste nicht
Wie viel die Grazien selbst bey dieser Tracht gewinnen.
Ein lieblich Mitteldinġ von Ideal
Und von Natur, auch zwischen Huldgöttinnen
Noch reitzend, steht sie da, der Wahl
Des schönsten Gottes werth, der, hoch aus Rosenlüften
Auf einen Zefyr hingebückt
Im Geiste sie an seinen Busen drückt.

Und nun, da Amfitritens Grüften
Apollons goldner Wagen naht,
Entsteigen sie dem kühlen Bad.
Schon wallet von den weiſsen Hüften,
Wie Silberduft, Sokratisches Gewand [1])
Zum schönen Knöchel reitzend nieder,
Und Psychen flicht Aglajens eigne Hand

1) Anspielung auf die bekleideten Grazien, welche Sokrates in seiner Jugend aus Marmor gebildet haben soll.

Die Rosen ein, die Amors kleine Brüder
Für sie gepflückt. In einem Myrtensahl
Folgt itzt dem Bad ein leichtes Göttermahl
Von Fröhlichkeit und süfsem Scherz gewürzet,
Dem Mahl ein Lied, dem Lied ein Grazientanz;
Sie tanzen nymfenhaft geschürzet
Auf kurzem Gras, bey Lunens Silberglanz,
Indefs geschäft'ge Amoretten
Für Amors Braut ein sanftes Lager betten.

Den Grazien und den Amoretten
Schliefst itzt auf ihren Rosenbetten
Der weiche Schlaf die Augen zu:
Nur Psychen läfst die Freude keine Ruh'
Sich an dem schönen Ort zu sehen.
Noch fafst sie nicht wie ihr geschehen;
Nur dieses einz'ge fühlet sie,
Der Ort, und was sie da gehöret und gesehen,
Sey nicht ein Spiel der Fantasie.
Was läfst nicht solch ein Anfang hoffen?
Geliebt vom schönsten Gott, und wo sie geht ein Schwarm
Von Zefyrn und von Amorinen
Und Charitinnen Arm an Arm,
Die neue Venus zu bedienen!
Wem würde nicht der Kopf von solchen Bildern warm!
Auch sieht sie schon den hellen Himmel offen,
Sieht jeden Gott verliebt in Amors Glück
Und Eifersucht in jeder Göttin Blick,

Schwimmt um und um in Glanz und Wohlgerüchen,
In Harmonie und nahmenloser Lust,
Und wird zuletzt — an Amors Brust
Vom Schlummer unvermerkt beschlichen.

Vermuthlich denken Sie — „Ich? spricht die Priesterin:
Sie selbst, wo denken Sie wohl hin,
Zu glauben, daſs bey dieser Stelle
Sich was besonders denken läſst?“

Ich meinte nur, erwiedert Alkahest,
Die Ursach' wäre ziemlich helle.
Von Amorn lieſse sich, schon seinem Rufe nach,
Ein wenig Hinterlist vermuthen.
Dient ihm sein Pfeil statt aller Zauberruthen,
Wer dächte, daſs es ihm am Willen nur gebrach?
Auch öffnet er sich Psychens Schlafgemach
Und schleicht hinzu und — schaut. — Kann Venus schöner liegen?
Wie sanft sie ruht! Wie schmeichelhaft
Die leichten Träume sich auf ihrem Busen wiegen!
Und was aus eifersücht'gem Taft
Sein irrend Auge niederziehet,
Ein Tithon hätte sich zum Jüngling dran vergafft!
Wie hätte Vater Zevs vor diesem Fuſs geknieet,

Der halb versteckt nur desto mehr verführt!
Und Amor, der aus Liebe sie entführt,
Er sah noch mehr und — wurde nicht gerührt?
Nichts scheint vom Glaublichen sich weiter zu entfernen,
Ich geb' es zu. Allein, wir werden bald
Zwey Amorn unterscheiden lernen,
Halbbrüder zwar, allein an Herkunft und Gestalt
Und Neigung wahre Gegenfüſser.
Der eine findt den Mund unendlich süſser
Der reitzend küſst, als den der göttlich spricht,
Und ihn versucht die weiseste der Musen
Vielleicht durch einen schönen Busen,
Doch sicherlich durch ihre Weisheit nicht.
Der andre sieht im schönsten aller Busen,
Nichts als — der Unschuld Wiederschein;
Ihm sind nur Seelen schön, und fänd' er an Medusen
Das Innre liebenswerth, sie würd' ihm Venus seyn.
Der Rest ist nichts warum er sich bekümmert;
Die Tugend, die durch Psychens offne Brust,
Wie durch Krystall, ihm in die Seele schimmert,
Läſst für gemeine Augenlust
Ihm keinen Sinn. — Sie lächeln einer Tugend
Die kaum mit Puppen noch gespielt?
Doch unser Amor sieht in Psychens grüner Jugend

Den Herbst bereits, den noch die Knosp' enthielt,
Und das Vergnügen selbst sein Knöspchen zu entfalten,
Ist ihm, der bloſs Platonisch fühlt,
Mehr als genug sein Herz zu unterhalten.

Indessen, ob er gleich das liebe Kind bey Nacht
Nicht in der Ruhe stören wollte,
So war er doch nicht minder drauf bedacht,
Daſs sie so schön erwachen sollte
Wie noch kein Erdenkind erwacht.
Neun Musen, rings um Psychens Bette
Gelagert, wirbelten so reitzend in die Wette,
Daſs Psyche, die davon erwacht,
Schon im Olymp zu seyn sich gänzlich überredet.

Sie sangen, wie der Krieg, der in der alten Nacht
Das ungestalte Heer der Atomen befehdet,
Auf Amors Wink der Ordnung Platz gemacht,
Wie neue Formen sich zu bilden angefangen,
Und, von der Liebe Geist geschwellt,
Voll sympathetischem Verlangen
Die Keime gleicher Art einander angehangen,
Bis durch den Ocean des Äthers Welt an Welt
Gleich Frühlingstagen aufgegangen. u. s. w.

NADINE.

Eine Erzählung in Priors Manier.

1762.

„Nadine, komm, und misch in deinen Kuſs
Den Zauberton, der Filomelens gleichet,
Indeſs die Nacht mit unbemerktem Fuſs
Den jungen Tag in Florens Arm beschleichet.

„Ein Augenblick wird schon zu theu'r versäumt;
Sie fliehn, sie fliehn mit Flügeln an den Füſsen,
Die Stunden fliehn, die unter unsern Küssen
Ein Quincika [1]) am Quell der Lust verträumt.

„Hat meinen letzten Hauch dein Mund einst aufgeküſst,
Was folget uns ins öde Reich der Schatten?
Ach! die Erinnerung was wir genossen hatten
Ist mehr vielleicht als dann uns übrig ist."

1) Aus Bokaz und La-Fontäne bekannt.

So spricht Amynt, und drückt, indem er's spricht,
An ihren Schwanenhals sein glühendes Gesicht,
Und fühlt, vom Arm der Liebe sanft umwunden,
Den ganzen Werth der eilenden Sekunden.

Mit Augen, wo die Traurigkeit
In süsse Wollust schmilzt, verschämt, doch hingerissen
Von eurer Macht, Natur und Zärtlichkeit,
Entwindt sie lässig nur sich seinen heissen Küssen.

Die schlaue Nacht zieht jüngferlich bescheiden
Ein Wölkchen, wie vom dünnsten Silberflor,
Dem Seitenblick der spröden Luna vor;
Ein Rosenbusch wächst schnell um sie empor,
Und ungesehn umflattert sie ein Kor
Von Liebesgöttern und von Freuden.

Nur Einer aus der kleinen Schar,
Ein junger Scherz, von dreisterem Geschlechte,
Den eine Grazie dem schönsten Faun gebar,
Setzt schalkhaft auf dem braunen Haar
An deiner Stirn, Nadine, sich zurechte.

Amynt wird ihn zuletzt gewahr,
Und will den losen Gaukler fangen;

Allein der Scherz, der leicht von Füſsen war,
Entschlüpft, und flieht in eins der Grübchen
ihrer Wangen.

Auch hier verfolget ihn Amynt.
Nun, denkt er, soll mir's doch in ihren Lippen
glücken!
Ja! wäre nicht sein Gegner schnell besinnt
Den kleinen Gott mit Küssen zu ersticken.

Er zappelt, wie ein junger Aal
Im feuchten Netz, und schlägt und sträubt sich
mit den Flügeln
Bis zwischen sanft erhabnen Hügeln
Von warmem Schnee ein dämmernd Rosenthal
Sich ihm entdeckt. — Er glitscht an einer
Leiter
Von Bändern unvermerkt herab.
Umsonst! Der Mund, der keine Rast ihm gab,
Folgt ihm durch Berg und Thal, und treibt ihn
immer weiter.

Wohin, o Venus, soll er fliehn?
Wo kann er zu entrinnen hoffen?
Wie soll er sich der Schmach, erhascht zu seyn,
entziehn?
Wo ist noch eine Zuflucht offen?

So wie ein Reh, vom frühen Horn erweckt,
Mit raschem Lauf, der kaum das Gras berühret,
Von Bergen flieht, dann steht, die Ohren reckt,
Dann schneller eilt, vom Nachhall fortgeschreckt,
Und sich zuletzt in einen Hain verlieret,
Wo krauser Büsche Nacht ihm seinen Feind versteckt:

So eilt der schlaue Scherz, ganz athemlos vor Schrecken,
So leis' er kann in eine Freystatt sich,
Wo ihn sein Jäger sicherlich
Nicht suchen werde, zu verstecken.

Der Flüchtling glaubt, in Pafos tiefstem Hain,
Wo, unentdeckt sogar bey Sonnenschein,
Sich Amor oft an Spröden schon gerochen,
Glaubt in Cytherens Heiligthum,
In Dädals Labyrinth, ja im Elysium
Nicht sicherer zu seyn als wo er sich verkrochen.

Allein der Liebesgötter Schar
Die, Bienen gleich, doch unsichtbar,

In Trauben an Nadinens Wangen,
An ihrem Rosenmund, an ihrem Busen hangen,
Bemerkten bald die reitzende Gefahr,
Und schrien laut — als es zu späte war:
Ach! Brüderchen, du bist gefangen!

ERDENGLÜCK.

AN CHLOE.

1766.

Hüpfend, wie das Blut in deinen Adern,
scherzet,
Chloe, deine Seel' ihr Daseyn hin;
Keine Ahndung ferner Übel schwärzet
Deinen freyen unbewölkten Sinn;
Alles, däucht dir, ist wie deine Wangen
Rosenroth; gleich Liebesgöttern hangen
Tausend Hoffnungen, von brutender Begier
Sanft entfaltet, gaukelnd über dir.
Jeder Wunsch, der mit Vergnügen schmeichelt,
Scheint dir schuldlos: du erfuhrst noch nicht,
Daſs der Schmerz sich oft zu Wollust heuchelt,
Und die Hoffnung stets zu viel verspricht.

Ach! warum, o Chloe, sind's nur Träume,
Wenn die Fantasie, mit eitler Schöpfungskraft,
Goldne Welten um uns her erschafft?
Lauter Lust, wohin das Auge gafft,
Lauter Rosen, lauter Myrtenbäume;
Göttertisch von Grazien gedeckt,
Nektar aus Tokay in allen Flüssen,
Schlaf auf Schwanen, den zu stillen Küssen
Amor oft, die Sorge niemahls, weckt;
Lauter Feste, Tänze, frohe Spiele,
Lauter Unschuld, Eintracht, Zärtlichkeit,
Kurz, der Menschen ganze Lebenszeit
Ein Gewebe lieblicher Gefühle —
Welch ein Traum! —

Warum (so ruft, entzückt
Von Nanett' im kurzen Unterrocke,
Tristram aus, indem des Mädchens schwarze Locke
Sich im ungelernten Tanz entstrickt;
Und ihr lächelnd Aug' unwissend Liebe blickt)
„Ach! warum, du, dessen Wohlbehagen
Unsre Freuden schafft und unsre Plagen,
Kann nicht hier ein Mann sich in der Freude Schooſs
Niederlegen, tanzen, singen, und sein Pater sagen,
Und gen Himmel mit Nanetten gehn?“

Eitler Wunsch! vielleicht verzeihlich im Entstehn,
Aber dem Gesetz der ernsten Weisheit — Sünde!
Ein Verhängniſs, dessen dunkle Gründe
Wir vielleicht in bessern Welten sehn,
Findt fur diese Welt ein reines Glück zu schön,
Mischt in jeden Tropfen Lust geschwinde
Zwey von Bitterkeit, gefallt sich, (wie es scheint)
Jede Hoffnung selbstgewählter Wonne,
Wenn zu unsern Wünschen alles sich vereint,
Plötzlich zu verwehn, erfindet jedem Morgen,
Der uns Lust verhieſs, unvorgesehne Sorgen,
Giebt die Unschuld oft der Bosheit, dem Betrug
Preis, und lohnt die Treu' mit einem Aschenkrug.

Chloe, hoffe nicht, daſs innerhalb dem Kreise,
Der den Erdball von dem Sternenfeld
Trennt, die Wonn' uns je ihr himmlisch Antlitz weise!
Ach! sie sinkt nicht bis zur Unterwelt!
Alle diese schönen Luftgesichte,
Deren Nahme deine junge Brust
Überwallen macht, sind bloſse Schaugerichte,
Leichte Träum' unwesentlicher Lust!

Freundschaft, Liebe! ach! euch lassen uns die Götter
Nur von fern aus offnem Himmel sehn;
Diesseits her versetzt, sind eure Früchte — Blätter,
Die mit leerem Schmuck das Auge hintergehn!

CELIA AN DAMON.

Nach dem Englischen.

Collection of Poems Vol. III. p. 140.

Nein, Damon, länger soll mein Mund
Dich nicht um deinen Sieg betrügen!
Aufrichtig als ich widerstund
Sollt' ich unedel unterliegen?

Du triumfierst! Was hälf' es mir,
Wenn ichs noch länger mir verhehle?
Ach! diese Spiegel meiner Seele
Verrathen mein Geheimniſs Dir!

Ja, Damon, ja, du triumfierest,
Mein Herz ergiebt sich, es ist dein:
Doch laſs, o laſs genug dir seyn
Daſs du es unumschränkt regierest.

Nimm zum Beweise diesen Kuſs,
Den ersten den ein Mann von mir davon getragen;
Nur fodre nicht — ich wär' es zu versagen
Vielleicht zu schwach — was ich versagen muſs.

Laſs, theurer Jüngling, nicht vergebens
Der Tugend letzten Seufzer seyn!
Das Glück, die Ruhe meines Lebens
Steht nun bey dir, bey dir allein.

Zwar hab' ich gegen dich Entschlieſsungen genommen,
Und Engel hörten meinen Schwur;
Doch, bester Damon, laſs es nur,
O laſs es nicht — zur Probe kommen!

Sey Du vielmehr der Genius
Der Unschuld, die in deinen Schutz sich giebet,
Und die nur darum zittern muſs,
Weil sie dich über alles liebet!

ENDE DES NEUNTEN BANDES.

Leipzig
gedruckt bey Georg Joachim Göschen.

C. M. WIELANDS

SÄMMTLICHE WERKE

ZEHNTER BAND

GEDICHTE.

LEIPZIG

BEY GEORG JOACHIM GÖSCHEN. 1795.

INHALT ZUM X. BANDE.

DIE GRAZIEN.

Ein Gedicht in sechs Büchern.

1769.

AN DANAE.

Geschrieben im Jahre 1769.

Ich weiſs nicht, woher Sie es nehmen, schöne Danae, daſs ich mehr von den Grazien wissen müsse als ein andrer: genug, Sie wollen es so, und Sie bedienen Sich eines meiner eigenen Grundsätze, um alle die Bedenklichkeiten zu vernichten, die ich mir darüber machen könnte, Ihnen, die mit allen Ihren Vortrefflichkeiten doch nur eine Sterbliche sind, die Geheimnisse meiner geliebten Göttinnen zu verrathen.

„Der poetische Himmel (sagen Sie) hat, wenn ich Ihnen selbst glauben darf, ganz andere Gesetze des Wohlanständigen, als diejenigen, wornach menschliche Sitten und Handlungen beurtheilt werden. Die Göttin der Liebe hat keine Ursache zu erröthen, dafs sie den Adonis zum Glücklichsten unter den Sterblichen gemacht hat. Gesetzt also auch, Sie wüfsten von ihren Grazien mehr, als eine Sterbliche gern von sich wissen liefse, so würd' es doch keine Unbescheidenheit seyn —"

Verzeihen Sie mir, Danae! Warum sollten die Grazien nicht eben so wohl ihre Mysterien haben, als Isis und Ceres? Und sollt' es einem Dichter zu verdenken seyn, wenn er zu gewissenhaft wäre, die Geheimnisse der liebenswürdigsten Göttinnen vor profanen Augen aufzudecken?

Doch, diefs ist hier der Fall nicht! Vor Ihnen, schöne Danae, können die Grazien keine Geheimnisse haben wollen; oder welche Sterbliche dürfte sich Hoffnung machen zu selbigen zugelassen zu werden, wenn diejenige nicht dazu berechtigt wäre,

Die, mit dem Gürtel der Venus geschmückt,
Die Seelen fesselt, die Augen entzückt?

Nein, Danae! wenn Ihrem Verlangen nicht genug geschieht, so mufs es blofs daher kommen, weil ich mit diesen reitzenden Gespielen Amors und der Musen nicht so vertraut bin, als es Ihnen beliebt vorauszusetzen.

In ganzem Ernst, ich besorge, es ist mehr als Bescheidenheit in diesem Geständnisse. Warum, ich bitte Sie, warum wenden Sie Sich nicht an einen Dichter, von welchem Sie stärkere Beweise haben, daſs ihm die Grazien hold sind? — Sie denken doch nicht, daſs ich den Kardinal von Bernis meine? Nein! dem Abbé mocht' es erlaubt seyn, von ihnen zu singen; aber dem Bischoff, dem Kardinal — Wer weiſs? sagen Sie. Er mag immer der feinste Konklavist, der geschmeidigste Hofmann, und ein Meister in der Kunst, die zwey groſsen Nebenbuhlerinnen um die Herrschaft der Welt mit einander zu vergleichen, seyn: ich wollte doch nicht dafür stehen, was er thun würde, wenn ihn die Grazien Homers, die er als Abbé so schön besang, den Grazien des heiligen Thomas ungetreu machen wollten!

Wie dem auch seyn mag, genug, Sie wollen keine Französischen Grazien; sonst würd' ich Ihnen den angenehmen Dichter vorschlagen, der Zelis im Bade so reitzend gesungen, und die Deutsche Selima durch seine Nachahmung verschönert hat. Sie wollen die Griechischen Grazien, die Grazien, die den Anakreon singen, den Xenofon schreiben, den Apelles mahlen lehrten, die Grazien, denen Platon opferte, und die sein Meister geschnitzt hatte, diese wollen Sie besungen haben, und in unsrer Sprache!

Gut! und Sie wenden Sich nicht an den Dichter der Grazien?

„Meinen Sie Gleim oder Jacobi?"

Ich danke Ihnen für diesen Zweifel, Danae; er vergütet das Unrecht, das ich einem von beiden gethan hätte; ich, der stolz darauf ist, beide meine Freunde zu nennen, und es so gern der spätesten Nachwelt sagte, daſs wenigstens drey Dichter in unsern Tagen gelebt haben, welche sich so liebten, wie die schwesterlichen Musen sich lieben; drey Dichter,

Die, von den Grazien selbst, mit Schwesterarmen umschlungen,
Von gleicher Liebe der Musen beseelt,
Zur Dame ihrer Gedanken die freundliche Weisheit gewählt,
Die glücklicher macht und Witz mit Empfindung vermählt,
Und schönen Seelen, sich selbst, und bessern Zeiten gesungen.

In der That, Danae, ich habe Lust, Sie zu einem oder dem andern von meinen Freunden zu weisen, oder vielmehr an beide zugleich. Amöbäische Lieder von Gleim und Jocobi, und die Grazien der Inhalt! Was für Lieder würden das seyn! Würdig, von Filaiden gesungen, und, von den seelenvollen Fingern einer D**n oder G**g auf dem melodischen Klavier begleitet zu werden.

Aber Sie wollen Sich nicht abweisen lassen, Danae! Sie wollen zu keinem Wettstreit von poetischer Bescheidenheit Anlafs geben. Gleim und Jacobi, sagen Sie, würden mich an den Vater der Musarion zurück weisen, und am Ende würde niemand dabey verlieren als ich.

Wohl! Sie verdienen für Ihren Eigensinn durch — meinen Gehorsam bestraft zu werden; und auf der Stelle sollt' es geschehen, wenn es nur auf einen muntern Entschlufs ankäme. Aber die Geschichte der Grazien zu schreiben, setzt Offenbarungen voraus, die nur von ihnen selbst herrühren können. Und glauben Sie wohl, dafs diese Göttinnen so fertig sind, einem jeden zu erscheinen, der ihnen ruft? Ich besorge sehr, dafs sie manchem, der vertraulich genug von ihnen spricht, ganz unbekannte Gottheiten sind. Nichts ist freylich leichter als immer von Pierinnen und Charitinnen zu schwatzen, und auf allen Seiten Musen und Busen zusammen zu reimen. Das giebt einem doch die Miene, als ob man mit den Grazien, und den Musen, und den schönen Busen wenigstens so bekannt sey, als die Dichter, welche Günstlinge der ersten sind, und die Lieblinge der letzten zu seyn verdienen. Aber ich wollte für mehr als Einen dieser guten Sänger schwören, daſs die Muse, die ihn begeistert, mit ihren Grazien und mit ihrem Busen, weder mehr noch weniger als eine — Trulla oder Maritorne ist.

Das mag seyn, sagen Sie: aber man wird doch, ohne Ihrer Bescheidenheit Gewalt anzuthun, voraussetzen dürfen, daſs Sie von dieser Seite keine Vorwürfe zu besorgen haben? —

Stille, schöne Danae! Sie sollen alles wissen, was mir eingegeben werden wird. Aber erst lassen Sie uns, als Platons echte Schüler, den Grazien opfern, ohne welche, und Amorn, und die lächelnde Venus, unser Vorhaben nicht von Statten gehen kann.

DIE GRAZIEN.

ERSTES BUCH.

ERSTES BUCH.

Die Menschen, womit Deukalion und Pyrrha das alte Gräzien bevölkerten, waren anfänglich ein sehr rohes Völkchen; so, wie man es von Leuten erwarten mag, die aus Steinen Menschen geworden waren.

Sie irrten, mit Fellen bedeckt, in dunkeln Eichenhainen,
Der Mann mit der Keule bewehrt, das Weib mit ihren Kleinen
Nach Affenweise behangen; und sank die Sonne, so blieb
Ein jedes liegen, wohin der Zufall es trieb.

*

Der Baum der ihnen Schatten gab,
Warf ihre Mahlzeit auch in ihren Schoofs herab;
Und war er hohl, so wurde bey Nacht
Aus seinem Laub ihr Bett in seine Höhle gemacht.

Ich weifs nicht, Danae, wie geneigt Sie Sich fühlen, es dem Verfasser der Neuen Heloise zu glauben, dafs dieses der selige Stand sey, den uns die Natur zugedacht habe. Aber, wenn wir alle die Übel zusammen rechnen, wovon diese Kinder der rohen Natur keinen Begriff hatten, so ist es unmöglich, ihnen wenigstens eine Art von negativer Glückseligkeit abzusprechen.

Und ein Dichter — was können wir Dichter nicht, wenn wir uns in den Kopf gesetzt haben, einen Gegenstand zu verschönern?

Auch, hätte nicht der Mahler und Poet
Das Recht, ins Schönere zu mahlen,
Wo bliebe die Magie des schönen Idealen,
Das Übermenschliche, wovon die Werke strahlen,

Vor denen still entzückt der ernste Kenner steht?
Der Reitz, wozu die rohe Majestät
Und Einfalt der Natur das Urbild nie gegeben,
Die Danaen, die Galatheen und Heben?

Das heifst ein wenig ausgeschweift, schöne Freundin; denn ich wollte Ihnen nur sagen, das Original zum goldnen Alter der Dichter sey vielleicht nichts besseres gewesen, als der Stand solcher Wilden,

Die ohne zu pflanzen, zu ackern, zu säen,
Mit Mufsiggang sich, auf Kosten der Götter, begehen;

wie Homer von den alten Bewohnern des schönen Siciliens sagt.

Soll ich Ihnen eine Probe geben, wie ein Dichter diesen Stand verschönern würde?

Wo ist der Mann, der sich in seinem Stande
Zu wohl gefällt,
Um, wenigstens im Nachtgewande,
Sich nicht ganz leise zurück in eine Welt
Zu sehnen, wo Mutter Natur, wohlthätig wie Urgande,

Die beste der Feen, es auf sich selbst noch nahm,
Das Glück von ihren Kindern zu machen;
Wo frey von Gesetzen, Bedürfniſs und Gram,
Den Glücklichen, unter geselligem Lachen,
Beym ewigen Fest, in Lauben von wildem Schasmin,
Der Stunden zirkelnder Tanz ein seliger Augenblick schien?

Die Götter selbst, gelockt von sanfterm Glücke, stiegen
Aus ihren Sfären herab, und theilen ihr Vergnügen.
Zusehens verschönerte sich die Gegend unterm Mond,
Und lange blieb der Himmel unbewohnt.

Die Götter eifern in die Wette,
Wer zur Begabung der Natur
Am meisten beyzutragen hätte.
Die blonde Ceres deckt mit goldnen Ähren die Flur,
Mit Blumen Zefyr und Flora der Schäferinnen Bette;
Die Nymfen pflanzen für sie den labyrinthischen Hain,
Und laden die Schäfer — zum Schlummern in stille Grotten ein;

Arkadiens Pan beschützt die silberwolligen Herden,
Und läſst sie oft vervielfacht werden;
Indeſs von traubenvollen Höh'n
Der neu erfund'ne Wein, der Erde Nektar, rauschet,
Und Bacchus unterstützt vom lachenden Silen,
Der Hirten frohes Erstaunen belauschet.

Dem Gott der Dichter kam sogar
Die Grille, die seitdem den Dichtern eigen war,
Als Seladon sich zu verkleiden,
Und, unerkannt, in blonder Hirten Schar,
Die Herden des Admet, der schönste Hirt, zu weiden.
Ihn macht sein Witz, der ihren rohen Freuden
Veränderung und Feinheit giebt,
Den guten Schäfern bald beliebt,
Vermuthlich auch den Schäferinnen;
Er lehrte sie der schönen Künste viel,
Manch Liedchen, manchen Tanz, und manches kleine Spiel
Mit Pfändern Küsse zu gewinnen.

Was sagen Sie, Danae? Wie manch liebliches Gemählde würd' uns nicht ein poetischer Watteau aus diesen ohne Ordnung hingeworfnen Bildern zusammen setzen? — Was für glückliche Leute die Menschen des goldnen Alters waren!

Ihr ganzes Leben ist Genießen!
Sie wissen nicht, (beglückt, es nicht zu wissen!)
Daß außer ihrem Stand ein glücklich Leben sey;
Und träumen, scherzen, singen, küssen
Ihr Daseyn unvermerkt vorbey.

Wer sollte denken, daß jene Autochthonen, (erschrecken Sie nicht vor dem gefährlichen Worte!) jene rohen Kinder der Mutter Erde, die wir, mit zottigen Fellen bedeckt, unter Eichen und Nußbäumen herum liegen sahen, — Geschöpfe, die in diesem Zustande den großen Affen in Ostindien und Afrika nicht so gar ungleich sehen mochten, — und diese glücklichen Kinder des goldnen Alters, eben dieselben seyn sollten?

Aber wie hätten sie auch etwas besseres seyn können, ehe sich die Grazien mit den Musen vereinten, um Geschöpfe, welche die Natur nur angefangen hatte, zu Menschen auszubilden; sie die Künste zu lehren, die das Leben erleichtern, verschönern, veredeln; ihren Witz zugleich mit ihrem Gefühl zu verfeinern, und tausend neue Sinne dem edlern Vergnügen in ihrem Busen, zu eröffnen?

Die Grazien waren in diesen Zeiten noch unbekannt.

Kein Dichter hatte sie noch mit aufgelöſstem Gürtel
Am stillen Peneus tanzen gesehn;
Im schönsten Thale der Welt entzog sie die ländliche Hütte
Den Augen der Götter und Sterblichen noch.

„Und wie so?" Fragen Sie —

In der That war die Sache ein Geheimniſs. Ihre Mutter hatte vermuthlich Ursachen. Aber, da diese Ursachen längst aufgehört haben, und da ich Ihnen, schöne Danae, vielleicht noch geheimere Dinge verrathen werde, so sollen Sie alles wissen.

Sie müssen von den Dichtern oft gehört haben, daſs Venus die Mutter der Grazien sey; aber nicht jedermann kennt ihren Vater. Man hat verschiedentlich von der Sache gesprochen. Hier haben Sie die Anekdote frisch von der Quelle.

Als die neu entstandene Venus, von Himmel und Erde mit verliebtem Entzücken angeschaut, den Wellen entstieg, konnten die Götter nicht einig werden, welchem von ihnen sie zugehören sollte. Das kürzeste wäre gewesen, die junge Göttin der Wahl ihres eigenen Herzens zu überlassen. Aber so schüchtern macht die Liebe, daſs keiner von den Göttern sich liebenswürdig genug glaubte, den Vorzug vor seinen Nebenbuhlern zu erhalten. Eben so wenig konnten sie sich entschlieſsen, das Loos den Ausspruch thun zu lassen. Die Sache blieb also eine geraume Zeit unentschieden, und würde vielleicht immer so geblieben seyn, wenn nicht endlich Momus den Einfall gehabt hätte: um Alle zufrieden zu stellen, könnte man nichts besseres thun, als sie dem Häſslichsten geben.

Der Einfall wurde mit allgemeinem Klatschen aufgenommen. Vulkan war der Gluckliche; und die Götter machten sich an seiner Hochzeit so lustig, als ob jeder seine eigene beginge.

Der gute Vulkan! Er schmeichelte sich — Aber was für einen Grund konnt' er auch haben, sich zu schmeicheln? — Die Tugend der Liebesgöttin? Welch ein Grund!

Doch desto besser für ihn, dafs er in diesem Stücke wie viele Sterbliche dachte!

Venus hatte indessen dafs die Götter unschlüssig waren ihre Zeit nicht verloren. Sie war ganz heimlich — Mutter der Grazien geworden. Hören Sie, wie es zuging!

Noch hatte sie Amathunt nicht zu ihrem Sitz erkiest;
Zu jung, sich die Lust des Wechsels zu versagen,
Liefs sie, die Welt zu sehn, und, wie natürlich ist,
Gesehn zu werden von ihr, auf einem schönen Wagen
Bald da bald dorten hin
Von ihren Schwanen sich ziehn.
Die Zefyrn flattern voran, mit Blumen jedes Gestad,
Wohin sie absteigt, dicht zu bedecken,
Und jedes einsame Bad,
Worin sich die Göttin erfrischt, umweben Rosenhecken.

Alle diese reitzvollen Gegenden, welche noch immer in den Werken der Griechischen und Römischen Dichter blühen, die schönen Ufer des Eurotas und die Thessalische Tempe, das blumichte Enna, durch

Proserpinens Entführung berühmt, der aromatische Hybla, das rosenvolle Cythere, und die wollüstigen Haine von Dafne, deren Reitz mächtig genug war, selbst den stoischen Markus Antoninus eine Zeit lang der Sorgen für die Welt vergessen zu machen, — kurz, die schönsten Örter der Welt hatten ihre Vorzüglichkeit diesen Lustreisen der jungen Venus zu danken. Keiner wurde ohne Merkmahle ihrer Gegenwart gelassen. Irdische Paradiese, und Inseln, gleich den Inseln der Seligen, blühten unter ihren Blicken auf. Ein ewiger Frühling nahm davon Besitz. Wildnisse verwandelten sich in Hesperische Gärten, und allenthalben boten Myrtenwäldchen oder Rosenbüsche den Liebenden ihren Schatten an.

Denn auch die Halbgötter, welche damahls noch die Erde bewohnten, und vornehmlich die Menschen, erfuhren die Wirkungen ihrer Gegenwart.

Die Nymfe, sonst zu spröd, um einem männlichen Schatten
Nur im Vorübergehn die Freyheit zu gestatten
Sich mit dem ihrigen zu gatten,
Schmilzt plötzlich in Gefühl, und irrt beym Mondenlicht

In eines alten Hains nicht allzu sichern Schatten:
Ein Faun mit offnem Arm und glühendem Gesicht
Eilt auf sie zu, und sie, sie fliehet — nicht.

*

Der Schäfer, der zu Chloens Füſsen,
Von Liebesschmerzen halb entseelt,
Ihr seine Leiden vorgezählt,
Gedroht, er werde sterben müssen,
Geseufzt, geweint, und stets ihr Herz verfehlt,
Wird plötzlich kühn, fängt an zu küssen;
Und sie, anstatt auf Einen Blick
Ihn, wie er wähnte, todt zu schieſsen,
Dreht lächelnd sich von seinen Küssen,
Und giebt sie endlich gar — zurück.

*

Und Tithon, den Aurorens schöne Brust
Und seelenvoller Blick vergebens
Ins Daseyn rief, erwacht zur längst entwohnten Lust,
Und sucht in ihrem Blick, auf ihrer schönen Brust
Zum letzten Mahle die Freuden des Lebens.

Vor allen andern Gegenden der Welt liebte Venus die anmuthsvollen Gefilde, die sich am Fuſse des Syrischen Amanus verbreiten; Sie erwählte die junge Göttin, die Scene ihrer schönsten Siege zu seyn.

Hier war es, wo sie einst den jungen Bacchus fand, den Sohn Jupiters und der schönen Semele, den die Hyaden in einer Grotte des Berges Nysa erzogen hatten. Sie fand ihn, müde von der Jagd, auf Efeu und Rosen liegen.

O! könnt' ich ihn mahlen, Danae! Ihr eigenes Herz sollte Ihnen dann sagen, was die junge Göttin der Liebe bey seinem Anblick empfand.

„So versuchen Sie es wenigstens!" —

Ich will, wofern Sie mir erlauben, daſs ich die Farben zu meinem Gemählde von Winkelmann borge.

So eben betrat er die Grenzen
Des Wollustathmenden Lenzen
Der ewigen Jünglingschaft.
Sein Athem glich den Lüften

Worin sich Rosen verdüften,
Und seine wallenden Hüften
Bläht jugendliche Kraft.

*

Zärtlichkeit und süfse Schalkheit blitzen
Aus den schwarzen Augen; und, wie zarte
Spitzen
Junger Pflanzen, drückt der Keim der Lust
Sanft hervor aus seiner Rosenbrust.

Kurz — Sie kennen ja das schönste Lied des Gleims der Griechen? — Anakreon hätte seinen Bathyll zu sehen geglaubt.

Er lag in der grünlichen Nacht
Vom schönsten Myrtenbaume
Halb schlummernd, halb erwacht,
In einem entzückenden Traume,
Und schien die Bilder, die noch um seine Augen
lachen,
Zu sammeln und sich wahr zu machen.

Hätte der Zufall beide junge Götter in einem günstigern Augenblick überraschen können? Und wie hätte die Göttin der Liebe —

sagen Sie, Danae! — wie hätte sie einem so lieblichen Knaben nicht gewogen werden sollen?

Cythere war schön und empfindlich;
Und Bacchus empfindlich und schön.
Wie konnt' es anders ergehn?
Sie lieben, so bald sie sich sehn.
Baumgarten beweist es uns gründlich,
Es konnte nicht anders ergehn!

Die junge Venus war nie so schön gewesen als in diesem Augenblicke. Sie, die den Geist der Liebe über alles ausgoſs was ihre Blicke berührten, hatte selbst noch nie geliebt. Ein Seufzer, der erste, der mit wollüstigem Schmerz aus ihrer erröthenden Brust empor arbeitete, sagt' ihr, sie liebe.

Der erste Seufzer der Liebesgöttin! — Wie glücklich war der Unsterbliche, dem dieses Erröthen, dieser Seufzer ihre Rührungen gestand! Der junge Bacchus fühlte itzt zum ersten Mahle, daſs er mehr als ein Sterblicher sey. Und wohl kam es ihm! Kein Sterblicher hätte die Gewalt des Entzückens ertragen können, mit welchem er in ihre Arme flog.

Vergessen Sie nicht, Danae, daſs er noch beynah ein Knabe war, und so liebenswürdig, so unschuldig, und doch bey aller seiner Unschuld so verführerisch aussah, daſs es nicht möglich war sich in Verfassung gegen ihn zu setzen.

Diana hätte vielleicht in diesem Augenblicke
Sich eben so wenig zu helfen gewuſst.
Die Göttin meint, sie drück' ihn — sanft zurücke,
Und drückt ihn sanft — an ihre Brust.

Die poetischen Götter sind nicht immer die Gebieter der Natur. Es giebt Fälle, wo sie ihr eben so unterthan sind als wir armen Sterblichen. Der junge Bacchus und die junge Cythere überlieſsen sich, in aller Unschuld der Unerfahrenheit, den süſsen Empfindungen, deren Gewalt sie zum ersten Mahle fühlten.

Seyn Sie ruhig, Danae! — Ich unterdrücke wirklich ein halbes Dutzend Verse, wiewohl es vielleicht die schönsten sind, die mir jemahls eingegeben wurden. Und doch — wenn ich dächte, Sie glaubten ich unterdrücke sie nur, weil es mir so bequemer sey —

„Nein! Nein! ich glaube nichts zu Ihrem Nachtheil; man kennt die Wärme Ihres Pinsels! Lassen Sie immer —"

Ein schönes dicht verwebtes Rosengebüsche um das Gemählde sich herziehn, das ich machen wollte; nicht wahr? —

Ihr Wink soll vollzogen werden, Danae: hier steht es!

DIE GRAZIEN.

ZWEYTES BUCH.

ZWEYTES BUCH.

Amor, — Sie kennen ihn doch, Danae?

„Und wie, wenn ich ihn nicht kennte; oder ihn nicht anders als aus den Gemählden Ihrer Freunde, oder aus alten Gemmen, oder aus den Bildern kennte, welche Daullé und Mechel nach Koypel und Vanloo von ihm gemacht haben?"

In diesem Falle würde ein Französischer Dichter sich sehr höflich erbieten, Sie näher mit ihm bekannt zu machen. Aber ich — alles, was ich für Sie thun könnte, wäre, daſs ich Sie bedauerte.

Amor also verlor sich einst — er war noch sehr jung — auf einer seiner Wanderungen in einem Gehölze von Arkadien. Müde warf er sich unter einen wilden Myrtenbaum, und entschlief.

Hyacinthen, Lotus, Violetten,
Trieb die Erde, Amorn sanft zu betten,
Unter ihm hervor,
O! wie schön er lag! die Blumen hielten,
Gleich als ob sie seine Gottheit fühlten,
Federn gleich den schlafenden empor.

Wenn Ihnen die Verse gefallen sollten, Danae, so bedanken Sie Sich dafür beym Homer, der dem Vater der Götter ein ähnliches Lager bereitet, als Juno ein Mittel fand, ihn vergessen zu machen daſs sie seine Gemahlin sey.

Als Amor erwachte, fand er sich von drey jungen Mädchen umgeben, aber den artigsten, lieblichsten Mädchen, die er jemahls gesehen hatte.

Beym ersten Anblicke hätte man sie für drey Nachbilder des nehmlichen Urbildes gehalten, so ähnlich sahen sie einander.

Sie waren um Abendzeit ausgegangen, Blumen zu hohlen, womit sie das Lager ihrer vermeinten Mutter zu bekränzen pflegten.

Dort sind eine Menge Blumen, rief die kleinste, indem sie nach dem Orte hinhüpfte, wo Amor schlief. Stellen Sie Sich vor, wie angenehm sie erschrak, als sie unter den Blumen den kleinen Gott erblickte!

Schwestern, (rief sie, doch nur mit halber Stimme,
Um den kleinen Schläfer nicht aufzuwecken)
Was ich sehe! O Schwestern, helft mir sehen!
Ein — wie nenn' ichs? — Kein Mädchen, doch so lieblich
Als das schönste Mädchen, mit goldnen Flügeln
An den runden lilienweiſsen Schultern.
Auf den Blumen liegt es, wie Sommervögel
Sich auf Blumen wiegen! In euerm Leben
Habt ihr so was liebliches nicht gesehen!

Die Schwestern eilten herbey. Alle drey standen itzt um den kleinen schlafenden Gott, und betrachteten ihn mit süſser Verwunderung.

„Wie schön es ist! wie roth sein kleiner Mund!
Die gelben Locken wie kraus! Sein weiſser Arm wie rund!
O seht! es lächelt im Schlaf! — Und Grübchen in beiden Wangen
Indem es lächelt — Aglaja, wir müssen es fangen

Eh' es erwacht und uns entfliegt!" — Es
fangen,
Du kleine Närrin! und was
Damit machen? — Welche Frag' ist das!

Kurzweil, liebe Schwester, soll's uns machen,
Mit uns spielen, scherzen, singen, lachen,
Schwestern, meint ihr nicht?
O so seht ihm nur recht ins Gesicht!
Unschuld lacht aus jedem Zug und Freude;
O! gewiſs, es thut uns nichts zu Leide!
Oder meinet ihr nicht?

Aber, o Diana! — rief die kleinste der Schwestern, was seh' ich! Einen Bogen, und einen Köcher voll kleiner goldener Pfeile, unter den Blumen verstreut. Mich schauert!

„Ach Schwestern, wenn es Amor wäre?
Wie würd' es uns ergehn!"
Nein, Pasithea, nein! Zum Amor ist's zu schön!
Wo hast du ein Gesichtchen gesehn
Wie dieſs? Es machte dem schönsten Mädchen
Ehre!

Der kleine Drache sollt' es seyn,
Von dem die Mutter spricht, er nähre
Von Mädchenherzen sich? Nein, Pasithea, nein!

Es schreckte wenn es Amor wäre;
Und diefs ist lauter Reitz: es kann nicht Amor seyn!

Mein Herz klopft mir vor Angst, sprach die sanfte Pasithea. Die kleine Unschuldige! Es war nicht Angst, was in ihrem jungen Herzen klopfte; Liebe war's.

Kommt, Schwestern, sagte Aglaja; das Sicherste ist, wir fliehen.

Redet nicht so laut, flüsterte ihnen die muntre Thalia zu, welche sich nicht entschliefsen konnte, den kleinen Gott zu verlassen. Was es auch seyn mag, diefs bin ich gewifs, dafs es uns kein Leid zufügen wird.

Aber, wenn es Amor wäre? wiederhohlte Pasithea: das Sicherste ist, wir fliehen.

Schwestern, erwiederte jene, mir fällt was ein:

Wie wenn wir ihn mit Blumen bänden?
Ihn um und um an Arm und Bein
Mit Fesseln von Efeu und Rosen umwänden?
Dann möcht' es immer Amor seyn!

Er möchte zappeln, wüthen, dräun,
Wir hätten ihn in unsern Händen!
Wir würden seine Pfeile zerbrechen,
Und ließen ihn nicht frey, er müßt' uns erst versprechen,
Fromm wie ein Lamm zu seyn.

Der Einfall gefiel den Schwestern. Sie nahmen ihre Kränze ab, flochten noch frische dazu, und umwickelten ihm Arme und Flügel und Füße so gut damit, daß alle Stärke dieses kleinen Bezwingers der Götter und der Menschen nicht vermögend war, sich los zu reißen, als er erwachte.

Sie hatten sich hinter einer Rosenhecke verborgen, um sein Erwachen zu belauschen. Aber sie ließen ihn nicht lange im Wunder, wer ihm den losen Streich gespielt habe. Ihr Lachen verrieth sie. Amor erblickte sie hinter der Hecke, und sein Herz hüpfte vor Freude; denn so liebliche Mädchen hatt' er nie gesehen, seit er Amor war. Er rief ihnen in dem Tone, den er annimmt, wenn er verführen will, zu:

Schöne Nymfen, o helft mir armen Knaben!
Laufet nicht davon!
Ich bin Amor, Cythereens Sohn,

Der sich hier in euerm Hain verlief.
Faunen müssen mich so gebunden haben,
Da ich unbesorgt in meiner Unschuld schlief.

Höret ihr, was er sagte? flüsterte Aglaja ihren Schwestern zu: er verräth sich selbst.

Aber er bittet so schön, sagte die sanfte Pasithea: wir wollen doch zu ihm hingehen; er ist so fest gebunden, daſs er uns nichts thun kann.

So bist du Amor? fragte ihn Thalia lächelnd.

„Ja, schöne Nymfe, ich bin Amor, der Gott der Liebe, der Gott der süſsesten Freuden; und nie fühlt' ich so vollkommen, daſs ich es bin, als seitdem ich euch sehe."

Du bist ein kleiner Schmeichler, versetzte das Mädchen: aber du sollst uns nicht beschwatzen! Eben weil du Amor bist, binden wir dich nicht los.

„Und warum nicht, weil ich Amor bin?"

Wir müssen dir erst deine Pfeile zerbrechen. —

„Meine Pfeile müſst ihr erst zerbrechen?
Und was that ich euch?
Ist euch lieben ein so groſs Verbrechen?
Doch, zerbrecht sie nur, es gilt mir gleich!
Kann ich doch mit euern schönen Blicken
Statt der Pfeile meinen Köcher schmücken!“

Er begleitete diese Schmeicheley mit so zärtlichen Bitten, daſs die guten Mädchen unschlüssig wurden, was sie thun sollten.

Wenn er Amor ist, sagten sie leise zu einander, so müssen zwey Amorn seyn. Dieser hier sieht dem gar nicht ähnlich, vor welchem uns die Mutter zu warnen pflegt. Er sieht so freundlich, so unschuldig aus! Ich dächte wir bänden ihn los?

„Aber wenn er uns davon flöge?“

Amor hörte diese letzten Worte. Nein, liebenswürdige Nymfen! Lernet die Gewalt besser die ihr über mich habt! Der bloſse Gedanke, euch zu verlassen, würde mir unerträglich seyn. Ich habe keinen andern Wunsch, als ewig bey euch zu bleiben.

„Also willst du mit uns kommen, Amor, und bey uns wohnen, und unser Gespiele seyn?“

Ja wohl will ich, sprach Amor:

Von euch zu scheiden begehren?
Ich müſste nicht Liebesgott seyn!
Euch lieſs' ich im wilden Hain
Bey Faunen und Hirten allein,
Nach Pafos wiederzukehren?
Nein, holde Schwestern, nein!
Ihr seyd zu reitzend, Cytheren
Nicht einzig anzugehören!
Ich führ' euch bey ihr ein,
Um ihren Hof zu vermehren,
Und ihre Gespielen zu seyn.

Das gefiel den Mädchen. — Pafos! Der Hof der Liebesgöttin! — Nach Amorn davon zu urtheilen, muſst' es dort sehr artig seyn.

Was für ein süſses — wie nenn' ichs? — bemächtiget sich meiner, indem er spricht? flüsterte Pasithea. — Mir ist ich erwache aus einem Traume. — Ich fürcht' er hat uns bezaubert, sagte Aglaja. — Es ist unmöglich, seinem süſsen Geschwätze zu widerstehen, sagte Thalia. — Kurz sie fingen an ihm seine Blumenfesseln abzunehmen.

Wie froh war er, da er einen seiner schönen Arme wieder frey hatte! Sie vermuthen doch, Danae, daſs der erste Gebrauch, den er davon machte, kein andrer seyn konnte, als seine Befreyerinnen — umarmen zu wollen.

Wie? du bist schon so leichtfertig, sagte Thalia lächelnd, und hast erst Einen Arm frey? Warte, Amor! du sollst den andern nicht haben, wo du uns nicht schwörest, daſs du sittsam seyn willst!

„Also soll ich euch keinen Kuſs geben dürfen?"

Einen Kuſs? — rief sie, indem sich ihr Gesicht mit der süſsesten Rosenfarbe überzog: —

Nein, Amor, nein!
Nein, wir müſsten's gar zu strenge büſsen,
Wenn wir uns von Knaben küssen lieſsen!
Amor, nein, das kann nicht seyn!

*

Ein Kuſs macht Schmerz,
Ich hört' es oft die Mutter sagen;
Es ist kein Scherz!
Er macht die Lippen hitzig,
Und Kinn und Nase spitzig,
Und fällt aufs Herz!

*

„Von Faunen, ja! das muſs ich selber sagen,
  Da macht er Schmerz.
Allein bey mir ist nichts zu wagen,
  Mein Kuſs erquickt das Herz.
Versucht es nur! ihr werdet Dank mir sagen!“

Nein, wir müssen erst die Mutter fragen;
  Es ist kein Scherz!

Gut, rief Amor, mit einer kleinen trotzenden Miene, die in seinem schönen Gesichte tausend Reitze hatte: ich sehe wohl, daſs man euch wider euern Willen glücklich machen muſs. Ihr sollt bald andre Gedanken von der Sache fassen.

Er glaubte, daſs es nun sehr leicht seyn würde sich los zu machen. Aber er erfuhr das Gegentheil. Er hätte leichter diamantene Fesseln zerreiſsen können, so sehr boten diese Blumenketten aller seiner Stärke Trotz. — Was für Mädchen sind das? dacht' er bey sich selbst, indem er Blicke auf sie heftete, mit denen er in das Geheimniſs ihres Wesens dringen zu wollen schien.

Warum siehst du uns so ernsthaft an? sagte Aglaja.

Ich frage mich selbst, welche von euch dreyen ich am meisten lieben werde?“

Und was antwortest du dir?

„Ihr seyd alle drey so liebenswürdig, daſs ich mir nicht anders zu helfen weiſs, als — euch alle drey zu lieben.“

Aber, welche von uns gefällt dir am besten?

„Die, welche sich zuerst küssen lassen wird!“

Schwestern, Schwestern, rief Aglaja mit einem kleinen Seufzer: ich besorge, es wird uns gereuen daſs wir uns mit ihm eingelassen haben.

Und doch! was sollten sie machen, die guten Kinder! Die Sonne war schon untergegangen. Sie muſsten zurück nach der Hütte; und Amorn gefesselt im Haine zurück zu lassen, war ein so grausamer Gedanke, daſs keine von ihnen fähig war, ihm nur einen Augenblick Gehör zu geben.

Komm, Amor, sagten sie, wir wollen dich los binden; aber erst muſst du uns schwören, daſs du recht artig seyn, und alles thun willst was wir dir befehlen!

Wer hätte gedacht, rief er, daſs so holdselige Mädchen so miſstrauisch seyn könnten! Doch, ich will alles was ihr wollt.

Beym schmelzenden Entzücken
Von euern sanften Blicken!
Bey diesen Blumenketten,
Und bey den Zefyretten,
Die erst im Hinterhalt
In jungen Busen liegen,
Dann, von der Liebe Gewalt
Gepreſst, mit bangem Vergnügen
In kleiner Götter Gestalt
Den schönen Lippen entfliegen!
Beym Saft der Nektartraube,
Der Spröden Lüsternheit
Und Blöden Muth verleiht!
Bey meiner Mutter Taube,
Bey Dafnens Lorberbaum,
Und bey Endymions Traum!
Bey Ariadnens Faden,
Bey Jasons goldnem Vlieſs,
Bey Meleagers Spieſs,
Und Atalantens Waden,
Bey Leda's Ey, und Danae's Gold,
Schwört euch Amor — was ihr wollt!

„Und konnten so artige Mädchen einfältig genug seyn, einen solchen Schwur verbindlich zu glauben?“

Es ist wirklich wunderbar, Danae, dafs — so viele Schönen, seit der ersten die durch Schwüre betrogen worden ist, sich noch immer durch Schwüre betrügen lassen, die, im Grunde, nicht um das Gewicht eines Sonnenstäubchens verbindlicher sind als dieser!

„Aber wissen Sie auch, dafs Sie mir noch ein Gemählde schuldig sind?“

Das dächt' ich nicht; und wovon?

„Von den Grazien, von denen Sie mich diese ganze Zeit über unterhalten, ohne sie gemahlt zu haben.“

Desto schlimmer für mich! Denn ich hatte wirklich die Absicht, sie zu mahlen; die naiven Grazien wenigstens, die Grazien, die sich selbst noch unbekannt, Amors Beystand vonnöthen hatten, um die leichte Hülle, welche die Arkadische Einfalt um sie geworfen hatte, abzustreifen, und dem Gott der Liebe — seine Schwestern darzustellen.

„Aber ihre Gestalt?“ —

Vergeben Sie mir, Danae! Sie fordern mehr von mir, als ich leisten kann. Sie mögen sehr reitzend in ihrer Schäfertracht ausgesehen haben; aber wie sie aussahn, das müssen Sie Sich von unsrer Grazienmahlerin Angelika zeigen lassen.

„Sie waren also nicht — wie man sie gewöhnlich vorzustellen pflegt?“ —

Unbekleidet, meinen Sie? — Nein! Sie waren gekleidet, wie es die Arkadischen Mädchen damahls zu seyn pflegten; nur artiger. Denn die andern Mädchen eiferten ihnen darin nach. Aber umsonst! Das was die Töchter des jungen Bacchus und der lächelnden Cythere, in welcher Tracht sie erschienen, zu Grazien machte, entschlüpfte der Nachahmung. Es war nicht ein Blumenstrauſs, auf diese Art oder auf jene Art an einen Busen gesteckt: es war ein Blumenstrauſs von der Hand einer Grazie an den Busen einer Grazie gesteckt. Es war das Zauberische — das niemand nennen kann, wozu die empfindsamen Seelen einen eigenen Sinn haben; was sich von diesen Günstlingen der Natur fühlen, denken, aber nicht beschreiben läſst.

Ich weiſs nicht, ob die Grazien, welche Sokrates, der Weise, in seiner Jugend aus Marmor gebildet haben soll, in diesem Geschmacke gekleidet waren. Aber dieſs weiſs ich, daſs ich einem jeden Mahler, der nur ein Rubens, oder nur ein Boucher wäre, möchte verbieten können, die Grazien mit aufgelöstem Gürtel zu mahlen.

Schöne, junge, wollustathmende nackte Mädchen sind darum noch keine Grazien. Sie können dazu erhoben werden; aber diese Apotheose kann nur in der Einbildungskraft eines Apelles, eines Rafael, oder Korreggio, und auch da nur mit Hulfe einer auſserordentlichen Begeisterung vorgehen. Wenn es jemahls der Natur gefallen sollte, in Einem Manne Korreggio's Gefühl mit Rafaels Geist, und mit der ganzen Magie des feinsten und wärmsten Niederländischen Pinsels zu vereinigen: dann möchte diesem Fönix erlaubt seyn, alles zu wagen, wozu er sich geboren fühlte. Ihm könnte man zutrauen, daſs er den Charitinnen diese ideale Schönheit geben würde, von welcher Winkelmann mit einer Schwärmerey spricht, die in seinem Munde so viel Wahrheit hat; dieses Überirdische, „diese Einheit der Form, die, wie ein Gedank' erweckt, und mit Einem leichten Hauche geblasen schiene;" — dieses Karakteristische endlich, dieses Seelenvolle, dieſs über ihre ganze Gestalt ausgegossene Lächeln, diesen unter ihr, wie durch einen dünnen Schleier, hervor scheinenden Geist der Anmuth und der Freude, der uns beym ersten Anblick empfinden machte, daſs wir die Grazien vor uns sähen.

Bis dahin, Danae, vereinigen Sie Sich mit mir, die Artisten zu ersuchen, daſs es ihnen belieben möchte, ihre Geschicklichkeit im Nakkenden lieber an irdischen Formen, an Urbildern, welche man nicht profanieren kann, zu beweisen; — wofern sie anders nicht für anständiger halten, auch die unidealische Schönheit der Erdentöchter — von welcher eben deſswegen keine geistigen Eindrücke zu hoffen sind — des Schleiers, dem sie so viel zu danken haben, nicht ohne Noth zu berauben, und den Vorhang vor badenden Schönen bloſs aus dem ganz einfältigen Grunde nicht wegzuziehen, weil diese Schönen sich ganz sicher darauf verlieſsen, daſs sie auſser Gefahr seyen, von männlichen Augen betastet zu werden.

Bekleidet also waren sie; aber so, wie Grazien bekleidet seyn sollen:

Nicht in den Gothischen Schwulst
Des ehrenfesten Wulst
Der Dame Quintagnone;
Nicht in gewebte Luft,
Wie ehmahls Roms Matrone;
Noch, wie Horaz zu Amors Fest sie ruft,
Mit aufgelöster Zone!

Dem leichten Silberduft
Glich ihr Gewand,
Das Zefyrs lose Land,
Wenn Luna seufzend nieder
Auf ihren schönen Schläfer sieht,
Um ihr erröthend Antlitz zieht.

DIE GRAZIEN.

DRITTES BUCH.

DRITTES BUCH.

Nun bin ich frey, rief Amor hüpfend, da sie ihn los gebunden hatten: und sehet, schöne Schwestern, was für einen Gebrauch ich von meiner Freyheit mache!

Er flatterte einer nach der andern in die Arme, und liebkosete ihnen so schön, daſs sie nicht umhin konnten, ihn freundlich an ihren Busen zu drücken, und ihm alle die Küsse wieder zu geben, die er ihnen, ohne um Erlaubniſs zu fragen, gegeben hatte. Ich wollte nicht allen, denen diese Methode gefallen könnte, rathen, es ihm nachzuthun. Man muſs Amor seyn, oder Amorn zum Fürsprecher haben, um sich einen so guten Erfolg versprechen zu können.

Itzt flog Amor wieder aus ihren Armen, band die auf dem Boden verstreuten Blumenkränze in eine lange Kette zusammen, umwand mit einem Theile davon seine schönen Hüften, und reichte lächelnd das andre Ende den Schwestern hin. Freywillig, rief er, will ich euer Gefangener seyn!

Eure Ketten tragen
Ist so schön, so süſs!
Niemahls, seit ich Amor hieſs,
Fühlt' ich dieſs Behagen!

*

O! wie nenn' ich euch, von euern Blicken,
Euerm Lächeln, allem was ihr seyd,
Diese unnennbare Süſsigkeit
Mit Einem Worte auszudrücken?

*

Ich nenn' euch Grazien, ihr holden Drey!
So soll euch Gnid und Pafos nennen!
Und selbst Cythere soll erkennen,
Daſs sie durch Euch allein der Herzen
Göttin sey!

Die Grazien fühlten sich selbst noch nicht genug, um Amorn ganz zu verstehen. Aber sie verstanden ihn doch genug, um das, was er ihnen sagte, sehr schön zu finden. Wer hätte gedacht, rief Thalia, daſs Amor so artig wäre!

In der That, der kleine Gott wuſste selbst nicht recht wie ihm geschah. Er kannte sich nicht mehr, seitdem er bey diesen holden Mädchen war. Alle Schelmerey ging weg; er fühlte sich unfähig ihnen einen seiner Streiche zu spielen. Seine Empfindungen verfeinerten sich, und nahmen eine Farbe von Sanftheit und Unschuld an, wie man sagt daſs der Chamäleon die Farbe des Gegenstandes annehme, der ihm der nächste ist. Wären es gewöhnliche Nymfen gewesen, er hätte nicht zehn Minuten warten können, seinen kleinen Muthwillen auf Kosten ihrer Ruhe auszulassen. Aber diese lieblichen Mädchen, in denen alles, was naive Unschuld, gefällige Güte und frohe Heiterkeit Göttliches hat, wie in der Knospe eingewickelt lag, diese konnte er nur — lieben; so lieben, als ob es ihm geahnet hätte daſs sie seine Schwestern wären; alle drey gleich zärtlich, und jede so sehr, daſs die Eifersucht selbst hätte befriediget seyn müssen, wenn diese unedle, sich selbst quälende Leidenschaft einen Platz in dem Herzen der Grazien finden könnte

Aber was werden wir unsrer Mutter sagen, wenn wir mit Amorn zurück kommen? fragte die kleine Pasithea.

Wiſst ihr, was wir thun? sprach Thalia: wir füllen diesen Korb mit Blumen, setzen Amorn drauf, und tragen ihn nach Hause, und sagen, daſs wir ihn unter den Blumen gehascht haben, und fragen sie, ob sie jemahls in ihrem Leben einen so artigen Vogel gesehen habe? — Oder was meint ihr?

Vortrefflich, Thalia! rief Amor lachend: ich will mich so leicht machen, als ob ich ein Schmetterling wäre; und für die Aufnahme bey eurer Mutter laſst nur mich sorgen! Sie soll mit mir zufrieden seyn. Dieſs sagend hüpft' er in den Korb, und lachend und scherzend trugen ihn die Grazien davon.

Die Schäferin, welche von den Grazien Mutter genannt wurde, war, zu ihrer Zeit, so schön gewesen, als man sich die Amme der Grazien, von Venus selbst ausgewählt, vorstellen kann. Aber sie fing an zu welken. Ihr Hirt war kein Seladon, kein Pastorfido, auch kein Geſsnerischer Dafnis; doch wich er dem besten Theokritischen Hirten nicht. Noch immer liebt' ihn seine Lycänion; aber er war alt.

Lycänion stand unter der Hütte, als die Mädchen mit ihrem Blumenkorb und Amorn daher gehüpft kamen. Liebe Mutter, rief Thalia:

Was wir dir für einen Vogel bringen!
Welche Locken! Was für schöne Schwingen!
Und ein Mädchengesicht!
Kann er dir nur halb so lieblich singen,
Als er lieblich spricht,
O, so sahst du keinen schönern nicht!
Was wir dir für einen Vogel bringen!
Gelbe, krause Locken, goldne Schwingen,
Und ein Mädchengesicht!

Venus sey uns gnädig! rief Lycänion, da sie in den Korb hinein guckte: was für einen

Vogel habt ihr da! Arme Mädchen! Seht ihr nicht daſs es Amor ist?

Ja wohl ist es Amor, rief die kleine Pasithea; aber der beste, freundlichste Amor von der Welt.

Nicht der böse, ungestüme, wilde,
Der die Mädchen friſst!
Mütterchen, es ist
Ganz ein andrer, lachend, sanft und milde.
Auf den Blumen im Gefilde
Lag er schlummernd da;
Und wir banden ihn mit Blumenketten,
Eh' er sichs versah.
O! wie bat er uns! Allein wir hätten,
Als er sagte daſs er Amor sey,
Ihn nicht los gemacht, wiewohl wir drey
Er nur einzeln war; — er muſst' uns schwören,
Eh' er seine Arme frey bekam,
Uns kein Leid zu thun, und fromm zu seyn
und zahm.
Und er schwor's! es war recht schön zu hören!
Und als ob wir seine Schwestern wären,
Liebt er uns, und führt uns bey Cytheren

Seiner Mutter ein;
Und wir sollen, wenn wir artig wären,
Ihre Mädchen seyn!

Kinder, Kinder, rief die Amme — welche nicht wuſste daſs ihre Pflegekinder die Töchter einer Göttin waren — ihr habt euch hintergehen lassen! So lieblich er aussieht, so schlimm ist er.

Ihr denkt, er ist ein Kind
Und süſser Unschuld voll, wie Kinder sind?
Verlaſst euch drauf! Er lockt euch nur ins Netze!
Traut seinem schmeichelnden, glatten Geschwätze;
Zu bald, zu bald gereut es euch!
Er ist der Wassernixe gleich,
Die unterm Schilf am Ufer lauschet
Und singt ihr Zauberlied,
Und, kommt ihr sie zu sehn, euch schnell entgegen rauschet,
Und euch hinab ins Wasser zieht.

Ey, ey, Mütterchen, rief Amor; was für eine Beschreibung du von mir machst!

Ich bitte sehr, erschrecke mir meine lieben Mädchen nicht! Ist's billig, daſs Amor es entgelten soll, wenn dir Hymen lange Weile macht? — Aber laſs uns gute Freunde seyn, schöne Lycänion! — He! Damöt, wo bist du, Damöt? — Wie gefällt dir diese junge Schäferin?

O Götter! riefen beide zugleich aus, indem sie einander ansahen und umarmten: Bist du Lycänion? — Bist du Damöt? — Welche Gottheit hat uns unsre Jugend wieder gegeben? — O Amor, wir erkennen deine wohlthätige Macht! Unser Entzücken allein kann dir unsern Dank ausdrücken!

Wie gefällt Ihnen Amors Rache, schöne Danae? Stellen Sie Sich selbst vor, welche Freude dieses unverhoffte Wunder verursachte.

Aber in dem nehmlichen Augenblick erfolgte ein andres, welches Amorn selbst in angenehmes Erstaunen setzte. Die Hütte, worin sie waren, verwandelte sich plötzlich in eine groſse Laube, deren Wände und Dach aus Myrten, mit Efeu und Weinreben verwebt, dicht zusammen geflochten waren. Rings um hingen groſse Kränze von frischen

Rosen, in Liebesknoten gewunden, an den Wänden herab; und ein Krug und etliche geschnitzte Becher, die auf dem Tische standen, füllten sich selbst mit dem besten Weine, der sprudelnd über den Rand der Becher sich ergoſs.

Amor erkannte die unsichtbare Gegenwart seiner Mutter, und des schönen Bacchus des Freudengebers. Er sah die erstaunten Grazien an. Aber wie erstaunt' er selbst, da er, wiewohl ihre Gestalt noch kenntlich blieb, die holden Mädchen zu wahren Göttinnen erhöhet sah!

Das Irdische schien wie eine leichte Hülle von ihnen abgefallen zu seyn. Nahmenlosen Reitz athmend schwebten sie über dem Boden; in ihren Augen glänzte unsterbliche Jugend; Ambrosia düftete aus den flatternden Locken; und ein Gewand, wie von Zefyrn aus Rosendüften gewebt, wallte reitzend um sie her.

O! laſst euch umarmen, rief Amor entzückt: meine Augen öffnen sich; die Götter erklären uns das Geheimniſs eures Wesens; umarmet mich, holde Grazien, ihr seyd meine Schwestern!

Sie umarmten ihn — Aber diese Scene — wenn jemand sie mahlen kann, so muſs es der Dichter seyn, der Pygmalions Statue beseelt und die Vergötterung der schönen Ino so göttlich gesungen hat. Ich gestehe Ihnen, Danae, daſs ich hier an der Grenze meiner Fähigkeit bin.

DIE GRAZIEN.

VIERTES BUCH.

VIERTES BUCH.

Die Bewohner Arkadiens in diesen Zeiten waren gute Leute, gröſsten Theils Hirten, aber weit davon entfernt, so zärtlich und witzig zu seyn, und so schöne Monologen halten zu können, als die Myrtilleu und Korisken des sinnreichen Guarini.

Doch, dieſs wollen wir ihnen gerne zu gute halten, Danae: denn wie sehr wir auch für die geistvolle Poesie dieses Wälschen Dichters, für die Magie seines Ausdrucks und die Musik seiner Verse eingenommen sind; so können wir uns doch nicht verbergen, daſs die Vermischung der Arkadischen Einfalt mit der romantischen Spitzfündigkeit in Gedanken und Ausdrücken, die er seinen Liebhabern giebt, ungefähr eben die Wirkung auf uns mache, als wenn wir die künstliche Symmetrie, die in groteske Formen verschnittenen Bäume, und die in Einen Punkt zusammen laufenden, nach der Schnur gezogenen Hekken unsrer (ehmahligen) Lustgärten in Arkadische Gegenden versetzt sehen würden;

In Gegenden, wo die Natur, vom Zwange der Regeln entbunden,
Als spielte sie nur, die grofsen Wunder gethan,
Wozu die Kunst noch nie den Schlüssel gefunden,
Und edel ohne Schwulst, harmonisch ohne Plan,
Den Reichthum mit Einfalt, den Reitz mit Majestät verbunden.
In stille Matten, an denen ein rieselnder Bach
Durch junge durchsichtige Büsche sich windet,
Und Wäldchen, wo der Hirt ein kühles Sonnendach,
Und Amor den Schlaf, und Begeist'rung der *Penseroso* 1) findet.

Allein diesen lieblichen Gegenden des schönen Arkadiens fehlt' es noch an Einwohnern,

1) Der gefühlvolle Dichter. Anspielung auf Miltons *Penseroso.*

die ihrer würdig waren. Noch glichen sie jenen unvollendeten Menschen, die, von Prometheus aus geschmeidigem Thon gebildet, auf den beseelenden Funken warteten, den er für sie aus der geheimen Quelle des himmlischen Feuers im Olymp zu stehlen unternahm.

Freyheit und Überfluſs des Nothwendigen theilte ihnen diejenige Art des Wohlstandes mit, welche die Grundlage der Glückseligkeit, aber nicht die Glückseligkeit selbst ist. Sie lebten friedsam unter einander; die Nothwendigkeit hatte ihnen sogar die edleren Begriffe von einem gemeinsamen Besten, und dieses von Tugend und Verdienst gegeben; aber die Reitze der verfeinerten Geselligkeit, diese kannten sie noch nicht. Ihre Jünglinge waren noch wild, ihre Mädchen blöde. Die Liebe war bey ihnen wenig mehr als die Sättigung eines thierischen Triebes; ihre Seele war noch nicht zur Idee einer feinen ausgesuchten Glückseligkeit aus der Wahl ihrer Gesellschaft 1) (wenn ich mir einen Ausdruck von Milton eigen machen darf) erhöhet. Bey ihren Festen herrschte

2) *A nice and subtle happineſs, I see,*
Thou to thyself proposest in the choice
Of thy associates —
Parad. Lost, B. VIII. v. 399.

lärmende zügellose Fröhlichkeit, die sich oft, nach Thracischer Weise, in Schlachten mit Bechern und Krügen, 3) und allemahl in einem allgemeinen Rausch endigte. Denn sie kannten noch für Sterbliche, und Götter selbst, keine gröſsere Wonne. Das feinere Gefühl des Schönen und Anständigen, die edlere Liebe, die allein dieses schönen Nahmens würdig ist, den züchtigen Scherz und das witzige Lachen, und diese liebliche Trunkenheit, welche die Seele nicht ersäuft, nur sanft begeistert, sie (wie der Homerische Nepenthe) in süſses Vergessen aller Sorgen eingewiegt, unfähig zur Traurigkeit macht, und jeder zärtlichen Regung und schuldlosen Freude öffnet, — von allem diesem wuſsten die guten Leute nichts. Zwar hatten die Musen angefangen ihnen ihre Gaben mitzutheilen; die Arkadier waren unter allen Griechen durch die Liebe zur Musik berühmt. Aber ohne die Grazien und Amorn in ihrer Gesellschaft ist es selbst den Musen nicht gegeben, die Verschönerung des Menschen zu vollenden.

So war es mit Arkadien beschaffen, als die Grazien, ehe sie mit Amorn nach Pafos,

3) *Natis in usum laetitiae scyphis*
Pugnare, Thracum est —
Horat. Od. I. 27.

dem Sitz ihrer schönen Mutter, zogen, den lieblichen Gegenden, wo ihre Kindheit in ländlicher Einfalt und Unwissenheit ihrer selbst dahin geflossen war, die ersten Wirkungen ihrer neuen Macht zurück lassen wollten.

Ein alter König in Arkadien hatte Wettspiele der Schönheit, aber nur für die Jünglinge, angeordnet; und der Tag dieser Wettspiele stand bevor.

Warum schliefsen wir unsere Mädchen von einem Streit aus, der sie zum wenigsten so nahe angeht als uns? — sagte Damöt zu seinen Landsleuten.

Du hast Recht, antworteten die Arkadier: die Mädchen sollen zu gleicher Zeit um den Preis der Schönheit streiten, — und aus des schönsten Iünglings Hand soll das schönste Mädchen einen Kranz von jungen Rosen, das Zeichen des Sieges, empfangen, sprach Damöt.

Nichts konnte einfältiger seyn als dieser Gedanke Damöts; und doch hatte ihn noch niemand gehabt. Sie wissen, Danae, dafs dieses die allgemeine Geschichte der Erfindungen ist.

Aber auch Damöt würde ihn nicht gehabt haben. Die Grazien waren es, die ihn unbemerkt auf seine Lippen legten; und die Grazien waren es, welche die Arkadier so bereit und einstimmig machten, ihn auszuführen.

Die Nachricht von diesen neuen Wettspielen weckte die Arkadischen Schönen auf einmahl wie aus einem tiefen Schlummer auf.

Bisher waren sie, wie Winkelmann von der Diana sagt, schön gewesen ohne sich ihrer Reitzungen bewuſst zu seyn: oder, noch richtiger zu reden, ihre Schönheit hatte noch keine Reitzungen.

Wenn, wie es oft geschah, an Festen zum
Exempel,
In einem heil'gen Hain (denn Tempel
Gab's nicht in diesem Schäferland)
Die schöne Welt sich bey einander fand,
Stieg unter hunderten nicht Einer jungen Dirne
Der Einfall auf: Gefall' ich oder nicht?
Gefiel sie — gut! so hatt' ihr fein Gesicht,
Der rothe Mund, die weiſse freye Stirne,
Die schöne Brust, dieſs oder das, daran

Die Schuld; sie hatte selbst zur Sache nichts gethan.
Die Mädchen wuſsten nicht, daſs groſse schwarze Augen
Zu etwas mehr als in die Welt hinaus
Einfältiglich dadurch zu gucken, taugen;
Nicht, wie man einen Blumenstrauſs
Mit Vortheil an den Busen stecket,
Damit, durch eine kleine List,
Die Hälfte, die er nicht bedecket,
Mehr als das Ganze ist. 4)

Aber nun gingen ihnen plötzlich die Augen auf. Der Wunsch zu gefallen hob jeden Busen und strahlte aus jedem Auge. Einzeln schlichen sie sich itzt in stille Gebüsche, an überschattete Bäche, oder in Grotten, wo herab murmelnde Quellen in spiegelhelle Brunnen sich sammelten. Dort beschaueten sie sich selbst, dort schminkten sie sich, wie Hagedorns ländliche Dirne, aus der silbernen

4) Eine Anspielung auf den berühmten Vers des Hesiodus:

Νηπιοι ουδ' ισασιν οσω πλεον ἡμισυ παντος!

Die Thoren, die nicht wissen, um wie viel die Hälfte mehr ist als das Ganze!

Quelle, und versuchten, wie sie den Blumenkranz aufsetzen wollten, damit er ihnen am besten lasse, und überlegten, wie sie mit guter Art diese Schönheit hervorstechen lassen, oder jenen Fehler verbergen könnten.

Unter allen diesen Schäferinnen hatte keine mehr Anspruch an den Preis der Schönheit zu machen, als Fyllis, eine junge Unempfindliche, welche das Vergnügen zu gefallen weniger als irgend eine von ihren Gespielen zu kennen schien. Der junge Dafnis, so schön und blöde als Fyllis schön und unempfindlich, liebte sie. Schon zwey Sommer schlich er ihr nach. Tausendmahl hatte er sich ihr mit dem Vorsatze genähert, seine Liebe zu entdecken; aber noch nie hatte er den Muth in sich gefunden, ihn auszuführen.

Oft hatte zwar sein Blick die kühne That gewagt,
Oft Seufzer, Thränen oft, die ihm ins Auge drangen,
Sein stummes Leiden ihr geklagt:
Allein was konnte das bey einem Kinde verfangen,
Dem die Natur noch nichts für ihn gesagt?

Itzt wurde Fyllis von ihm überschlichen, da sie allein am Rand einer Quelle saſs.

Sie saſs auf Blumen und Moos
In schönen Gedanken verloren.
Ein frischer Roth, als Auroren
In junger Rosen Schooſs
Entgegen glänzt, umzog ihr liebliches Gesicht.
Sie schien zum ersten Mahl zu fühlen,
Und sah — ganz Auge — nicht
Den Hirten; nein, die schönen Augen zielen
Nach einem Ast, wo unverhüllt
Vom jungen Laub, zwey sanfte Täubchen spielen,
Der schönen Liebe schönstes Bild!

Schon eine Weile stand der junge Hirt, die Augen an die ihrigen geheftet, hinter dem leichten Gebüsche, und Amor, der unsichtbar neben ihm schwebte, haucht' ihm Gedanken ein, über die er, als hätt' er gefühlt daſs sie nicht sein eigen waren, sich zu verwundern schien. Itzt, dacht' er, itzt,

Da ihrer Wangen Gluth, die wallende Bewegung
Der sanften Brust, des Herzens innre Regung
Verräth; itzt da sie sich

Betroffen fragt: Wie ist mir? Was bedeutet
Der süſse Schmerz der mich
Zu seufzen zwingt? — Itzt, Dafnis, zeige dich!
Itzt ist sie dich zu hören vorbereitet!

Der junge Dafnis gab den geheimen Eingebungen des kleinen Gottes nach. Aber seine Blödigkeit war zu groſs, um auf einmahl zu weichen.

Er tritt hervor, mit vieler Sorgfalt zwar,
Damit sein Anblick sie zu sehr nicht überrasche;
Er fingert lang' an seiner Schäfertasche,
Stets lauter, sumst ein Lied, und hustet endlich gar.

Alles umsonst! In ihre Gedanken vertieft, sah und hörte die schöne Fyllis nichts.

Eine kleine Ungeduld wandelte den Sohn der Venus an. Was zögerst du? flüstert' er ihm ein; zu ihren Füſsen wirf dich! — Und, mit einem kleinen Stoſs, den ihm Amor gab, lag Dafnis, ohne selbst zu wissen wie, zu ihren Füſsen.

Erschrocken schauert sie in sich hinein, will fliehn,
Und bleibt im Fliehn am Boden kleben.
Er klagt, und klagt so schön, daſs ihn
Zu hassen, klagt so schön, daſs ihm nicht zu vergeben
Nichts leichtes war. —

Pasithea, die jüngste von Amors Schwestern, war dem schwärmenden Bruder unsichtbar nachgefolgt. Und itzt, da, von Amorn angetrieben, der schöne Hirt die Knie des bebenden Mädchens mit zärtlichem Ungestüm umfaſste, itzt glaubte die Grazie, daſs es Zeit sey, ihrer ehemahligen Gespielin beyzustehen. Von ihrem sauften Anhauch glitschte eine zarte Flamme von schönem Unwillen aus den seelenvollen Augen des Mädchens, die über ihr ganzes reitzendes Gesicht einen höhern Glanz verbreitete. Mit dem Stolze der Unschuld, aber mit bebender Hand, stieſs sie den Jüngling zurück. Denn beynahe in dem nehmlichen Augenblicke zerfloſs ihr kleiner Unwille in Mitleiden und Liebe.

Amor schien alle seine Macht aufzubieten, um den jungen Hirten verführerisch zu machen.

Das Mädchen blickt erstaunt auf ihn,
Und wundert sich noch nie bemerkt zu haben
Wie schön er ist, wie seine Wangen blühn,
Die krausen Locken, schwarz wie Raben,
Und schwarz sein Aug', und seinem runden Kinn
Von Amorn selbst ein Grübchen eingegraben.
Wie viel, sonst ungesehn, sieht itzt die Schäferin!
Ihr Auge schmilzt in immer sanftre Blicke;
Es war des Hirten Schuld, wenn er von seinem Glücke
Die Zeugen nicht in ihnen schwimmen sah.
Unschlüssig zieht sie die Hand von seinem Kusse zurücke,
Und selbst ihr Weigern lächelt — Ja!

Noch niemahls war eine Schäferin in Arkadien so reitzend gewesen; und noch kein Schäfer hatte empfunden was der Jüngling empfand; die feurigste Liebe, von der zärtlichsten Ehrerbietung gefesselt. Unfähig ihre liebenswürdige Schwachheit zu miſsbrauchen, schien er keine gröſsere Wonne zu wünschen, noch zu kennen,

Als einen Blick, der ihm Gefühl gestand,
Und einen Kuſs auf ihre schöne Hand.

Ich habe nicht nöthig, Ihnen zu sagen, Danae, daſs man so liebt, wenn die Grazien mit Amorn die Herrschaft über unsre Herzen theilen.

Endlich darf ich hoffen, sagte Dafnis, daſs Amor durch meine geheimen Thränen, durch die verhehlten Schmerzen zweyer trauriger Jahre versöhnt ist! Täuscht mich eine betrügliche Hoffnung, Fyllis? — O dann laſs mich, süſser Gott der Liebe, laſs mich nie aus diesem beglückenden Traum erwachen!

Ein zärtlicher Blick und ein sanfter Druck seiner Hand gaben ihm die Antwort des gerührten Mädchens.

Aber, ach! Fyllis, der morgende Tag! Alle unsre Jünglinge wirst du versammelt sehen. Alle werden nur dir, nur dir gefallen wollen. Wie liebenswürdig wird sie dieſs Verlangen machen! Was wird, ach Fyllis, was wird dann aus deinem Dafnis werden?

„Und du, Dafnis, du wirst alle unsre Mädchen versammelt sehen. Jede wird sich selbst für die schönste halten wenn sie dir gefällt, und jede wird es zu seyn wünschen, und Amorn heimlich Gelübde thun. Ich werde mich schüchtern hinter sie verbergen, und nicht Muth haben die Augen aufzuheben. Dafnis! werden dann die deinigen mich suchen, und, wenn sie mich gefunden haben, mir sagen daſs du mich noch liebest?"

Die Antwort eines zärtlichen Liebhabers auf einen solchen Zweifel ist etwas zu bekanntes, Danae, als daſs ich Sie damit aufhalten sollte.

Der gewünschte und gefürchtete Morgen war nun gekommen. Die Jünglinge und die Alten versammelten sich am Fuſs eines Hügels, der in sanften Stufen wie ein Amfitheater sich erhob, oben mit hohen Bäumen bekränzt, hinter welchen die aufgehende Sonne hervor brach. Sechs alte Arkadier, deren geübtes Auge noch scharf genug sah, jede Schönheit zu fühlen und keinen Fehler unbemerkt zu lassen, nahmen als Richter ihren Platz; und die Jünglinge begannen den Streit mit einem bewaffneten Reihentanze. Sie tanzten um die Bildsäule des schönen Hyacinth, des Amykliden, welchen Apollo geliebt hatte; ein Werk alter Kunst, aber schön genug, um das Modell einer tadellosen männlichen Schönheit zu seyn. Selbst ein Fidias oder Polyklet konnte sich nur den Apollo unter den Musen, oder den jungen Bacchus schöner denken.

Kaum war der Tanz mit einem Lobgesang auf den Delfischen Gott und seinen Liebling geendiget, so sah man die schöne Jugend in die Wette sich entwaffnen und entkleiden; jeder begierig, durch seine Eilfertigkeit zu zeigen, daſs er keine Ursache habe, das strenge Auge der Richter zu scheuen. Ein schöner Anblick unverdorbner Natur und blühender ungeschwächter Jugend, in welcher der schöne Umriſs des jugendlichen Alters, mit den Merkmahlen der Stärke vereinbart, und erhoben durch den warmen Glanz einer von frischen Rosen durchglühten Weiſse, das beobachtende Auge so angenehm rührte, daſs es schwer war, kalt genug zu bleiben, um Mängel in einzelnen Formen oder Theilen zu entdecken.

Neue Tänze, mit Wettspielen im Ringen und Laufen und allen andern Übungen abgewechselt, welche geschickt sind die Eigenschaften einer schönen Bildung zu entwickeln, gaben den Richtern Gelegenheit ihr Urtheil festzusetzen; und oft waren kleine Ausrufungen, welche der Anblick einer vorzüglich schönen Stellung ihrem richterlichen Kaltsinn abnöthigte, die Vorboten des Ausspruchs, der auf ihren Lippen schwebte.

Die Gewohnheit befahl, aus allen diesen Nebenbuhlern um den Preis Vier zu erwählen, welche für die Würdigsten geachtet wurden, um den Vorzug zu streiten, wer unter ihnen dem Liebling des Apollo am nächsten komme. Alles was diese Vier zu thun hatten, war, sich zwey und zwey zu beiden Seiten seiner Bildsäule in der nehmlichen Stellung den Augen der Richter unbeweglich darzustellen.

Die Stimmen wurden gesammelt, und Dafnis erhielt den Preis.

Der erröthende Jüngling wurde gekrönt; und so groſs war bey diesem glücklichen Volke die Liebe der Schönheit, daſs unter allen Besiegten nicht Einer war, der sich durch den Vorzug des Siegers für beleidigt gehalten hätte. Ein lautes Freudengeschrey rief seinen Nahmen aus, und der Wiederhall brachte ihn bis in die Gegend, wo, durch einen den Nymfen geheiligten Hain abgesondert, die Mädchen unter der Aufsicht ihrer Mütter versammelt waren, um einen Preis zu streiten, den jede wünschte, und keine zu verdienen hoffte.

Vertheilt in kleine Gruppen, stunden
Die holden Mädchen schüchtern da,
Und unter so vielen ward keine gefunden,
Die nicht von jeder Gespielin sich übertroffen sah.

Ein leichtes weiſses Gewand,
Mit künstlichen Blumen bemahlet
Von ihrer eigenen Hand,
Schien um sie her zu weben,
Und stahl dem Auge nicht den lieblichen Kontur.
Es glich dem Schatten nur,
Wodurch die Apellen den Reitz der schönsten Theile heben,
Und Feuer und täuschendes Licht dem schönern Ganzen geben.
Ein Theil der Locken floſs
Die schönen Schultern herab, ein Theil war aufgewunden,
Der Busen halb verhüllt, die schönen Arme bloſs,
Und nymfenmäſsig, ein Theil der Kleidung aufgebunden.

Unter die übrigen Schäferinnen hatten sich auch die Grazien gemischt, aber, um noch unerkannt zu bleiben, in ihrer vorigen Gestalt und Tracht; welche gleichwohl nicht verhindern konnte, daſs nicht ein Schimmer von Göttlichkeit, und der unbeschreibliche Reitz der ihr ganzes Wesen ausmacht, alle Augen mit stiller Bewunderung auf sie geheftet hätten. „Wie reitzend die Töchter der Lycänion sind!

sagte eine zur andern — mich däucht, daſs ich sie nie so schön gesehen habe. — Kannst du glauben, Ägle, daſs du mir in diesem Augenblick schöner vorkamst, da dich Thalia anlächelte? — Für wen werden unsre Hirten Augen haben als für sie?“

Ich fühl' es, (sagte Fyllis zu Aglajen, und umarmte sie) ich fühl' es, indem ich dich ansehe, nur die Göttin der Liebe könnte dir den Preis zweifelhaft machen; und doch kann ich nicht satt werden dich anzusehen, und das Vergnügen, das ich dabey empfinde, wird durch keine Unlust, übertroffen zu seyn, beschattet. Umarme mich, liebenswürdige Aglaja! Sage mir, du liebest mich wie ich dich liebe!

Aglaja umarmte sie, und heftete einen Blick auf sie, aus welchem die Grazie ganz hervor glänzte.

Welch ein Blick war dieſs! — rief die junge Schäferin mit dem Ausdruck eines süſsen Erstaunens im Gesicht und im Ton ihrer Stimme. Aber — ach! was wird aus deiner armen Fyllis werden?“

Was fürchtest du, meine Liebe?

„Ich fürchte dich, und in eben dem Augenblick fühl' ich, daſs ich dich unaussprechlich liebe.“

Was für eine Sprache, meine Freundin! Du fürchtest mich?

„Ach, Aglaja! Ich will dir meine ganze Schwachheit gestehen! dein Anblick läſst keinem Miſstrauen, keiner Zurückhaltung Platz. — Ich liebe" — sagte das erröthende Mädchen, indem sie ihr Gesicht in dem Busen der Grazie verbarg.

Und wie sollte dich der nicht wieder lieben, den du liebest?

„Er liebte mich, Aglaja; ich bin es gewiſs, er liebte mich. Aber wenn er dich sehen wird! — Ach, liebste Freundin, ich fühl es voraus, ich werde unglücklich seyn; und doch kann ich dich nicht weniger lieben! Er wird dich sehen, und beym ersten Blick vergessen daſs eine Fyllis ist die er liebte, und die ihr allzu weiches Herz gegen seine Thränen nicht verhärten konnte. Und — auch du, Aglaja, auch du wirst ihn lieben! Wie solltest du nicht? Er ist der schönste, der sanfteste unter allen Hirten!"

Fürchte nichts, liebe Fyllis! sagte die Grazie: wenn ich auch so gefährlich wäre als die Furchtsamkeit der Liebe dich bereden will, deinem Hirten werd' ich, so bald er dich ansieht, nur ein gewöhnliches Mädchen seyn.

In den Augen der Liebe ist nur das Geliebte schön.

„Vergieb mir, liebste Freundin; mein eignes Herz sagt mir — und ich bin doch ein Mädchen — was das seinige fühlen wird, wenn du ihn mit einem solchen Blick ansehen würdest, wie du mich itzt ansahest. Verachte mich nicht daſs ich so schwach bin, beste Aglaja! aber — wenn ich dich etwas bitten dürfte —“

Alles, was das Herz meiner sanften Gespielin beruhigen kann!

„Ach! es war eine alberne Bitte. Du kannst sie mir nicht gewähren. Nicht so reitzend zu seyn, wollt' ich dich bitten, nicht so sehr einnehmend, so sehr rührend zu seyn, wie du bist. Aber wie könntest du?“

Sey ruhig, liebe Fyllis! — Sie kommen. — Besorge nichts! Bald wirst du sehen wie vergeblich deine Sorge war. — Hier entschlüpfte die Grazie aus ihren Armen.

Musik und Gesänge verkündigten die Ankunft der Hirten. Mit Rosen bekränzt, kam der schöne Dafnis, gleich dem Apollo, wenn er, die goldene Leier in der Hand, vom Pindus herab steigt; von der blühenden Schaar der Jünglinge begleitet, kam er den sanften Hügel herab, der in die Ebne hinab führte, wo die Mädchen versammelt waren.

In einem weiten Kreise setzten sich die Väter und die Mütter paarweise auf der Anhöhe, welche die Wiese wie ein halber Mond umgab.

Die Jünglinge standen oder saſsen am Fuſse des Hügels; der schöne Dafnis in ihrer Mitte, den Kranz von Rosen in der Hand, der das schönste Mädchen krönen sollte; und die drey Jünglinge, die schönsten nach ihm, an seiner Seite.

Es war verordnet, daſs diese drey eben so viele unter den Mädchen auswählen sollten, und zwischen den Ausgewählten sollte Dafnis den Ausspruch thun. Denn der selbst Schöne ist, wie Jupiter beym Lucian sagt, der natürliche Richter der Schönheit. Diejenige, welcher er den Kranz um die Stirne legen würde, sollte für die schönste erkannt werden.

Der Herold rief eine allgemeine Stille aus, und nun begann der Tanz der Schäferinnen.

„Und die Grazien tantzen mit?“ fragen Sie, Danae. Ja, sie tantzen mit.

„Die armen Schäferinnen! Der Streit war gar zu ungleich! Was für Ehre konnt' es den Grazien machen, sterbliche Mädchen, einfältige Arkadische Schäferinnen auszulöschen?"

Sie irren Sich, Danae; das thaten die Grazien nicht. Sie bewiesen ihr Daseyn vielmehr durch die Reitzungen, welche sie mittheilten, als durch ihre eigenen. Sie dachten weniger daran selbst zu gefallen, als zu machen daſs ihre Gespielen gefallen muſsten.

Eine unruhige Bestrebung gefallen zu wollen, ist das sicherste Mittel seines Zweckes zu verfehlen.

Durch den geheimen Einfluſs der Grazien ergoſs sich ein allgemeiner Geist von Wohlwollen und sanfter Fröhlichkeit über diese jungen Schönen aus. Ohne Eifersucht, ohne Begierde vor andern bemerkt zu werden, schien eine jede stolzer auf die Reitzungen ihrer Gespielin als auf ihre eigenen zu seyn.

Gestehen Sie Danae, daſs die Grazien hier ein Wunder wirkten!

Ihr Tanz schien die unvorbereitete Eingebung einer naiven Freude, welche ihren Füſsen und Armen Seelen gab, oder vielmehr durch alle ihre Bewegungen Eine gemeinschaftliche Seele hauchte.

So tanzen, umschattet von flatternder Gase,
Am Fuſse des Cynthus, auf kurzem, sammtnem
Grase,
Die Nymfen um ihre Gebieterin her;
So sieht der alte Vater Homer
Latonens Tochter mit euch, ihr Charitinnen,
Und mit den Musen im Delfischen Hain
Zum schönsten Gesang den schönsten Reigen
beginnen.

Die Einbildung konnte sich nichts angenehmers dichten, als dieses Schauspiel war.

Die Augen schwammen ergetzt, befriedigt, trunken von Lust,
Auf schönen Formen dahin, vergaſsen sich im
Schauen,
Und irrten von Reitz zu Reitz, von schwarzen
Augen zu blauen,
Und von der reifen Brust,

Die, vollen Trauben gleich, zum Pflücken
winkt,
Zu jener hin, die, wie ein Lilienbeet,
Von Amors Hauch zum ersten Mahl gebläht,
In schönen Wellen steigt und sinkt.

*

Bey solchen Scenen war's, wo in den goldnen
Zeiten
Der Kunst (die itzt aus Schutt sich Muster
graben muſs)
Den Zeuxis und Parrhasius
Die schöne Menschheit sich von ihren schönsten
Seiten
Zu sehen gab. Hier füllten sie
Das Magazin der Fantasie
Mit Stoff zu Göttern an, und hatten nur zu
wählen;
Den Bienen gleich, die auf der bunten Flur
Den schönsten Blumen nur die süſse Beute
stehlen.
Hier lernten sie der willigen Natur

Das Handwerk nicht, ihr ängstlich nachzuäffen,
Nein, das Geheimniſs ab, sie selbst zu übertreffen.

Die Grazien hatten, wie gesagt, alle Vorsicht angewandt ihre Gottheit zu verbergen; aber die Verkleidung in Schäferinnen konnte nicht verhindern, daſs sie nicht noch immer die reitzendsten unter allen ihren Gespielen schienen. Sie würden es

Selbst in dem Gothischen Wulst
Der Dame Quintagnone

geblieben seyn. Was Wunder also, daſs, wie es nun dazu kam, daſs die erste Wahl geschehen sollte, die drey Jünglinge in Einem Augenblick einig waren, Lycänions Töchter auszurufen? Jedermann billigte diese Wahl mit sanftem Händeklatschen; und unter so vielen Müttern, welche zugegen waren, fand sich nicht Eine, welche den Vorzug, der Lycänions Töchtern vor ihren eigenen gegeben wurde, nicht mit Vergnügen anerkannt hätte.

Nur Dafnis, welcher itzt unter diesen Dreyen die schönste krönen sollte, Dafnis allein stand in unschlüssiger Verwirrung da, und suchte mit Augen voller Unruh — seine Fyllis.

Das arme Mädchen! Sie ward es nicht gewahr; woher hätte sie den Muth, die Augen aufzuheben, nehmen sollen? Sie hatte keinen Wunsch, die Schönste zu seyn, als in ihres Dafnis Augen. Aber, wie konnte sie diefs hoffen, da er Lycänions Töchter, da er Aglajen, von lauter Reitzen schimmernd, vor sich sah?

Lange hatte Dafnis gezögert; alle Augen waren auf ihn geheftet, und die Erwartung schwebte auf den halb geöfneten Lippen. Endlich trat er hervor.' Wie schön seyd ihr, holde Schwestern! sprach er zu den Grazien: wahrlich, je mehr ich euch betrachte, keinen sterblichen Mädchen gleich! Es ist unmöglich, unter euch zu wählen. Aber — vergebet mir, wenn mich Amor gegen eure Vorgüge ungerecht macht!

Hier sah er sich wieder nach Fyllis um. Dieses Mahl begegnete sein Blick dem ihrigen, und o! wie viel Liebe, welche rührende Angst las er in ihren Augen! In jedem glänzte eine zurück gehaltene Thräne. Wär' er auch unentschlossen gewesen, so hätte ihn dieser Anblick fähig gemacht, sich dem Zorne der Venus selbst um ihrentwillen auszusetzen.

Vergebet mir, schöne Schwestern, rief er, und ihr Schäferinnen alle, deren jede werth ist, von Amorn gekrönt zu werden — Ich liebe — und wie sollte sie, die ich liebe, nicht die Schönste in meinen Augen seyn? — Mit diesen Worten flog er der erröthenden Fyllis zu, und wollte den Kranz auf ihre Stirne setzen. In Freudenthränen verwandelt, schlichen die Thränen, die in ihren Augen standen, die glühenden Wangen herab. — Nein, Dafnis, sprach sie, dieſs ist zu viel! Dein Herz, ja, dieſs verdien' ich, und dieſs ist alles, was ich wünsche. Der Kranz gehört Aglajen zu!

Allgemeine Aufmerksamkeit war auf diese Scene geheftet; aber bald wurde sie von einem unerwarteten Wunder verschlungen.

Amor zeigte sich auf einer goldnen Wolke, von Zefyrn getragen; Gerüche von Ambrosia walleten, wie leichte Nebel, von ihr herab. Der irdische Schleier den die Grazien um sich geworfen hatten, fiiel von ihnen ab. Leicht schwebend erhoben sie sich in ihrer eigenen Gestalt, wahre Göttinnen, vom Boden zu Amorn auf.

Süſses Schrecken und allgemeines Entzücken kam über die ganze Versammlung. Dafnis und Fyllis warfen sich zur Erde. Der bebende Jüngling wollte reden — aber Amor unterbrach ihn, mit Worten von deren Ton die Herzen schmolzen: Du hast meine Macht vor dieser ganzen Versammlung gerechtfertigt, junger Hirt! Du verdienst glücklich zu seyn: und wenn alle Gaben, welche Amor und seine Schwestern über Liebende auszugieſsen vermögen, euer Glück vollkommen machen können, so soll euch nichts zu wünschen übrig bleiben. — Und ihr, Jünglinge und Mädchen, höret Amors Gesetz! Vergebens würd' es seyn, künftig um den Preis der Schönheit zu streiten. Jede Schäferin sey zufrieden, in den Augen ihres Hirten die Schönste zu seyn!

Amor hatte noch nicht ausgeredet, als plötzlich ein kleiner Hain voll aufblühender Rosen unter ihm empor stieg. Alle Jünglinge liefen hinzu, und pflückten Rosen, und jeder kränzte die Haare seines Mädchens.

Und nun, rief Aglaja, an die Arme ihrer schönen Schwestern angeschlungen, mit dem Lächeln und der Stimme der schönsten unter den Grazien herab, höret auch mich, ihr, einst meine holden Gespielen! Niemahls werden euch die Grazien verlassen! Oft werden wir an Sommerabenden uns in eure frohen Tänze mischen; zwar euern Augen unsichtbar; aber an einem sanften Beben der Brust, an einem höhern Gefühl der seligen Triebe der Liebe, und des Vergnügens einander glücklich zu sehen, werdet ihr unsre Gegenwart erkennen! Feiert, Töchter Arkadiens, künftig diesen Tag! Er sey einem Wettstreit in jeder weiblichen Tugend heilig! Und nur diejenige, welche die Beste ist, erhalte den Preis der Schönheit!

Auf einmahl entzog sich das himmlische Gesicht den entzückten Augen, die noch lange weit offen empor schauten, seine Spuren in der ambrosischen Luft zu suchen. Überall wuchsen Rosengebüsche, wo der Fuſs der Grazien den Boden berührt hatte, und Myrtenhecken und Lauben von Jasmin schnell empor. In dieser Gegend, die ein andres Pafos schien, richteten die Arkadier den Grazien einen Altar auf. Freude und Eintracht und Liebe und

Unschuld herrschten unter diesen Glücklichen, so lange sie sich des Schutzes der Liebenswürdigsten unter den Unsterblichen würdig erhielten; und so oft die Rosen blühten, wurde das Fest der Grazien gefeiert.

DIE GRAZIEN.

FÜNFTES BUCH.

FÜNFTES BUCH.

Ohne den Beystand der Charitinnen ist die Schönheit was Pygmalions idealisches Bild war, eh' es zu athmen und zu empfinden anfing. Alles was sie für sich allein thun kann, ist, den Wunsch sie beseelt zu sehen einzuflöſsen. Wenn man dieſs Liebe nennen will, so mag es immer Liebe seyn. Aber was ist dieſs gegen jene unbeschreibliche Süſsigkeit, womit die Grazie sich in die Herzen hinein schmeichelt, gegen jene geistigen, unauflöslichen Fesseln, mit denen sie die Seelen an sich zieht, jenen unbegreiflichen Zauber, dessen Quelle und seltsame Wirkungen der reitzend schwärmende Petrarka aus seiner Erfahrung so unübertrefflich besungen hat?

War es etwa die körperliche Schönheit seiner geliebten Feindin, (wie er seine

Laura zu nennen pflegt) oder waren es nicht 1)

diese Augen, aus denen Amor Süſsigkeit und Anmuth ohne Maſs zu regnen schien; — war es nicht dieses Lächeln, welches einen Wilden hätte in Liebe zerschmelzen können, — aus welchem eine selige Ruhe, die keinem Schmerze Raum lieſs, derjenigen ähnlich, die man im

1) *Tanto negli occhi bei ſuor di misura*
Par ch' Amore e dolcezza e grazia piova.
Son. 121.
Riso da ſar inamorar un uom selvaggio.
Son. 207.
Pace tranquilla senz' alcuno affanno,
Simile a quella, ch' è nel Ciel eterna,
Muove dal lor inamorato riso.
Canz. 20.
Quel vago impallidir, che'l dolce riso
D'un amorosa nebbia ricoperse.
Son. 98.
Non era l'andar suo cosa mortale,
Ma d'angelica ſorma, e le parole
Suonavan altro, che pur voce umana.
Son. 69.
Leggiadria singolare e pellegrina.
Son. 178.

Himmel geniefst, in die Seele herab stieg; — dieses reitzende Erblassen, welches (beym Anblick seiner Qual) ihr süfses Lächeln mit einer verliebten Wolke bedeckte; dieser Gang, nicht der Gang einer Sterblichen, sondern eines himmlischen Wesens, und diese Worte, in deren Klang eine mehr als menschliche Lieblichkeit war, — mit Einem Worte, war es nicht diese (in dem süfsen Irrthum eines Verliebten) ihr allein eigene und sonst nie gesehene Anmuth,

was die schöne Seele dieses Platons der Dichter in einen so aufserordentlichen, so ekstatischen Zustand setzte, dafs er Dinge fühlte und fantasierte und sang und that, die, vor ihm, in kein menschliches Herz gekommen waren, und, nach ihm, nur der kleinen Zahl empfindungsvoller Seelen, die jemahls etwas ähnliches erfahren haben, verständlich seyn können? 2)

Sie kennen die Lieder dieses liebenswürdigen Schwärmers zu gut, schöne Danae, dafs Ihnen nicht zwanzig andere Stellen beyfallen sollten, welche dieses bestätigen. Es ist wahr, er spricht an mehr als Einem Orte von der

2) Beweise hiervon finden sich vornehmlich in den Canzonen, 18, 19, 20, 27, 30, 31, 35, und in den Sonetten 84, 123, 134, 142, 143.

körperlichen Schönheit seiner Geliebten mit genugsamer Empfindung, um das Lächerliche einer bloſs intellektualen Leidenschaft zu vermeiden. Aber nur die Schönheit ihrer Seele, und die Grazien, die diese über alles was sie sagt und thut ausgieſst, sind (wie er sich ausdrückt) die Zauberer, die ihn verwandelt haben. 3)

Die Mutter der Liebe und der Grazien, Sie, in welcher die Griechischen Musen den höchsten Begriff der Schönheit zu verkörpern gesucht haben, läſst sich zwar nicht ohne eigenthümlichen Reitz denken: aber es ist dieser hohe Reitz, der (wie unser Winkelmann sagt) mehr mit den Augen des Verstandes unmittelbar erblickt, als durch Hülfe der Sinne empfunden werden kann.

„Wissen Sie auch, mein Herr, daſs Sie und Ihr Winkelmann wirklich ein wenig schwärmen, um nicht ein härteres Wort zu gebrauchen? — Ein Reitz, der an einer körperlichen Gestalt — idealisch oder nicht — mit dem Verstande unmittelbar erblickt werden soll, welch eine Forde-

3) *Grazie ch' a pochi il Ciel destina, ect.*
Da questi Magi transformato fui.
Son. 178.

rung! Und wie sollen wir uns überreden lassen, Ihnen ein solches Anschauungsvermögen zuzugestehen, mit dessen Hülfe Sie in jedem Gegenstande sehen könnten was Sie wollten, ohne dafs uns andern Sterblichen erlaubt wäre, mit Beyhülfe der Augen unsers Leibes zu untersuchen, ob die Augen Ihres Verstandes recht gesehen hätten?"

Soll ich Ihnen die Wahrheit gestehen, Danae? Ich besorge selbst Sie haben Recht. Aber es giebt Augenblicke, wo ich diese hohe unkörperliche Grazie (welche, wenn ich nicht irre, Winkelmann zuerst von den Grazien im gewöhnlichen Verstande unterschieden hat) wirklich zu empfinden glaube. Diese Empfindung ist so fein, so geistig, dafs sie mich vielleicht betrügen könnte: aber ich kann doch, alles wohl überlegt, selbst dem bescheidenen Geiste des Zweifels, den ich aus der Sokratischen Schule geerbt habe, nicht so viel einräumen, dafs ich seinen Bedenklichkeiten die Gewifsheit meiner Empfindung aufopfern sollte.

Doch dem mag seyn wie Sie wollen; diefs wenigstens geben alle, von denen wir unsre Nachrichten aus der Götterwelt empfangen, zu, dafs Venus die Grazien von dem Augenblicke an, da Amor sie nach Pafos brachte, zu ihren vertrautesten und unzertrennlichsten Begleiterinnen gemacht habe. Nicht aus einem geheimen Misstrauen in sich selbst, (erlauben Sie mir, Danae, auf einen Augenblick diesen Rückfall in meine Grille) sondern um sich zu der Fähigkeit sinnlicher Wesen herab zu lassen, bediente sie sich der Hülfe der Grazien, wenn sie sterblichen Augen sichtbar werden wollte. Von den Grazien gebadet, und mit Ambrosia gesalbt und ausgeschmückt, und mit dem berühmten Gürtel umgeben, in welchen von den Händen ihrer lieblichen Töchter jeder anziehende Reitz, und zärtliches Verlangen, und das süsse Liebkosen, das den Weisen selbst das Herz nimmt, 4) eingewebt war, ging sie, sich dem Urtheil des Paris auf Ida auszustellen, ihres Sieges über die Schönsten unter den Göttinnen gewiss; — und an die Grazien angelehnt stand sie, als Adonis zum ersten Mahl in den reitzenden Gebüschen sie erblickte, welche in spätern Zeiten unter dem Nahmen Dafne den Göttern der Freude und den Musen gewidmet wurden.

Unwiderstehlich schön stand sie in Rosenschatten
An ihre Grazien gelehnt,
Und, Lilien gleich, die sich mit Veilchen gatten,
Durch sanftern Reitz verschönt.

4) *Iliad. XIV.* 215, 16, 17.

Er blieb, in himmlischer Wonne verloren,
Schwebend, sprachlos, halb vergöttert stehn;
Denn seitdem das Meer die Lust der Welt geboren,
Hatte noch kein Gott so reitzend sie gesehn.

Auch in den Olympus begleiteten die Grazien ihre Mutter, und nun konnte kein Götterfest ohne ihre Gegenwart mehr vollkommen seyn. 5) Die Götter selbst, deren Sitten uns Homer nicht immer so fein und poliert vorstellt als man von Göttern billig erwarten sollte, änderten sich durch den geheimen Einfluſs der Charitinnen gar sehr zu ihrem Vortheile. Sie brachen nicht mehr in ein unauslöschliches Gelächter aus, wenn der ehrliche hinkende Vulkan, um einem Hader zwischen seinem Vater und seiner Mutter ein Ende zu machen, mit wohl gemeinter, wiewohl possierlicher Geschäftigkeit die Stelle des Mundschenken vertrat; 6) und Jupiter drohte seiner Gemahlin nicht mehr, daſs er ihr Schläge geben, 7) oder sie, mit einem Amboſs an jedem Fuſse, zwi-

5) *Pindar. Olymp. XIV.*

6) *Iliad. I.* 599.

7) *Iliad. I.* 567. *XV.* 17.

schen den Wolken aufhängen wollte. 8) Juno wurde die angenehmste Frau, Jupiter der gefälligste Ehemann, und die Götter überhaupt die beste Gesellschaft von der Welt.

Minerva, welche sonst die Filosofin machte,
Und, wenn die ganze unsterbliche Schaar
Bis auf den Momus selbst bey guter Laune war,
In einem Winkel saſs und Hypothesen erdachte,
Lieſs itzt zuweilen doch der hohen Stirne Ruh,
Und sah dem Tanz der Musen und Grazien zu.
Die alte Vesta sogar, die (wie Homer erzählet)
Den edeln Jungfernstand
Zu ihrem Theil erwählet,
Und sonst an jedem Spiel viel ärgerliches fand,
Soll mit den Grazien, und mit Amorn und dem Knaben
Den Jupiter Sokratisch liebt und küſst,
Oft blinde Kuh gespielet haben;
Ein Spiel, das in der That die Unschuld selber ist.

Die Grazien sind lauter Gefälligkeit. Sollten sie nicht, um die Stirne der guten alten

8) *Iliad. XV.* 18—21.

Vesta zu entrunzeln, sich auch zu Kinderspielen herunter lassen?

Die Sympathie, welche zwischen liebenswürdigen Wesen eine Freundschaft stiftet, die in ihrem ersten Augenblick alle Stärke eines reifen Alters hat, machte aus den Musen, den Töchtern Jupiters und der Harmonie, und aus den Grazien die vertraulichsten Gespielen. Die ersten konnten nicht anders als unendlich viel dabey gewinnen; ihre Ernsthaftigkeit hatte es wohl vonnöthen, durch die Anmuth der letztern gemildert zu werden.

Die Gesänge, welche sie ihren Günstlingen eingaben, hatten nun nicht bloſs erhabene und die menschliche Schwachheit übersteigende Gegenstände, die Vermählung des Chaos mit der alten Nacht; den Ursprung der Götter und der Welt, und die Wanderungen der Seele, zum Gegenstande; sie hielten es nun für ein edles, und wohlthätigen Gottheiten sehr anständiges Geschäft, auch die Freuden der Sterblichen zu verschönern.

Nicht den Orfeen nur, nicht nur den Amfionen,
Auch den Sappho's und Anakreonen
Hauchten sie, bey Lieb' und süſsem Wein,
Unter Rosen sanfte Lieder ein.

Wenn zwischen jungen Dirnen,
Aus denen Freude glänzt,
Die heiterste der Stirnen
Mit Myrt' und Ros' umkränzt,
Der alte Tejer scherzt' und lachte,
Und fröhlich, wie Silen, 9) die Jugend neidisch machte:
Waren's oft die Grazien und Musen,
Die mit freyem Haar und offnem Busen
Hand in Hand um ihren lieben Alten
Tanzten zu der goldnen Leier Klang,
Und ihm jedes Lied mit einem Kuſs vergalten,
Das er Amorn und der Freude sang.

Selbst die Muse der Filosofie lernte den Grazien das Geheimniſs ab, zu gleicher Zeit zu unterrichten und zu gefallen.

Aus ihrer schönen Hand
Empfingen die Platon, die Humen
Und Fontenellen die Blumen,
Womit sie den steinigen Pfad der fliehenden Wahrheit bestreun,

9) *Anakreon*, *Ode* 38.

Und, wenn sie erbitten sich läſst den Sterblichen
sichtbar zu seyn,
Das leicht gewebte Gewand,
Das unsrer Augen schont, und unter schlauer
Zierde
Nur das versteckt, was uns verblenden würde.

Vorzüglich waren die Grazien die Schutzgöttinnen der Sokratischen Schule. Schon in der ersten Blume seiner Jugend von ihnen begeistert, versuchte es Sokrates sie in Marmor zu bilden; und daſs es ihm gelungen sey, läſst sich daher vermuthen, weil die Athener dieses einzige Werk seiner Kunst würdig fanden, ihm in dem Vorhof ihrer Burg einen Platz unter Meisterstücken zu geben. Speusippus, Platons Nachfolger, stellte die Grazien in dem Hörsahle auf, wo sie aus dem Munde seines Meisters gesprochen hatten. Und welchem Sterblichen sind sie jemahls günstiger gewesen als dem liebenswürdigen Xenofon? ihm, der die wahren Züge der sittlichen Grazie in seinen Werken so vollkommen ausgedrückt, und in seinen Gedanken und Empfindungen, wie in seiner Schreibart, Wahrheit, Einfalt, und ungeschminkte Anmuth so unverbesserlich vereiniget hat?

Den Grazien opferte bey den Griechen, wer gefallen wollte; und es war eine Zeit zu Athen, wo der Staatsmann und der Feldherr ihren Beystand eben so nöthig hatten, als der geringste mechanische Künstler. Die Zauberey der Grazie, die über alles, was Alcibiades that und sagte, ausgegossen war, gab seinen Fehlern selbst einen Reitz, der anderer Tugenden verdunkelte. Sollten wir uns wundern, daſs durch ihren Einfluſs eine Aspasia fähig wurde, Griechenland im Perikles zu beherrschen, und im Sokrates zu unterrichten? — Und wie liebenswürdig müſsten wir uns (wenn eine strengere Sittenlehre über diesen Punkt uns gerecht zu seyn erlaubte) diejenigen unter den Schönen des Sokratischen Jahrhunderts vorstellen, welche in einem besondern Verstande als Priesterinnen der Grazien angesehen wurden?

Nur den Frynen, den Glyceren
Und Laiden konnt' es zugehören,
Euren Orgien 10)
Würdig vorzustehn;

10) Die Grazien hatten zu Athen eine Art von geheimem festlichem Gottesdienste, welcher die

Ihnen, die zu Amors Künsten allen
Das Geheimniſs, selbst den Weisen zu gefallen,
Euch in Pafos abgesehn.

O Danae, welch ein Jahrhundert war diese in den Jahrbüchern der Menschheit ewig unvergeſsliche Zeit von Perikles zu Alexandern! diese Zeit, von der man mehr als von irgend einer andern sagen kann, daſs sie unter der Herrschaft der Grazien gestanden habe!

Da Filosofen, Künstler, Dichter,
Archonten, Priesterinnen, 11) Richter, 12)
Die Macht der Grazien empfanden,

Orgien der Charitinnen genannt wurde. *Pausanias in Boeotic.*

11, 12) Anspielung auf die Priesterin, welche sich weigerte, dem Alcibiades zu fluchen, (S. Plutarch im Leben des Alcib.) und auf die Richter der schönen Fryne. Der Kunstgriff, dessen sich ihr Vertheidiger, Hyperides, bediente, ist zu bekannt, hier angeführt zu werden.

Die Majestät im Fidias,
Den Reitz im Kalamis verstanden, 13)
Geschmack mit jeder Lust verbanden,
Und Lust an allem Schönen fanden;
Da Plato denken, Hippias
Gefallen, Lais fühlen lehrte;
Da, wer kein Sklave war, die Kunst der Musen ehrte,
Der Filosof mit kritischem Gefühl
Eufranorn mahlen sah, Damone singen hörte,
Und zwischen Scherz und Saitenspiel
Das Alter Munterkeit, die Jugend Weisheit lehrte; 14)
Zevs-Perikles 15) mit gleicher Leichtigkeit

13) Anspielung auf die Pallas des erstern, und auf die Sosandra des letztern, wovon Lucian in dem Ideal einer vollkommnen Schönheit nachzusehen ist.

14) S. Xenofons Gastmahl.

15) Perikles wurde von den komischen Dichtern seiner Zeit häufig unter dem Nahmen Jupiters, mit Beyfügung eines spöttlichen Beyworts, satirisiert.

Von Arbeit zu Ergetzlichkeit
Und von Aspasien ins Prytaneon 16) kehrte,
(Denn alles Ding hat seine Zeit)
Und Alcibiades, wiewohl Gelegenheit
Ihn dann und wann zur Schelmerey verführte,
Im Rath Ulyſs, Achilles in Gefahr,
Und Paris nur bey freyen Schönen war,
Und, ob er Amorn gleich in seinem Schilde führte,
Die Feinde schlug wie sichs gebührte.

O golne Zeit, da noch sich schwesterlich umfaſst
Die Grazien und Musen hielten;
Da Helden noch die sanfte Lyra spielten,
Da Helden noch den Werth des Sängers fühlten
Durch den Achilles lebt; da zwischen Theofrast
Und Glycera sich ein Menander bildte;
Da noch kein blöder Wahn vor einem Alkamen

16) Das Rathhaus zu Athen.

Und Zeuxis die Natur verhüllte;
Da, ohne Neid, Apelles, Protogen,
Freundschaftlich sich den Vorzug streitig machten,
Und, willig sein Verdienst dem andern zu gestehn,
Nur auf den Ruhm der Kunst bey ihrem Wettstreit dachten;
Und Jener, dem die Grazien
Zuerst aus allen Sterblichen
Am blumigen Cefisen
Sich ohne Gürtel wiesen,
Auf dessen Werke sie den Reitz, der nie verblüht,
Mit ihren süſsen Lippen hauchten,
In Amors Flamme selbst ihm diesen Pinsel tauchten,
Durch den Cythere sich der Flut entsteigen sieht,
Der es wagen durfte, die Gunst der Grazien laut zu bekennen,
Und ihren Mahler sich zu nennen.

Nur mit flüchtigen Zügen, schöne Danae — denn die Grazien hassen ein mühsames nach der Lampe riechendes Werk — hab' ich Ihnen den Einfluſs dieser liebenswürdgen Gottheiten auf Wissenschaften, Künste und Sitten entworfen. Aber noch weiter erstreckt sich ihre Macht. Nicht nur das grenzenlose Reich der Einbildungskraft, nicht nur das ganze Gebiet der Freude, — die Tugend selbst steht unter ihrer Herrschaft. Die Epaminondas und die Scipionen opferten ihnen nicht weniger, als die Menander und Aristippe. Auch den Handlungen, dem Karakter und dem Leben eines weisen und guten Mannes, — welches (wie Sokrates zu sagen pflegte) gleich einem vollkommnen Gemählde ein schönes Ganzes seyn muſs — müssen die Grazien dieses Ansehen von zwangloser Leichtigkeit, diesen Glanz der Vollendung geben, der sie mehr zu Geschenken der Natur als zu Werken der Kunst zu machen scheint.

Diese Grazie war es, die der Tugend des Kato von Utika fehlte; und bloſs die Abwesenheit derselben ist, was so vielen andern vermeinten Tugenden ein widriges, die Herzen zurück stoſsendes Ansehen giebt. Nur unter den Händen der Grazien verliert die Weisheit und die Tugend der Sterblichen das Übertriebene und Aufgedunsene, das Herbe, Steife, und Eckige, welches eben so viele Fehler sind, wodurch sie, nach dem moralischen Schönheitsmaſs der Weisen, aufhört Weisheit und Tugend zu seyn.

Dieſs war es, was Musarion ihren Schüler lehren wollte; und sagen Sie mir, Danae, wie war es möglich, sie nicht zu verstehen?

DIE GRAZIEN.

SECHSTES BUCH.

SECHSTES BUCH.

Wie sehr man bey Ihnen auf seiner Hut seyn muſs, Danae! — Ich dachte nicht, daſs Sie Sich eines Ausdrucks wieder erinnern sollten, der mir, ich weiſs nicht wie, entschlüpft war; und nun glauben Sie sogar, ein Recht zu haben, mich, wie Sie sagen, zu Erfüllung meines Versprechens anzuhalten. — War es denn wirklich ein Versprechen? Ich sagte, vielleicht würd' ich Ihnen in der Folge von den Grazien Geheimnisse verrathen; und ohne für mein Vielleicht die mindeste Achtung zu haben, bestehen Sie darauf, daſs ich Ihre Neugierde gereitzt hätte. Es wäre sehr unhöflich, gefällt es Ihnen zu sagen, die Neugier eines Frauenzimmers rege zu machen, wenn man nicht gesonnen sey, oder sich nicht im Stande wisse, sie zu befriedigen.

In der That ist dieſs ein Grund, gegen den ich nicht sehe was man einwenden könnte. Ich kann nicht daran denken solche Vorwürfe von Ihnen zu verdienen: Sie sollen befriediget werden.

Göttinnen, in denen der höchste Grad des Reitzes mit der ersten Blüthe einer ewigen Jugend gepaart ist, die unter lauter Freuden, Scherzen und Liebesgöttern leben, und ihrer Natur nach lauter Gefälligkeit sind, — mit Einem Worte, die Grazien, wie sollten sie immer ohne kleine Anekdoten geblieben seyn? Töchter des frohen Bacchus und der zärtlichen Cythere, müſsten sie ganz aus der Art geschlagen seyn, wenn sie unempfindlich gegen die Liebe seyn könnten, die sie einflöſsen; und unter so vielen Göttern, Halbgöttern und Sterblichen, von denen sie jemahls geliebt wurden, sollten wohl alle, Alle, nicht Einen ausgenommen, nur Platonische Liebhaber gewesen seyn? — Es ist nicht wahrscheinlich!

Gleichwohl habe ich die gemeine Meinung und das Zeugniſs einer unendlichen Menge von Schriftstellern für mich, wenn ich

Ihnen versichre, daſs die Grazien — die unschuldigsten unter allen Göttinnen sind.

Es ist wahr, der jungfräuliche Stand, der ihnen gewöhnlich beygelegt wird, ist für sich allein nicht hinlänglich, sie gegen schalkhafte Vermuthungen völlig sicher zu stellen. Auch Minerva hatte ihr Abenteuer mit dem hinkenden Vulkan; Luna das ihrige mit dem schönen Endymion; die schöne Io, Kallisto, Europa und zwanzig andre die ihrigen, die den reitzenden Stoff der Mahler und Dichter vermehren. Und erzählt uns nicht Ovid, wie wenig es gefehlt hätte, daſs sogar die ehrwürdige Vesta von dem gefährlichsten Liebhaber, den eine Spröde haben kann, überrascht worden wäre? 1) Überdieſs find' ich nirgends, daſs uns die geheimen Geschichtschreiber der Götter eine hinlängliche Nachricht geben, woher alle die kleinen Amoretten kommen, die in den Hainen von Pafos und Gnidos und Cythere, in gröſserer Anzahl als die Schmetterlinge in einem warmen Sommer, herum flattern. Der einzige

1) *Fastor. VI. Est multi ſabula plena joci*, sagt er; und zu seiner Ehre müssen wir gestehen, daſs er sie den Grazien selbst nicht anständiger hätte erzählen können.

Klaudian (wenn ich nicht irre) begnügt sich, ihnen überhaupt die Nymfen zu Müttern zu geben. 2) Sehen Sie, Danae, ob dieses genug ist, die Grazien frey zu sprechen, — wenn man anders Ursache haben könnte zu erröthen, so lieblichen kleinen Göttern als die Amoretten sind, das Daseyn gegeben zu haben. Doch, ich will Ihnen ohne Umschweife gestehen, was man sich am Hofe der Liebesgöttin in die Ohren geflüstert hat.

Erinnern Sie Sich des reitzenden Genius,

— Halb Faun, halb Liebesgott,
Der flatterhaft um alle Blumen scherzet,
Um alle buhlt, doch nur die schönsten herzet,
Und, daſs sein kleines Horn die Nymfen
nicht erschreckt,
Es unter Rosen schlau versteckt.

Ein Dichter, den Sie kennen, mahlte Hamiltons Geist unter diesem Bilde ab:

2) *Mille pharetrati ludunt in margine fratres,*
Ore pares, aevo similes, gens mollis Amorum.
Hos Nymphae pariunt —
De Nupt. Honorii et Mariae, v. 72.

aber dieses Bild ist kein Geschöpf der Fantasie, wie Sie vielleicht dachten; wirklich findet sich unter den Pafischen Göttern einer, der das Urbild davon war.

Unter den jungen Faunen, welche die Spielgesellen der Amoretten sind, war einer,

Der schönste kleine Faun!
Der je, statt an der Brust, am Nektarschlauch gesogen!
Ihm fehlten nur Flügel und Bogen,
So glaubtet ihr, Amorn zu schaun.
An einem Rosenzaun
Ward einst um ihn ein Nymfchen vom Schlafe betrogen;
Denn auch dem Schlaf ist nicht zu trau'n!

Dem schönen kleinen Faun
War alle Welt und Venus selbst gewogen;
Gefällig erzogen die Nymfen zu Gnid
Den holden Fündling auf; er hüpfte, scherzt' und lachte
Mit andern Amorn herum, und keine Seele dachte,

Daſs Art noch nie von Art sich schied.
Thalia selbst, der Grazien munterste, machte
Sich eine Freude daraus, so lang er Knabe noch war,
Den schönen jungen Wilden
Zum Amor umzubilden,
Sein kleines Horn zu vergülden,
Und Rosen zu flechten ins lockige Haar.

Wer hätte dem kleinen Faun zugetraut, daſs er fähig wäre, so viele Liebe mit — einer Art von Gegenliebe zu erwiedern, welche, die Wahrheit zu sagen, der Natur eines Fauns so gemäſs war, daſs man sich vielmehr wundern sollte, wie man ihm weniger zutrauen konnte?

Ich weiſs nicht, wie es kam; Göttinnen haben in gewissen Dingen besondre Vorrechte; man wurde nichts davon gewahr; — aber, ein allerliebstes kleines Geschöpf, in dessen Gestalt und Zügen ein seltsames Gemische von Leichtfertigkeit und Anmuth seinen zweydeutigen Ursprung verrieth, kam auf einmahl in den Hainen zu Gnid zum Vorschein. Mit süſser Bestürzung fand es Pasithea, da sie einst in einer Sommerlaube eingeschlafen war, beym Erwachen,

So zärtlich und bekannt,
Als wären sie verwandt,
Auf ihrem Busen spielen,
Und mit der kleinen runden Hand
In seinen Rosen wühlen.

Efeugleiches krauses Haar umkränzte
Seine breite Stirn', im schwarzen Auge glänzte
Süfser Trotz; die Mutter that der Mund,
Um und um von Reitz umflossen,
Hörnerchen, die aus den Locken sprossen,
Und der kühne Blick den Vater kund.

Mit tausend reitzenden Grimassen
Stahl ins Herz der kleine Gott sich ein,
Und schien ganz ausgelassen
Vor Freude, da zu seyn.

Der schöne Faun und ihre Schwester Thalia waren der erste Gedanke, den Pasithea hatte, da sie das kleine Mittelding von Faun und Grazie betrachtete. Sie eilte damit ihren Schwestern zu. Aber keine wollte wissen, woher er gekommen seyn könnte. Und doch, sagte Thalia lächelnd, sieht er so sehr in unser Geschlecht, dafs man wetten sollte, eine von uns müſst' ihm näher verwandt seyn als sie gestehen will.

Ein scherzhafter Streit erhob sich darüber unter den Grazien; eine schob ihn immer der andern zu, und machte gewisse Züge ausfündig, worin sie die eine oder die andre Schwester erkennen wollte. Ihr Lachen zog eine Menge von Amoretten und Nymfen herbey, die an dem kleinen Lustspiel Theil nahmen. Alle fanden den kleinen Gott unendlich liebenswürdig, aber keine wollte sich zu ihm bekennen. Sein Ursprung blieb eines von diesen Geheimnissen, die jedermann weiſs, und niemand zu wissen scheint.

Die Zärtlichkeit, womit, da sie allein sich hielt,
Thalia den kleinen Faun, der kindlich nach ihr blickte,
An ihren Busen drückte,
Verrieth sie einer Najade,
Die an des Cefeus Gestade
Zwischen den Binsen hervor geschielt.

Wollen Sie wissen, Danae, was aus diesem kleinen *Impromtu* der artigsten unter den Grazien geworden ist? Er wurde der Genius der Sokratischen Ironie, der Horazischen Satire, des Lucianischen Spottes.

Ėr lehrte Fänaretens Sohn 3)
Die Kunst, durch lauerndes Verstellen,
Der Narren, die vor Weisheit schwellen,
Der Gorgiassen, Stolz zu fällen;
Und dich, Horaz, den eleganten Ton,
Die Narren Roms, die Natta's, die
Metellen,
Die Kacius und Kupiennius,
Und zwanzig andere Narren in us
So fein zum Gegenstand von unserm Spott
zu machen,
Daſs selbst der Thor, indem wir ihn belachen,
Gern oder nicht uns lachen helfen muſs.

Den schönen Geistern neuer Zeiten
Scheint er nicht minder hold zu seyn.
Er gab den Lockenraub, den frommen
Verdverd ein,
Lieſs Mancha's Helden kühn mit Klappermühlen streiten,

3) Die Mutter des Sokrates hieſs Fänarete.

Den schönen Fakardin an Kristalinens Seiten,
Ein Spinnrad in der Hand, im Schlafrock, unversehrt
Durch funfzig Mohrensäbel schreiten,
Und meinen lieben Stern' auf seinem Stekkenpferd —
Poor Yorick! — sich zu Tode reiten.

Doch, Sie erwarten nicht, Danae, daſs ich Ihnen ein Verzeichniſs seiner Eingebungen aufschreibe; Sie wollen noch mehr von den geheimen Geschichtchen der Grazien erfahren. — Allein, was könnte ich Ihnen, nach dem was Sie bereits wissen, noch Unterhaltendes davon sagen? Wenn sie deren noch mehr gehabt haben, so müssen sie vermuthlich diesem ähnlich gewesen seyn.

Doch etwas hätte ich beynahe vergessen, das Ihnen vermuthlich unerwarteter ist, als alles andre was ich von meinen geliebten Göttinnen noch sagen könnte. Oder hätten Sie Sich wohl vorgestellt, daſs eine von den Grazien wirklich, in ganzem Ernste, verheirathet ist; so sehr im Ernste, daſs Juno selbst die Ehestifterin war?

„Verheirathet?“ — Nichts anders. — „Aber an wen?“ — O! gewiſs, Sie würden alle möglichen Götter rathen können, und den rechten doch verfehlen. Wenn wir nicht einen so unverwerflichen Zeugen vor uns hätten als Homer ist, wer würde sich einfallen lassen, eine Grazie an — den Schlaf zu verheirathen?

Doch, vielleicht stellen Sie Sich den Gott Schlaf nicht so liebenswürdig vor, als ihn die Griechischen Dichter und Künstler zu bilden pflegten. — Und warum sollten wir ihn unter einem weniger lieblichen Bilde denken, den holden Schlaf, ihn, der, eben so wohl als die Grazien und Amor selbst, unter die Wohlthäter des Menschengeschlechtes zu zählen ist?

Ihn, dessen magischer Duft
Ein süſses Vergessen der Sorgen
Auf unsre Stirne träuft, und uns mit jedem Morgen
In neues Daseyn ruft;
Ihn, dessen Gunst der Mann in Purpur gekleidet
Dem Mann am Pfluge, dem Sklaven beneidet;
Den holden Gott, der wenigstens bey Nacht

Des Glückes Eigensinn vergütet,
Und, wenn der Gram an goldnen Betten wacht,
Und Harpax seinen Schatz mit hohlen Augen
hütet,
Auf Stroh den Ärmsten glücklich macht?

Welcher Unglückliche findet nicht in ihm das Ende seiner Schmerzen? Und wer ist so sehr den Göttern gleich, um durch seinen Verlust sich nicht für elend zu halten?

Schlummert nicht, von Küssen müde,
Mit gesenktem Augenliede
Amor selbst an seinem Busen ein?
Ja, es würden (glaubt's Homeren!)
Selbst die Götter in den Sfären
Ohne ihn nicht selig seyn.

Genug, der Schlaf, den Sie Sich nun unter einem so angenehmen Bilde, als Sie immer wollen, denken mögen,

Mit krausem, gelbem Haar,
Und schlaffen, jugendlichen Zügen,
Schön, wie der Liebesgott, wenn er von seinen
Siegen

In Psychens Armen ruht, — wie Lunens Schläfer war,
Als er, in ihrem einsamen Vergnügen
Sie nicht zu stören, tief in süſsen Träumen lag;
Schön, wie die schönste Nacht nach einem Sommertag!

Er liebte Pasitheen,
Und Pasithea — zwar, sie wollte nichts gestehen,
Allein man wuſste doch, sie war ihm heimlich gut,
Wie itzo noch manch artig Mädchen thut.
Man sagt, er habe, bloſs sie länger anzusehen,
Sie oft bey hellem Tag auf Rosen eingewiegt,
Und von des Anblicks Reitz besiegt,
Indem er neben ihr gesessen,
Sich und sein Amt so sehr dabey vergessen,
Daſs allgemeine Agrypnie 4)
Die Sterblichen befiel. Vergebens riefen sie
Dem süſsen Schlaf. Die Hippokraten
Erschöpften fruchtlos Kunst und Müh;
Das Übel widerstand den stärksten Opiáten.
Es griff zuletzt sogar die Götter an,
Und Zevs, der sonst doch in den Schlummerstunden

4) Schlaflosigkeit.

Vor Junons Aug' und Zunge Ruh' gefunden,
Fand keinen Augenblick, den Schwan
Bey unsern Leden mehr zu machen,
Und spielte nun, aus bösem Muth, den Drachen.

Kurz, die ganze Natur kam aus ihrem Geleise, und ihren Untergang zu verhüten, muſste auf ein schleuniges Mittel gedacht werden, den Gott des Schlafs wieder einzuschläfern. Man fand kein zuverlässigeres, als ihn unverzüglich mit der schönen Pasithea zu vermählen. Die Hochzeit wurde in gröſster Stille vollzogen. Die Grazien führten die erröthende Braut an den Eingang seiner Grotte; in wenigen Minuten schlossen sich die Augen des kleinen flegmatischen Gottes, und die ganze Natur entschlief.

Ein so schläfriger Gemahl würde, wir gestehen es, nicht viele sterbliche Schönen glücklich machen, und vielleicht der sprödesten Tugend am gefährlichsten seyn. Nur die sanfteste unter den Grazien war dazu gemacht, einen Gemahl liebenswürdig zu finden, der, wenn ihre Küsse ihn weckten, kaum so lange wachte, um sie anzusehen, und vor Vergnügen — wieder einzuschlafen.

Gleichwohl sagt man, daſs die Welt der Vermählung des Schlafs mit der jüngsten Grazie diese süſsen Träume zu danken habe,

Wobey der keusche Sinn
Von Vesta's Priesterin,
Wenn sie zu früh erwacht,
Sich viel Gedanken macht,
Und doch aus Neubegierde —
Wie alles enden würde?
Der Wiederkunft der Nacht
Bey Tage schon entgegen gähnt,
Und sich nach ihrem Traume sehnt;

Die Träume, deren Scherzen
In einsamen Nächten die Schmerzen
Der jungen Wittwe betrügt,
Und unter günstigen Schatten
Den wieder gefundenen Gatten
In ihren Armen wiegt;

Kurz, Danae, im ganzen Träumereich
Die angenehmsten Träume,
Die, jungen Amorinen gleich,
Dich unter Myrtenbäume,
Und, wenn sie Zeugen spüren,

In stille Grotten führen,
Wo Amor lachend sich versteckt;
Dann Abends dich zum Baden
In laue Brunnen laden,
Wo, wenn der Freund der fliehenden Najaden,
Ein Faun, die dunkeln Büsche schreckt,
Dich Leda's Schwan mit seinen Flügeln deckt.

KOMISCHE ERZÄHLUNGEN.

DIANA UND ENDYMION.

DAS URTHEIL DES PARIS.

AURORA UND CEFALUS.

DIANA UND ENDYMION.

Eine scherzhafte Erzählung.

1762.

DIANA UND ENDYMION.

In jener dichterischen Zeit,
Mit deren Wundern uns der Amme Freundlichkeit
Durch manches Mährchen einst in süſsen Schlummer wiegte;
Als sorgenfreye Mäſsigkeit
Sich ohne Pflichten, ohne Streit,
Mit dem was die Natur freywillig gab, begnügte,
Kein Mädchen spann, kein Jüngling pflügte,
Und manches thunlich war, was Seneka verbeut;
Eh' noch der Stände Unterscheid
Aus Brudern Nebenbuhler machte,
Und gleiſsnerische Heiligkeit
Das höchste Gut der Sterblichkeit,
Den frohen Sinn, um seine Unschuld brachte;
Und kurz, in jener goldnen Zeit,

Als Mutter Isis noch, von keinem Joch entweiht,
Gesetze gab wodurch sie glücklich machte,
Die Welt noch kindisch war, und alles scherzt' und lachte:
In dieser Zeit lebt' einst auf Latmos Höh'n
Ein junger Hirt, wie Ganymedes schön,
Schön wie Narciſs, doch nicht so spröde,
Wie Ganymed, allein nicht halb so blöde.

So bald man weiſs, Endymion
War schön und jung, so denkt ein jedes schon
Daſs ihn die Mädchen gerne sahen;
Zum mindsten liefen sie nicht oft vor ihm davon,
Das läſst sich ohne Scheu bejahen.
Die Kronik sagt noch mehr, als ich
Den Musen selbst geglaubet hätte:
Sie buhlten, spricht sie, in die Wette
Um seine Gunst; sie stellten sich
Ihm wo er ging in Steg' und Wege,
Sie warfen ihm oft Blumen zu
Und flohn dann hinter ein Gehäge,
Belauschten seine Mittagsruh
Und guckten ob er sich nicht rege.
Man sagt, daſs er im Bad sogar

Nicht immer ohne Zeugen war;
Allein, wer kann so was beweisen?
Genug, der Tag begann die Stirne kaum zu weisen,
So wurde schon von mancher schönen Hand
Der Blumenflur ihr schönster Schmuck entwandt;
So putzte schon, dem Schäfer zu gefallen,
Im Hain, am Bache, sich der Nymfen ganze Schaar;
Die badet sich, die flicht ihr blondes Haar,
Die läſst es frey um weiſse Schultern wallen.

Herab gebückt auf flüssige Krystallen
Belächelt sich die schöne Damalis.
Wie vieles macht des Sieges sie gewiſs!
Ein Mund, der Küssen winkt, ein Lilienhals und Nacken,
Der Augen feuchter Glanz, die Grübchen in den Backen,
Ein runder Arm, und o! der Thron der Lust,
Die blendende, kaum aufgeblühte Brust!
Mit Einem Wort, nichts zeigt sich ihren Blicken,
Das nicht verdient selbst Götter zu berücken:
Sie sieht's und denkt, ob Leda ihrem Schwan

Mehr Reitzungen gewiesen haben kann?
Und zittert doch und wünscht: O fände mich
Endymion nur halb so schön als ich!

Die Schönheit wird mit Wunder angeblickt,
Doch nur Gefälligkeit entzückt.
War Juno nicht, war nicht Minerva schön,
Als Zevs den Paris ausersehn,
Den Streit der Schönheit zu entscheiden?
Man weiſs, sie lieſsen sich, um bösen Schein zu meiden,
Dem Richter ohne Röcke sehn.
Sehr lange lieſs der Hirt von einem Reitz zum andern
Die ungewissen Blicke wandern,
Und zehnmahl rief ein neuer Blick
Den schon gefaſsten Schluſs zurück.
Untadelig ist alles was sie zeigen;
Beysammen sind sie gleich, allein
Scheint jede reitzender zu seyn:
Was wird zuletzt des Schäfers Urtheil neigen?
Der Juno Majestät? der Pallas Würde? — Nein!
Die flöſsen nichts als Ehrfurcht ein;
Ein stärk'rer Reitz wird hier den Ausschlag geben müssen.

Sie, die so zaubrisch lächeln kann,
Cythere lacht ihn an — er fällt zu ihren Füſsen,
Und beut der Lächelnden den goldnen Apfel an.

Gefälligkeit raubt unserm Schäfer oft
Die Gunst, worauf umsonst die stolze Schönheit hofft.
Die blasse Schaar der halb verwelkten Wangen
Erwirbt durch zärtliches Bemühn,
Durch Blicke die an seinen Blicken hangen,
Und süſsen Scherz manch kleines Recht an ihn.
Wie eifern sie, ihm liebzukosen!
Die schmückt sein Lamm, die kränzt ihm Hut und Stab;
Der Lenz ward arm an Blüth' und Rosen,
Sie pflückten ganze Haine ab;
Sie wachten, daſs ihn nichts in seinem Schlummer störte,
Sie pflanzten Lauben hin wo er zu weiden pflag;
Und weil er gerne singen hörte,
So sangen sie den ganzen Tag.

Des Tages Lust schlieſst bis zum Sternenglanz
Manch muntres Spiel, und mancher bunte Tanz;

Und trennt zuletzt die Nacht den frohen Reih'n,
So schläft er sanft auf Rosenbetten ein.
Die Nymfen zwingt der keuschen Göttin Schein
Sich allgemach hinweg zu stehlen;
Sie zögern zwar, doch muſs es endlich seyn.
Sie geben ihm die Hand, die angenehmen Seelen,
Und wünschen ihm wohl zehnmahl gute Nacht;
Doch weil der Schlaf sich oft erwarten macht,
Bleibt Eine stets zurück, ihm Mährchen zu erzählen.

An Böses wurde nie von einem Theil gedacht.
Der Schäfer war vergnügt, das Nymfenvolk nicht minder;
In Unschuld lebten sie beysammen wie die Kinder,
Zu manchem Spiel, wobey man selten weint,
Den ganzen Tag, oft auch bey Nacht, vereint;
Und träumten (zum Beweis, daſs alles Unschuld war)
Nichts weniger als von Gefahr.

Der Nymfen schöne Königin
Erfuhr — man weiſs nicht wie — vielleicht von einem Faun
Der sie beschlich — vielleicht auch, im Vertrau'n,
Von einer alten Schäferin,
(Der, weil sie selbst nicht mehr gefiel,
Der Jugend eitles Thun miſsfiel)
Kurz, sie erfuhr das ganze Schäferspiel.

Man kennt den strengen Sinn
Der schönen Jägerin,
Die in der Götterschaar
Die gröſste Spröde war.
Kein Sterblicher, kein Gott vermochte sie zu rühren.
Was sonst die Sprödesten vergnügt,
Sogar der Stolz, selbst unbesiegt
Die Herzen im Triumf zu führen,
War ihrem gröſsern Stolz zu klein.
Sie zürnte schon nur angesehn zu seyn.
Bloſs, weil er sie vom Wirbel bis zur Nase
Im Bad erblickt, ward — Akton einst — ein Hase.[1])

1) Anspielung auf eine Stelle in Fieldings Tom Jones.

Dieſs Beyspiel flöſste selbst dem Satyr Ehrfurcht
ein.
Ihr schien ein Blick sie schon zu dreiste
anzufühlen;
Kein Zefyr wagt' es sie zu kühlen,
Und keine Blume schmückt' ihr Haar,
Die einst, wie Hyacinth, ein schöner Knabe
war;
Von Liebe nur im Schlaf zu sprechen
Hieſs bey Dianen schon ein strafbares Ver-
brechen:
Kurz, Männerhaſs und Sprödigkeit
Trieb selbst Minerva nicht so weit.

Man rathet leicht, in welche Wuth
Der Nymfen Fall sie setzen muſste!
Es tobt' ihr jungfräuliches Blut
Daſs sie sich kaum zu fassen wuſste.
So zornig sahn die guten Kinder sie
In einem andern Falle nie.
Kallisto lieſs sich doch von einem Gott
besiegen;
Das milderte die Schnödigkeit der That:
Doch einem Hirten unterliegen,
Wahrhaftig! dieſs war Hochverrath.

Ein fliegender Befehl citiert aus allen Hainen
Das Nymfenvolk persönlich zu erscheinen.
Sie schleichen allgemach herbey,
Und keine läuft daſs sie die erste sey.

Die Göttin steht an ihren Spieſs gelehnt,
Und sieht, mit einem Blick der ihren Kummer höhnt,
Im ganzen Kreise nichts als feuerrothe Wangen,
Und Augen die zur Erde niederhangen.
Hofft (spricht sie) nicht, durch Läugnen zu entgehn,
Man wird euch bald die Zunge lösen können;
Und werdet ihr nicht gütlich eingestehn,
So soll euch mir der Gott zu Delfi nennen.
Durch Zaudern wird die Schuld nicht gut gemacht:
Nur hurtig! jede von euch allen,
Die sich verging, laſs' ihren Schleier fallen!

Sie spricht's, und — ach! wer hätte das gedacht?
Die Göttin spricht's, und — alle Schleier fallen.

Man stelle sich den Lärmen vor
Den die beschämte Göttin machte,
Indeſs der lose Cypripor
Auf einer Wolke saſs und laut herunter lachte.
„Wie? rief sie voller Wuth empor,
(Und selbst die Wuth verschönert ihre Wangen)
Du, Wildfang, hast dieſs Unheil angestellt,
Und kommst noch gar damit zu prangen?
Zwar rühmst du dich, daſs alle Welt
Für ihren Sieger dich erkenne;
Daſs Vater Zevs sogar, so oft es dir gefällt,
Von unerlaubten Flammen brenne,
Und bald als Drache, bald als Stier,
Bald als ein böckischer Satyr,
Und bald mit Stab und Schäfertasche
Der Nymfen Einfalt überrasche.
Doch trotze nicht zu viel auf deine Macht!
Die Siege die dir noch gelungen
Hat man dir leicht genug gemacht;
Wer selbst die Waffen streckt, wird ohne Ruhm bezwungen.
Auf mich, auf mich die deine Macht verlacht,
Auf meine Brust laſs deine Pfeile zielen!
Ich fordre dich vor tausend Zeugen auf!
Sie werden sich vor halbem Lauf
In meinen feuchten Strahlen kühlen,

Und stumpf und matt um meinen Busen spielen.
Du lachst? — So laſs doch sehn, wie viel dein
Bogen kann,
Versuch's an mir, und sieg' — und lache dann!
Doch ständ' es dir, versichert, besser an,
Du kämst, statt Köcher, Pfeil und Bogen,
Mit einem — Vogelrohr geflogen.
Latonens Kindern nur gebührt
Der edle Schmuck, der deinen Rücken ziert.
Bald hätt' ich Lust dich wehrlos heimzu-
schicken,
Und, weil der Flug dich nur zur Schelmerey
verführt,
Dir deine Schwingen auszupflücken.
Doch flieh nur wie du bist; laſs meinen Hain
in Ruh,
Auf ewig flieh aus meinen Blicken,
Und flattre deinem Pafos zu!
Dort tummle dich auf Rosenbetten
Mit deinen Grazien, und spiele blinde Kuh
Mit Zefyrn und mit Amoretten!“

Diana spricht's. Mit lächelndem Gesicht
Antwortet ihr der kleine Amor — nicht:
Gelassen langt er nur, als wie von ungefähr,
Den schärfsten Pfeil aus seinem Köcher her;

Doch steckt er ihn, als hätt' er sich bedacht,
Gleich wieder ein, sieht Föben an und lacht.
Wie reitzend schminckt der Eifer deine Wangen!
(Ruft er, und thut zugleich als wollt' er sie umfangen)
Ich wollte dir wie Amors Wunde sticht
Ein wenig zu versuchen geben;
Allein, bey meiner Mutter Leben!
Es braucht hier meiner Pfeile nicht.
An Spröden, die mir Hohn gesprochen,
Hat mich noch allezeit ihr eignes Herz gerochen.
Drum, Schwesterchen, (doch unter dir und mir)
Was nützt der Lärm? er könnte dich gereuen.
Weit sichrer wär's, die kleine Ungebühr
Den guten Nymfen zu verzeihen.

Die Nymfen lächelten, und Amor flog davon.
Die Göttin zürnt, und rächt an ihnen
Des losen Spötters Hohn.
Unwürdige — mir mehr zu dienen,
(Spricht sie mit ernstem Angesicht)
Zur Strafe der vergeſsnen Pflicht
Hat euch mein Mond zum letzten Mahl geschienen.

So bald sein Wagen nur den Horizont besteigt,
Sey euch verwehrt im Hain herum zu streichen,
Bis sich des Tages Herold zeigt!
Entflieht mit schnellem Fuſs, die einen in die
Eichen,
Die übrigen zu ihren Urnen hin;
Dort liegt und schlaft, so lang ich Luna bin!
Sie spricht's, und geht die Drachen anzuspannen,
Die ihren Silberwagen ziehn,
Und die bestraften Nymfen fliehn
Mehr traurig als bekehrt von dannen.

Der Tag zerflieſset nun
Im allgemeinen Schatten,
Und alle Wesen ruh'n
Die sich ermüdet hatten.
Es schlummert Thal und Hain,
Die Weste selbst ermatten
Von ihren Buhlereyn,
Und schlafen unter Küssen
Im Schooſse von Narcissen
Und Rosen gähnend ein.
Der junge Satyr nur
Verfolgt der Dryas Spur;
Er reckt sein langes Ohr
Bey jedem leisen Zischen

Aus dem Gesträuch hervor,
Ein Nymfchen zu erwischen,
Das in den finstern Büschen
Vielleicht den Weg verlor.
Er sucht im ganzen Hain
Mit wohl zerzausten Füſsen;
Umsonst! der Göttin Dräun
Zwang sie, sich einzuschlieſsen;
Die armen Mädchen müssen
Für kürzre Nächte büſsen,
Und schlafen jetzt allein.
Dem Faun sinkt Ohr und Muth;
Er kehrt mit kühlerm Blut
Beym ersten Morgenblick
Zu seinem Schlauch zurück:
Er denkt, mich zu erhenken,
Da müſst' ich albern seyn;
Ich will die Liebespein
In süſsem Most ertränken!

Indessen schwebt der Göttin Wagen schon
Nah über jenem Ort, wo in des Geiſsblatts Schatten
Die Nymfen dir, Endymion,
Vielleicht auch sich, so sanft gebettet hatten.

Wie reitzend lag er da! — Nicht schöner lag Adon
An seiner Göttin Brust, die seinen Schlaf bewachte,
Mit liebestrunknem Blick auf ihren Liebling lachte,
Und still entzückt auf neue Freuden dachte;
Nicht schöner lag, durch doppelte Gewalt
Der Feerey und Schönheit überwunden,
Der wollustathmende Rinald
Von seiner Zauberin umwunden,
Als hier, vom Schlaf gebunden,
Endymion. — Gesteht, daſs die Gefahr
Nicht allzu klein für eine Spröde war!
Das Sicherste war hier — die Augen zuzumachen.

Sie thut es nicht, und warf, jedoch nur obenhin
Und blinzend, einen Blick auf ihn.
Sie stutzt und hemmt den Flug der schnellen Drachen,
Schaut wieder hin, erröthet, bebt zurück,
Und suchet mit verschämtem Blick
Ob sie vielleicht belauschet werde:
Doch da sie ganz allein sich sieht,

Lenkt sie mit ruhigerm Gemüth
Den Silberwagen sanft zur Erde;
Bückt sich, auf ihren Arm gestützt,
Mit halbem Leib heraus, und überläſst sich itzt
Dem Anschaun ganz, womit nach Platons Lehren
Sich in der andern Welt die reinen Geister
nähren.

Ein leicht beschattendes Gewand
Erlaubt den ungewohnten Blicken
Nur allzu viel — sie zu berücken.
Man sagt sogar, sie zog mit leiser Hand
Auch dieses weg — doch wer hat zugesehen?
Was sagt man nicht? — Und wär' es auch
geschehen,
So zog sie doch beym ersten Blick
Gewiſs die Hand so schnell zurück
Als jenes Kind, das einst im Grase spielte,
Nach Blumen griff, und eine Schlange fühlte.

Indessen klopft vermischt mit banger Lust
Ein süſser Schmerz in ihrer heiſsen Brust;
Ein zitterndes, wollüstiges Verlangen
Bewölkt ihr schwimmend Aug' und brennt auf
ihren Wangen.

Wo, Göttin, bleibt dein Stolz, die harte Sprödigkeit?
Dein Busen schmilzt wie Schnee in raschen Flammen!
Kannst du die Nymfen noch verdammen?
Was ihre Schuld verdient, ist's Tadel oder — Neid?

Die Neugier hat, wie Zoroaster lehrt,
Von Anbeginn der Weiber Herz bethört.
Man denkt, ein Blick, von ferne, von der Seiten,
Ein bloſser Blick, hat wenig zu bedeuten.
O! glaubet mir, ihr habt schon viel gethan:
Der erste Blick zieht stets den andern an;
Das Auge wird (so sagt ein weiser Mann)
Nicht satt vom Sehn, und Lunens Beyspiel kann
Uns hier, wie wahr er sagte, lehren.

Der Gegenstand, der Ort, die Zeit,
Wird die Entschuldigung der Göttin machen müssen.
Selbst ihre Unerfahrenheit
Vermindert ihre Strafbarkeit.
So neu sie war, wie kann sie wissen,

(Wie manche wissen's nicht!) daſs man
Vom Sehn sich auch berauschen kann?
Sie schaut, und da sie so, wie aus sich selbst gerissen,
So unersättlich schaut, kommt sie ein Lüstern an
Den schönen Schläfer gar — zu küssen.

Zu küssen? — Ja: doch, man verstehe mich,
So züchtig so unkörperlich,
So sanft, wie junge Zefyrn küssen;
Mit dem Gedanken nur
Von einem solchen Kuſs,
Wovon Ovidius
Die ungetreue Spur
Nach mehr als einer Stunde
(Laut seiner eignen Hand)
Auf seines Mädchens Munde
Und weiſsen Schultern fand.

Es kostet ihr, den Wunsch sich zu gestehen.
Sie lauscht und schaut sich um. Doch allgemeine Ruh
Herrscht weit umher im Thal und auf den Höhen.

Kein Blättchen rauscht. Itzt schleicht sie leis' hinzu,
Bleibt unentschlossen vor ihm stehen,
Entschlieſst sich, bückt sich sanft auf seine Wangen hin,
Die, Rosen gleich, in süſser Röthe glühn,
Und spitzt die Lippen schon, und itzt — itzt wär's geschehen,
Als eine neue Furcht (wie leicht
Wird eine Spröde scheu!) sie schnell zurücke scheucht.

„Sie möcht' es noch so leise machen,
So könnte doch der Schäfer dran erwachen.
Was folgte drauf? Sie müſste weiter gehn,
Ihm ihre Neigung eingestehn,
Um seine Gegenliebe flehn,
Und sich vielleicht — wer könnte das ertragen?
Vielleicht sich abgewiesen sehn —
Welch ein Gedanke! Kann Diana so viel wagen?
Bey einer Venus, ja, da möchte so was gehn!
Die giebt oft ungestraft den Göttern was zu spaſsen,
Und kann sich eh' im Netz ertappen lassen
Als ich, die nun einmahl die Spröde machen muſs,

Bey einem armen trocknen Kuſs.
Und wie? Er sollte mich zu seinen Füſsen sehn?
Dianens Ehre sollt' in seiner Willkühr stehn?
Wie? wenn er dann den Ehrfurchtsvollen machte,
(Man kennt der Schäfer Schelmerey)
Und meiner Schwachheit ohne Scheu
An einer Nymfe Busen lachte?
Wie würde die der Rache sich erfreun,
Und meine Schmach von Hain zu Hain
Den Schwestern in die Ohren raunen!
Die eine sprächs der andern nach,
Bald wüsten's such die Satyrn und die Faunen,
Und sängen's laut beym nächtlichen Gelach.
In kurzem eilte die Geschichte,
Vermehrt, verschönt, gleich einem Stadtgerüchte,
Bis zu der obern Götter Sitz,
Dem Momus, der beym Saft der Nektarreben
Die Götter lachen macht, und Junon's scharfem Witz
Beym Theetisch neuen Stoff zu geben."

Die Göttin bebt, erblaſst und glüht
Vor so gefährlichen Gedanken;
Und wenn sie dort die Neigung zieht,

So macht sie hier die Klugheit wanken.
Man·sagt, bey Spröden überzieh'
Die Liebe doch die Vorsicht nie.
Ein Kuſs mag freylich sehr behagen,
Doch ist's am Ende nur ein Kuſs;
Und Freuden, wenn man zittern muſs,
Sind doch (was auch Ovide sagen)
Für Schönen nicht gemacht, die gerne — sicher gehn.
Schon fängt sie an, nach ihrem Drachenwagen
Unschlüssig sich herum zu drehn;
Schon weicht ihr scheuer Fuſs — doch bleibt er wieder stehn;
Sie kann den Trost sich nicht versagen,
Nur Einmahl noch (was ist dabey zu wagen?)
Den schönen Schläfer anzusehn.

„Noch einmahl? ruft ein Loyolist:
Und heiſst denn das nicht alles wagen?“
Vielleicht; doch ist es, wie ihr wiſst,
Genug, die Göttin los zu sagen,
Daſs sie es nicht gemeint. Die Frist
War allzu kurz euch Raths zu fragen;
Und überdieſs, vergönnet mir zu sagen,
Daſs Pater Eskobar auf ihrer Seite ist.

Vorsichtig oder unvorsichtig,
Uns gilt es gleich; genug, so viel ist richtig,
Sie bückte sich noch einmahl hin, und sah
(Doch mit dem Vorsatz ihn auf ewig dann zu fliehen)
Den holden Schläfer an. — Betrogne Cynthia!
Schon kann sie ihm den Blick nicht mehr entziehen,
Und bald vergiſst sie auch zu fliehen.
Ein fremdes Feuer schleicht durch ihren ganzen Leib,
Ihr feuchtes Aug' erlischt, die runden Knie erbeben,
Sie kennt sich selbst nicht mehr, und fühlt in ihrem Leben
Sich itzt zum ersten Mahl — ein Weib.

Erst lieſs sich ihr Gelust mit Einem Kusse büſsen,
Itzt wünscht sie schon — sich satt an ihm zu küssen;
Nur macht sie stets die alte Sorge scheu.
Diana muſs sich sicher wissen,
Und wird ein wenig Feerey
Zu brauchen sich entschlieſsen müssen.

Es wallt durch ihre Kunst
Ein zauberischer Dunst,
Von Schlummerkräften schwer,
Um ihren Liebling her.
Er dehnt sich, streckt ein Bein,
Und schläft bezaubert ein.
Sie legt sich neben ihn
Aufs Rosenlager hin,
(Es hatte, wie wir wissen,
Für eine Freundin Raum)
Und unter ihren Küssen
Den Schlaf ihm zu versüſsen
Wird jeder Kuſs — ein Traum.

Ein Traumgesicht von jener Art,
Die oft, trotz Skapulier und Bart,
Sankt Franzens fette Serafinen
In schwüler Sommernacht bedienen;
Ein Traum, wovor, selbst in der Fastenzeit,
Sich keine junge Nonne scheut;
Der (wie das fromme Ding in seiner Einfalt denket)
Sie bis ins Paradies entzückt,
Mit einem Strom von Lust sie tränket,
Und schuldlos fühlen läſst was nie ihr Aug' erblickt.

Ob Luna selbst dabey was abgezielet;
Ob ihr das schelmische Gesicht,
Kupido, einen Streich gespielet; —
Entscheidet die Geschichte nicht.
Genug, wir kennen die und den,
Die gerne nie erwachen wollten,
Wenn sie Äonen lang so schön
Wie unser Schäfer träumen sollten.

Was Jupiter als Leda's Schwan
Und als Europens Stier gethan,
Wie er Alkmenen hintergangen,
Und wie der hinkende Vulkan
Sein Weibchen einst im Garn gefangen;

Wie stille Nymfen oft im Hain
Dem Faun zum Raube werden müssen;
Wie sie sich sträuben, bitten, dräun,
Ermüden, immer schwächer schreyn,
Und endlich selbst den Räuber küssen;

Des Weingotts Zug, und wie um ihn
Die taumelnden Bacchanten schwärmen,
Wie sie von trunkner Freude glühn,
Und mit den Klapperblechen lärmen;
Sie wiehern laut ihr Evoe!

Es hallt zurück vom Rhodope;
Der Satyr hebt mit rasender Geberde
Die nackte Mänas in die Höh,
Und stampft in wildem Tanz die Erde.

Ein sanfter Anblick folgt dem rohen Bacchanal.
Ein stilles, schattenvolles Thal
Führt ihn der Höhle zu, wo sich die Nymfen baden;
Diana selbst erröthet nicht,
(Man merke, nur im Traumgesicht,
Und von geschäftigen Najaden
Fast ganz verdeckt) von ihm gesehn zu seyn.
Welch reitzendes Gewühl! Es scheint vom Wiederschein
So mancher weifsen Brust, die sich im Wasser bildet,
So manches goldnen Haars, die Flut hier übergüldet,
Dort Schnee im Sonnenglanz zu seyn.
Sein trunknes Auge schlingt mit gierig offnen Blicken
So viele Reitzungen hinein,
Er schwimmt in lüsternem Entzücken
Und wird vor Wunder fast zum Stein.

Man glaubt, daſs Cynthia hierbey
Nicht ungerührt geblieben sey.
So süſs auch Küsse sind, wenn wir Tibulle hören,
So haſst doch die Natur ein ewig Einerley:
Beym Nektartisch und beym Koncert der Sfären
Sind Götter selbst nicht stets von langer Weile frey.
Zum mindsten sagt's Homer. Wie wird denn, satt von Küssen,
Diana sich zu helfen wissen?
Sie that, (so sagt ein Faun, der sie beschlichen hat)
Was Platons Penia im Göttergarten that.
Was that denn die? — wird hier ein Neuling fragen?
Sie legte — Ja doch! nur gemach!
Schlagt euern Plato selber nach;
Es läſst sich nur auf Griechisch sagen.

DAS URTHEIL DES PARIS.

Eine scherzhafte Erzählung nach Lucian 1764.

DAS URTHEIL DES PARIS.

Aus dreyen reitzenden die Schönste auszuwählen,
Fand *Aristipp*, ein weiser Mann, nicht leicht:
Er guckte lang, und sich an keiner zu verfehlen
Erwählt' er alle drey; unweislich, wie mich däucht.
Der Mann verstand sich nicht auf Weiberseelen;
Sein Grund hält wenigstens nicht Stich.
Ein Kenner, Ihr, *Herr Leser*, oder ich,
Wir hätten uns um Eine doch von dreyen
Durch unsre Wahl verdient gemacht,
Anstatt, wie er, mit allen dreyen
Uns ohne Vortheil zu entzweyen.

Just so wie wir hat Paris einst gedacht,
Als ihm den goldnen Preis der Schönsten zuzusprechen
Ein Götterwink zur Pflicht gemacht.
Anstatt den Kopf sich lange zu zerbrechen,
Erklärt' er sich, um eine hübsche Nacht,
Für die gefällige Cythere.
Freund Lucian, der Spötter, sagt uns zwar
Von diesem Umstand nichts; doch, wär' er auch nicht wahr,
So macht' er doch dem Witz des Richters Ehre.

Wer kennt ihn nicht, den Spötter Lucian?
Wer bey ihm gähnt, der schnarchte wohl am Busen
Cytherens beym Gesang der Musen.
Daſs niemand feiner scherzen kann,
Daſs er ein schöner Geist, ein Kenner,
Ein Weltmann war, gesteht ihm jeder ein;
Doch wünschen Tillemont und andre wackre Männer
Mit gutem Fug, er möchte frömmer seyn.
Was uns betrifft, die gern Sokratisch lachen,
Uns dient er oft zum wahren Äskulap;
Er treibt die Blähungen der Seele sanft uns ab,

Und weiſs die Kunst, mit Lächeln oder Lachen
Uns klüger oft, vergnügter stets zu machen:
Und das ist mehr, gesteht's, als mancher groſse Mann
In Folio und Quarto leisten kann.
Um euch aus ihm für dieſsmahl zu erbauen,
Erzähl' ich euch den Streit der schönen Götterfrauen.

Sie flammte noch, von Eris angeschürt,
Die Fehde, ohne die Fürst Priam unbezwungen,
Achillens Zorn und Hektor unbesungen,
Herr Menelas am Vorhaupt ungeziert,
Und seine schöne Frau, zu ihrer gröſsern Ehre,
Uns unbekannt geblieben wäre;
Der Zank, der Götter selbst in Hochzeitfreuden stört,
Und wahrlich nicht um Kleinigkeiten;
Nicht was die Linien im Buch Ye-kin bedeuten?
Ob Dudeldum, ob Dudeldey
Der Musen gröſsrer Günstling sey?
Ob Käuzchen oder Eule besser singe?
Nicht ob das erste Huhn am Anfang aller Dinge

Vor oder nach dem ersten Ey
Gewesen, noch wie hoch ein Floh im Dunkeln springe?
Nicht wie Saturn zu seinem Ringe,
Noch wie der Mann im Mond zum Mond gekommen sey?
Göttinnen machten auch um nichts so viel Geschrey
Wie Filosofen und — wie Kinder!
Der Streit betraf nicht mehr noch minder
Als — wer die Schönste sey?

Um diesen Preis kann man zu viel nicht wagen.
Die Damen schreyen nicht allein:
Das Nymfenvolk aus Flüssen, Meer und Hain
Hat auch zur Sache was zu sagen;
Die Zofen kriegten sich bereits beym goldnen Haar,
Und kurz, es war nicht weit vom Schlagen,
Als Vater Zevs, dem hier nicht wohl zu Muthe war,
Weil alle stürmend in ihn dringen
Ihm seinen Ausspruch abzuzwingen,
Sich glücklich einer List besann.

Er spricht: Man weiſs, daſs ich, als dieser Göttin Mann
Und jener Zwey Papa, nicht gültig sprechen kann;
Denn (was auch unsre Priester sagen)
Parteylichkeit steht Göttern übel an.
Zum Richter weiſs ich euch nur Einen vorzuschlagen
Der tauglich ist: er ist aus Ilion,
Ein junger Hirt, wiewohl ein Königssohn;
Schön wie der Tag, geübt in solchen Fragen,
Ein Dilettante und zugleich
Ein Kenner, kurz ein Mensch von ungemeinen Gaben.
Der, Kinderchen, der ist der Mann für euch!
Ihr könnet wider ihn nichts einzuwenden haben.
Doch redet frey, denn mir gilt alles gleich.

Meinthalben (spricht mit hohem Selbstvertrauen
Saturnia) mag Momus Richter seyn!

Und ich, fällt Cytherea ein,
Ich rühme mich zwar nicht so hoher Augenbrauen,

Doch laſs' ich mir vor keiner Prüfung grauen:
Ist Paris nur nicht blind, so hat's wohl keine Noth.

Minerva schweigt und läſst ihr Köpfchen schmollend hangen.
Und du, spricht Zevs, indem er in die Wangen
Die Tochter freundlich kneipt, du schweigest und wirst roth?
Doch, Jungfern machen's so, wenn von dergleichen Sachen
Die Rede ist: ihr Schweigen gilt für Ja.
Wohlan, Merkur steht schon gestiefelt da;
Ihr könnt euch auf die Reise machen.
Vergeſst die Hüte nicht; der Tag ist ziemlich heiſs,
Und, wie ihr wiſst, macht Sonnenschein nicht weiſs.

Das Reiseprotokoll, und was sie auf den Straſsen
Gesehn, gehört, geschwazt, das will ich euch erlassen.
Man hebt den einen Fuſs, man setzt den andern hin,

Und kommt, wie Sancho sagt, dabey doch immer weiter;
Auch kürzt den Weg der aufgeweckte Sinn
Von ihrem schwebenden Begleiter.
Der ganze Kor der Götter wird
Von Glied zu Glied anatomiert;
Man steigt herab zu Faunen und Najaden;
Selbst von den Grazien die im Kocyt sich baden
Wird viel erzählt, vielleicht auch viel erdacht,
Das ihnen nicht die gröſste Ehre macht;
Nur der Erweisungslast will niemand sich beladen.

Inzwischen langt die schöne Karawan'
Bey guter Zeit am Fuſs des Ida an.
Man weiſs, daſs Götter nicht wie Deputierte reisen.
Der Berg war hoch, mit Busch und Holz bedeckt,
Und im Gesträuch der krumme Pfad versteckt.
Hier könnte Venus uns den Weg am besten weisen,
Fängt Juno an: des Orts Gelegenheit
Muſs ihr noch aus Achisens Zeit
In frischem Angedenken liegen.
Es hieſs, (vielleicht aus bloſsem Neid)

Sie sey auf Ida oft zu ihm herab gestiegen,
Und hab' ihm da, nach Nymfenart geschürzt,
Als Jägerin die Zeit verkürzt.

Dein Spott, versetzt Idalia mit Lachen,
Kann, glaube mir, mich niemahls böse machen;
Man weiſs doch wohl — Die Damen (fällt Merkur
Sehr weislich ein) geruhen sämmtlich nur
Mir nachzugehn; das ganze Frygerland
Und Ida sonderlich ist mir genau bekannt.
Ich ward, eh' Ganymed ein Amt im Himmel fand,
Vom Jupiter so oft hierher gesandt,
Daſs ich den Weg im Dunkeln finden wollte.
Ich geh' voraus — Schon öffnet sich der Hain:
So viel ich hier die Gegend kenne, sollte
Der Richter nicht mehr weit — Seht ihr auf jenem Stein,
Dort wo die Ziege grast, den schönen Hirten sitzen?
Unfehlbar wird es Paris seyn —
Er ist's, beym Styx! Der wird die Ohren spitzen,
Wenn er erfährt was unsre Absicht ist!

Ich red' ihn an — Sey mir gegrüſst,
Du junger Hirt! — „Ihr auch, mein hübscher Herr!
Was führet euch in diese wilden Höhen?
Und jene Mädchen dort, die bey der Eiche stehen?
Wer sind sie? Schön, beym Jupiter!
So schöne hab' ich nie gesehen.
Die schwitzten wohl nicht oft im Sonnenschein!
Sie übertreffen ja die Schwanen selbst an Weiſse!
Es müssen — ja, so wahr ich Paris heiſse!
Es müssen Feen seyn!"

Nah zu, mein Freund! Du kannst dich glücklich preisen,
Der ganze Himmel hat nichts schöners aufzuweisen.
Göttinnen sind's — „Göttinnen? nun, beym Pan!
Das dacht ich gleich, ich sah es ihnen an;
Doch sind's die ersten die ich sehe."

Versichre dichs, wir kommen aus der Höhe;
Du siehst Gesichter hier wie man dort oben trägt:

Sie haben nur die Strahlen abgelegt,
Die, wie du weiſst, sonst Götterköpfe schmücken,
(Denn diese könntest du nicht ungestraft erblicken)
So thun sie nichts. Gieb nur auf alles Acht!
Die Groſse hier, die über alles raget,
Hat Jupiter vorlängst zu seiner Frau gemacht.
Doch siehst du selbst, der Morgen wenn es taget
Ist kaum so frisch; das macht der Götterstand!
Die vollste Rose prangt nicht prächtiger am Stocke!
Die andre dort, im krieg'rischen Gewand
Mit Helm und Sper, wird Pallas zubenannt;
Und diese da, im leichten Unterrocke,
Mit offner Brust, die unterm Spitzenrand
Des kleinen Huts hervor so schalkhaft nach uns schielet,
Ist (wenn dein Herz sie nicht bereits gefühlet)
Dem Nahmen nach als Venus dir bekannt.
Was zitterst du? Sey ohne Grauen!
Göttinnen, glaub' es dem Merkur,
Sind eine gute Art von Frauen;
Ihr hoher Stolz sitzt in der Miene nur.
Du kennst sie nun: betrachte sie genau;

Denn Zevs verlangt, nach vorgenommner Schau,
Den Ausspruch, welche dir die Schönste däucht, von dir.
Der Preis des Wettstreits ist der goldne Apfel hier.
Die Aufschrift sagt: Die Schönste soll mich haben.
Nun steht's bey dir, die Schönste zu begaben.

Der junge Hirt, zückt, da er dieses hört,
Die Achseln, und versetzt: Herr Hermes, wie ich höre,
Erweiset Jupiter mir allzu viele Ehre.
Ich bin, beym Pan! nicht so gelehrt,
Zum wenigsten nicht daſs ichs wüſste;
Auch seh' ich nicht woher mir's kommen müſste:
Ich bin ein Hirt, der nichts gesehen hat
Als Küh' und Schafe, Fichten, Eichen,
Und Mädchen, die — nicht diesen gleichen.
Dergleichen Fragen sind für Leute in der Stadt.
Fragt mich, ob diese junge Ziege,
Ob jene schöner sey, das weiſs ich auf ein Haar.
Von euern Mädchen hier thut jede mir Genüge.
Sie sind ja alle schön und schlank und glatt,

Die Schönste, denk' ich, ist die man gerade hat:
Und also, weil mir alle drey gefallen,
So geb' ich euern Apfel — allen.

Das geht nicht an, versetzt ihm Majens Sohn:
Du kommst hier nicht so leicht davon!
Zevs will du sollst als Richter sprechen;
Und was er will ist ein Gesetz,
Das ungestraft wir Götter selbst nicht brechen.

Nun, rief Saturnia, wenn endet das Geschwätz?
Die Herren wissen schlecht zu leben;
Man läſst uns stehn und schwatzt! — Wohlan, versetzt der Hirt,
Zevs will; ich muſs mich schon ergeben;
Man sagt uns, daſs durch Widerstreben
Nicht viel an ihm gewonnen wird.
Doch müſst ihr mir die Hand drauf geben,
Daſs, weil doch Eine nur die Schönste heiſsen kann,
Der andern keine mich deſshalb befeinden wolle;
Sonst dank' ich für die Richterrolle;
Mich ficht der Ehrgeitz gar nicht an.

„Wir schwören dir's beym Styx!“ — Wohlan!
So tretet her, und stellt euch an einander.
Den Kopf zurück! — So! so! Beym grofsen Pan!
Die Schönste, die ich jemahls im Skamander
In Sommernächten baden sah,
War gegen diese da — ein Affe!
Doch, lieber Herr Merkur, ich bitte, macht mich klug;
Mir fällt, indem ich sitz' und gaffe,
Ein Zweifel ein. Ist's denn auch schon genug,
Sie so gekleidet zu betrachten?
Mich däucht, wenn sie sich leichter machten,
Diefs sicherte mein Urtheil vor Betrug.

„Das steht bey dir: man kann dem Richter nichts verwehren
Was dienen kann sein Urtheil aufzuklären.“

Nun wohl, fährt Paris fort, und schneidt ein Amtsgesicht;
So sprech' ich denn, wozu mich Amt und Pflicht
Ohn' Ansehn der Person verbindet:
Weil, wie bekannt, sich zwischen Hals und Fufs

Verschiednes eingehüllt befindet
Das in Betrachtung kommen muſs,
Und das Apollo selbst durch Rathen nicht ergründet,
So zeigt euch alle drey *in Naturalibus!*

Wie, meinst du, würden unsre Weiber
Zu einem solchen Antrag schrey'n?
Der Aufruhr wär' unfehlbar allgemein.
Das gingen sie in Ewigkeit nicht ein!
Sie sollten ihre heil'gen Leiber
Vor Männeraugen so entweihn?
Sich kritisch untersuchen lassen,
Ob nichts zu groſs, ob nichts zu klein,
Zu lang, zu kurz? ob alle Theile fein
Symmetrisch in einander passen,
Durch ihre Nachbarschaft einander Reitze leihn,
Schön an sich selbst, im Ganzen schöner seyn?
Auch ob ihr Fell durchaus so rein
Und glatt und weiſs wie ihre Hände?
Kein schwarzer Fleck, kein stechend Bein
Den weichen Alabaster schände;
Und kurz im ganzen Werk, von Anfang bis zu Ende,
Der Kunst gemäſs, auch alles edel, frey,
Untadelig, und rund und lieblich sey?

Das thäten sie (ich rede nicht von allen)
Dem Amor selbst nicht zu Gefallen.
Gut! Aber mehr Entschlossenheit
Fand Paris bey den Götterfrauen.
Sie zeigten ihm ein edles Selbstvertrauen,
Und keine Spur von Furchtsamkeit.
Nur Pallas schlägt die Augen züchtig nieder,
Wie Jungfern ziemt; sie sträubt sich lange noch,
Da Juno schon gehorcht, und hofft, man lafs' ihr doch
Zum wenigsten — ein Röckchen und ihr Mieder.

„Ein Röckchen? Ey, das wäre fein!
Des Richters Ernst geht keine Klauseln ein.
Nur hurtig! zieht euch ab! Was seyn soll mufs geschehen!
Ruft Hermes. Mich darf keine scheu'n;
Ich werd' indefs bey Seite gehen."

Kaum ist er weg, so steht schon Cypria,
Voll Zuversicht in diesem Streit zu siegen,
In jenem schönen Aufzug da,
Worin sie sich (das lächelnde Vergnügen
Der lüsternen Natur) dem leichten Schaum entwand,

Sich selbst zum ersten Mahl voll süſsen Wunders fand,
Und im Triumf auf einem Muschelwagen
An Pafos reitzendes Gestad
Von frohen Zefyrn hingetragen,
Im ersten Jugendglanz die neue Welt betrat:
So steht sie da, halb abgewandt,
(Wie zu Florenz) und deckt mit einer Hand,
Erröthend, in sich selbst geschmieget,
Die holde Brust, die kaum zu decken ist,
Und mit der andern — was ihr wiſst.
Die Zaubrerin! Wie ungezwungen lüget
Ihr schamhaft Aug'! und wie behutsam wird
Dafür gesorgt, daſs Paris nichts verliert!

Auch Junons Majestät bequemt sich allgemach
Zu dem was, ohne solche Gründe,
Sie ihrem Manne, selbst im ehlichen Gemach,
Noch niegestattet hat, noch jemahls zugestünde.
Gewandlos steht sie da. Nur Pallas will sich nicht
Von ihrem Unterrocke scheiden,
Bis Paris ihr zuletzt verspricht,
Wenn sie noch länger säumt, sie selber auszukleiden.

Nun ist's geschehn! — „O Zevs, ruft er entzückt,
O laſs mich ewig hier wie eine Säule stehen,
Und, lauter Auge, nichts als diesen Anblick sehen!
Mehr wünsch' ich nicht.“ Kaum ist der Wunsch geschehen,
So schlieſset sich, von so viel Glanz gedrückt,
Sein Auge zu, und, fast erstickt
Vom Übermaſs der Lust, schnappt er mit offnem Munde
Nach kühler Luft. Doch wird er unvermerkt
Durch jeden neuen Blick zum folgenden gestärkt;
Er schaut, und schaut fast eine Viertelstunde,
Und wird's nicht satt. — „Was fang' ich nun, o Pan!
(Ruft er zuletzt) mit diesem Apfel an?
Wem geb' ich ihn? Bey meinem Amtsgewissen!
Ich kann, je mehr ich schau', je minder mich entschlieſsen.
Der wollusttrunkne Blick verirrt,
Geblendet, taumelnd und verwirrt,
In einer See von Reitz und Wonne.
Die Groſse dort glänzt wie die helle Sonne;
Vom Haupt zum Fuſs dem schärfsten Blick
Untadelig, und ganz aus Einem Stück;

Zu königlich, um einen schlechtern Mann
Als den der donnern kann
An diese hohe Brust zu drücken!
Der Jungfer hier ist auch nichts vorzurücken.
Beym Amor, hätte sie mir nicht
So was — wie nenn' ichs gleich? was Trotzigs im Gesicht,
Ich könnte wohl ins Loos, ihr Mann zu seyn, mich schicken.
Doch dieser Lächelnden ist gar nicht zu entgehn!
Man hielte sie, so obenhin besehn,
Für minder schön; allein beym zweyten Blicke
Ist euer Herz schon weg, ihr wiſst nicht wie,
Und hohlt mir's, wenn ihr könnt, zurücke!
Mir ist, vom Ansehn schon, ich fühle sie,
So groſs sie ist, bis in den Fingerspitzen:
Was wär' es erst" —

Nun, ruft Saturnia,
Was sollen hier die Selbstgespräche nützen?
Wir sind nicht für die lange Weile da.
Ihr werdet doch, wenn's euch beliebt, nicht wollen
Daſs wir, bis man sich müd' an uns gesehn,
In einem solchen Aufzug stehn

Und uns den Schnupfen hohlen sollen?
Es ist hier kühl! —

„Frau Göttin, nur Geduld!
Wir wollen uns nicht übereilen;
Und müfstet ihr bis in die Nacht verweilen,
So seyd so gut, und gebt euch selbst die Schuld.
Wer hiefs euch um den Vorzug streiten,
Und mich zum Richter ausersehn?
Mein Platz, ich will's euch nur gestehn,
Hat seine Ungemächlichkeiten;
So viele Augenlust wird mir zuletzt zur Qual.
Mehr sag' ich nicht — Doch kurz, so ist die Wahl
Unmöglich! Eine mufs sich nach der andern zeigen!
Seht wie ihr euch indefs die Zeit vertreibt;
Ihr tretet ab, und diese bleibt:
Doch müfst ihr euch nicht gar zu weit versteigen."

Wie viel der kleine Umstand thut,
Nicht ganz allein (denn das ist niemahls gut)
Doch ohne Zeugen seyn, ist nicht genug zu sagen.
Die Einsamkeit macht einem Nönnchen Muth;
Und Schäfern, die sonst, blafs und stumm, den Hut

In beiden Händen drehn, an ihren Fingern nagen,
Mit offnem Munde kaum gebrochne Sylben wagen,
Und, wenn die Sylvien sich gleich fast heiser fragen
Was ihnen fehlt? und durch ihr Lächeln sagen:
Wie, blöder Hirt, was hält dich noch zurück?
Verspricht dir denn mein nachsichtsvoller Blick
Nicht alles zu verzeihn? — sich noch mit Zweifeln plagen;
Selbst dieser Blöden schwachen Muth
Verkehrt sie oft in ungestüme Wuth,
Und heiſst sie plötzlich alles wagen.
Sie stärkt das Haupt, sie giebt den Augen Gluth,
Und Munterkeit den Lebensgeistern,
Den schwächsten Armen Kraft Heldinnen zu bemeistern,
Und selbst den Weisen Fleisch und Blut.

Saturnia, die mit verschränkten Armen
Euch kurz zuvor wie eine Säule stund,
Ist kaum allein, (errathet mir den Grund)
So sieht der Hirt den Marmor schon erwarmen,
Den schönen Mund, die Wangen frischer blühn,
Die weiſse Brust, die Alabaster schien,
Mit Rosen sich auf einmahl überziehn,
Und sanft, wie leicht bewegte Wellen

Mit denen Zefyr spielt, sich jeden Muskel schwellen,
Kurz jeden Reitz im schönsten Feuer glühn.

Ha, rief der Hirt, da sie so plötzlich sich beseelte,
Nun merk' ich erst was Euer Gnaden fehlte!
Ich fühlt' es wohl, und wuſste doch nicht was?
Ich stand erstaunt, und blieb euch kalt wie Erde;
Nun seh' ich wohl, es war nur das!
Jetzt sorg' ich nur, daſs ich zu feurig werde.

Ein allzu günstiges Geschick
(Spricht sie mit Majestät) enthüllt vor deinem Blick
Was, seit die Sfären sich in ihren Angeln drehen,
Kein Gott so unverhüllt gesehen.
Was zögerst du? Was hält dich noch zurück
Den goldnen Preis mir zuzusprechen?
Der kleinste Zweifel ist, seit du mich sahst, Verbrechen.
Gieb mir was mir gebührt, und von dem Augenblick
Ist nichts zu groſs für deine Ruhmbegierde!
Der Juno Gunst gewährt dir jedes Glück,
Den Thron der Welt, ja selbst die Götterwürde!

Den Thron der Welt? — Frau Göttin, wenn ihr's mir
Nicht übel nehmt, mich reitzt ein Thron nur wenig.
Was mangelt mir zum frohen Leben hier?
Hier bin ich frey, und das ist mehr als König.
Ihr zählet, seh' ich, mehr auf meine Ruhmbegier
Als euern Reitz, den Apfel zu erlangen:
Doch wenn ihr wolltet, könntet ihr
Mit weniger mich weit gewisser fangen.
Ihr seyd sehr schön, — so schön! — (die andern sind doch fort?)
Daſs unser einer — Kurz, ihr merkt doch was ich möchte?
Mehr sag' ich nicht! — Frau Jupitrin, ich dächte,
So eine kluge Frau verständ' aufs halbe Wort!
Nun, wie so stumm? Bey unsern Schäferinnen
Heiſst Schweigen, ja: ich denke dieser Brauch
Gilt in der andern Welt bey euers gleichen auch.
Die Zeit vergeht, was nützt so viel Besinnen?
Komm, schöne Frau, ich will nicht geitzig seyn!
Drey Küsse nur! dem rothen Mäulchen einen,

Und auf die Backen zwey, so ist der Apfel dein.
Das ist doch wohlfeil, sollt' ich meinen?
Du giebst mir wohl noch selber einen drein.

Wie? fällt ergrimmt die stolze Göttin ein:
Verwegner, darfst du dich entblöden
Mit mir, des Donnerers Gemahlin, so zu reden?
Gieb her! Der Apfel ist kraft seiner Aufschrift mein.
Gieb, oder zittre, Staub, vor einer Göttin Rache!

He! sachte, wenn ich bitten darf,
(Fällt Paris ein) zum Wetter! nicht so scharf!
Ein Kuſs ist wohl so eine groſse Sache!
Am Ende kommt mir's auch auf einen Kuſs nicht an:
Meint ihr, es sey zu viel für mich gethan,
So muſs ich mir's gefallen lassen.
Ihr glaubtet mich beym schwachen Theil zu fassen;
Allein ein Richter soll nicht auf Geschenke sehn:
Es wird was Rechtens ist geschehn.
Wir wollen nun die Blonde kommen lassen!

Er ruft wohl siebenmahl, bis Pallas sich bequemt
Aus ihrem Busch hervor zu steigen:
Das edle Fräulein war mit gutem Fug beschämt
Sich einer Mannsperson in solcher Tracht zu zeigen.
Auch schien sie in der That ihr gar nicht anzustehn.
Man mufste sie in Stahl, mit Helm und Lanze,
Beym Ritterspiel, beym kriegerischen Tanze,
Mit Mars und Herkules ein Trio machen sehn;
Da wies sie sich in ihrem wahren Glanze.
Allein zur Kunst der feinen Buhlerey,
Der Kunst aus hinterlist'gen Blicken
Zum Herzenfang ein Zaubernetz zu stricken,
Zu losem Scherz und holder Tändeley,
Besafs die Göttin kein Geschicke.
Wir wünschen ihr zu ihrer Unschuld Glücke:
Doch hätt' ein wenig Freundlichkeit
Und was wir sonst an Mädchen Seele nennen,
Für dieses Mahl ihr wenig schaden können.

Nun? Jungfer, wie? Was soll die Schüchternheit?
(Spricht unser Hirt, und nimmt sich ungescheut

Die Freyheit, sie beym runden Kinn zu fassen)
Mir wär' an Ihrem Platz nicht leid,
Mich neben jeder sehn zu lassen.
Die Augen auf! —

Zurück, Verwegner! (schreyt
Tritonia) — drey Schritte mir vom Leibe!
Vergesset nicht den Unterscheid
Von einer Tochter Zevs und einem Hirtenweibe!
Es scheint zu viele Höflichkeit
Ist euer Fehler nicht. — Doch (setzt sie gleich gelinder
Hinzu) soll diese Kleinigkeit
Uns nicht entzwey'n; ich bleibe dir nicht minder
In Gnaden zugethan, und wenn, nach Recht und Pflicht,
Dein Mund zu meinem Vortheil spricht,
So soll die Welt, mit schimmernden Trofäen
Bis an des Ganges reichen Strand
Durch dich bedeckt, von Cäsarn und Pompeen,
Vom Schweden Karl, vom Guelfen Ferdinand,
Vom Helden jeder Zeit, in dir das Urbild sehen!

Im Ernst? (lacht Paris überlaut)
Das sind mir reitzende Versprechen!

Die Jungfer denkt damit mich zu bestechen?
Allein mir ist ganz wohl in meiner Haut,
Und Händelsucht war niemahls mein Gebrechen.
Meint sie, weil ich ein Fürstensöhnchen sey,
So müsse michs gar sehr nach Wunden jücken?
Bey Nägelkriegen, ja, da bin ich auch dabey,
Wo wir, für Lorbern, Küsse pflücken,
Der Feind in Büsch' und Grotten flieht,
Sich lächelnd wehrt, den Sieg zur Lust verzieht,
Und, wenn er alle Kraft zum Widerstand vereinigt,
Dadurch nur seinen Fall beschleunigt:
In diesen Krieg, der wenig Wittwen macht,
Da laſs' ich mich gleich ohne Handgeld werben.
Doch wo man nach der heiſsen Schlacht
Nicht wieder von sich selbst erwacht,
Um einen Lorberkranz in vollem Ernst zu sterben;
Da dank' ich! Sprecht mir nichts davon!
Ich hasse nichts so sehr als Schwerter, Dolch' und Spieſse;
Auch kenn' ich manchen Königssohn,
Der, eh' er sich, selbst um die Kaiserkron',
In einen Küraſs stecken lieſse,
Die Kunkel selbst willkommen hieſse.
So viel zur Nachricht, junge Frau!

Indeſs ist euch damit die Hoffnung nicht benommen;
Mir gilt die Eule was der Pfau.
Doch, laſst mir nun die Kleine kommen!

Sie kommt, die Lust der Welt, des Himmels schönste Zier,
Und unsichtbar die Grazien mit ihr.
Dem Hirten ist's, da er sie wieder siehet,
Als säh' er sie zum ersten Mahl.
Ihr erster Blick erspart ihm schon die Wahl;
Das Herz entscheidt; ein einzigs Lächeln ziehet,
Noch eh' er sich besinnen kann,
Und fesselt ihn an ihren Busen an.

Sie spricht zu ihm: „Du siehst, ich könnte schweigen,
Mein schöner Hirt; ich siege nicht durch List,
Die Schönheit braucht sich nur zu zeigen;
Man weiſs, daſs du ein Kenner bist,
Und guten Tänzern ist gut geigen.
Doch was ich sagen will, betrifft dich selbst, nicht mich.
Schön wie Apoll, wie kann, ich bitte dich,
Dir dieser wilde Ort gefallen?
Sey immerhin der Schönste unter allen
Im Frygerland, sey ein Endymion,

Sey ein Narcifs, was hast du hier davon?
Du denkst doch nicht dafs deine Herden
Von deinem Anschaun fetter werden?
Die Mädchen hier, die man im Walde findt,
Empfinden nicht viel mehr als ihre Ziegen:
Die Liebe ist für sie Bedürfnifs, nicht Vergnügen;
Sie sehn den Mann in dir, und sind fürs andre blind.
Den Hof, die Stadt, wo deines gleichen sind,
Die solltest du zum Schauplatz dir erwählen!
Dort ist die Lieb' ein Spiel, ein süfser Scherz.
Die Schönsten würden sich dein Herz
Einander in die Wette stehlen.
Und wenn du wolltest, wüfst' ich dir
Ein junges Mädchen zuzuweisen,
Die, ohne sie zu viel zu preisen,
An jedem Reitz, an jeder Schönheit mir
In keinem Stücke weicht." — Beym Pan! die möcht' ich sehen!
(Ruft Paris aus) So schön, so hold, wie ihr?
Ihr wollt mir, hör' ich wohl, ein kleines Näschen drehen?
Wo käme mir noch eine Venus her?
So schön wie ihr? — „Du sagst vielleicht noch mehr,

Wenn du sie siehst." — Das glaub' ich nimmermehr!
Sie hätte mir so schöne lange Locken
Vom feinsten Gold, und weich wie seidne Flocken?
Und einen Mund, der so verführ'risch lacht,
Und wenn er lacht nach Küssen lüstern macht?
Und ihre schwarzen Augenbrauen
Die flössen ihr so fein und sanft verloren hin?
Und solch ein Aug' und solche Blicke drin,
Die einem durch die Seele schauen?
In jedem Backen und im Kinn
Ein Grübchen wo ein Amor lächelt,
Und Arme die Auror' nicht schöner haben kann,
Und eine Hand wie Marcipan,
Und Hüften — „Still! nichts weiter, junger Mann,"
Fällt Venus ein. — Sagt mir nur dieſs noch — fächelt
Denn auch so schön wie hier, in ihrer Lilienbrust
Die Wollust selbst den Geist der Jugendlust?
„In diesem Stück erwiedert sie mit Lachen,
Kann mir Helene noch den Vorzug streitig machen."
Ihr flöſst mir fast ein wenig Neugier ein.

Helene nennt ihr sie? Ich laſs' es mir gefallen.
Doch — um nur halb so schön als ihr zu seyn,
Muſs wahrlich Götterblut in ihren Adern wallen.

„Du irrest nicht, erwiedert Pafia,
(Die der gelungnen List und ihres Siegs sich freute)
Sie ist mein Schwesterchen, (zwar von der linken Seite)
Ein Kind von Zevs, der ihrer Frau Mama
Zu Lieb' ein Schwanenfell sich borgte,
Und seinen Vortheil einst bey ihr im Bad ersah.
Frau Leda wuſste nicht wie ihr dabey geschah,
Und sah dem Schwan, von dem sie nichts besorgte,
Und seinem Scherz in unschuldvoller Ruh,
Nicht ohne Lust, mit süſsem Wunder zu:
Doch wenig Monden drauf wird, wider alles Hoffen,
Die gute Frau, von Tyndar, ihrem Mann,
Beym Eyerlegen angetroffen.
Ein Weiser trägt was er nicht ändern kann.
Die Schuld blieb auf dem Schwan ersitzen:

Doch zeigte schon die That genüglich an,
Der Schwan, der dieſs gekonnt, sey kein gemeiner Schwan.
Man fand in einem Ey zwey wunderschöne Knaben,
Und aus dem andern kroch das schönste Mädchen aus.
Herr Tyndar machte sich (wie billig) Ehre draus,
Den wundervollen Schwan so nah' zum Freund zu haben,
Und alles endigte mit einem Kindbett-Schmaus.
Nach funfzehn oder sechzehn Lenzen
War Leda's Töchterchen das Wunder von Mycen.
Schon macht ihr Ruhm sich immer weit're Grenzen;
Die Dichter finden schon mich selbst nicht halb so schön.
Man sieht um sie die Schönen und die Erben
Vom festen Land und von den Inseln werben.
Doch alles dieſs, und was noch mehr geschah,
Verschlägt uns nichts; genug, sie ist nun da,
Macht ihrem Vater Schwan viel Ehre,
Ist weiſs und roth, als wie ein wächsern Bild,
Ist jung und reitzend wie Cythere,
Und dein, mein Prinz, so bald du willt."

Beym Pan! (ruft Paris aus) wenn's hier nur Wollen gilt,
So wollt' ich daſs sie schon in meinen Armen wäre!
Doch zweifl' ich — „Zweifle nicht, und trau Cytheren mehr!
Ich und mein Sohn, wir können vieles machen.
Wir brachten, glaube mir, wohl ungereimt're Sachen
Zu Stand als dieſs. Die Frage ist
Nur bloſs, ob du entschlossen bist
Um sie nach Sparta hinzureisen?
Den Weg soll dir mein Amor selber weisen:
Er ist, so klein er ist, so schlau,
Du kannst dich ganz auf ihn verlassen.
Nur muſst du zu dir selbst auch mehr Vertrauen fassen.
Ein feiges Herz freyt keine schöne Frau."

Der Vorschlag, Göttin, läſst sich hören.
Versetzt der Hirt der lächelnden Cytheren:
Wenn sie nur halb so reitzend ist als ihr,
So ist, wer sie besitzt, ein Jupiter auf Erden.
Allein was soll indessen hier
Aus diesem goldnen Apfel werden?

„Dem Apfel? — Gut, mein Sohn, den giebst du mir.
Bekommst du nicht das schönste Weib dafür?“ —

Frau Göttin, (spricht der Jüngling) darf ich reden?
Ich gäb' um Einen Kuſs von euch, ich sag' es frey,
Gleich eine ganze Welt voll Leden
Und Ledeneyern hin, wenn auch aus jedem Ey
Ein Mädchen, wie ein Rosenknöspchen schlüpfte,
Und ungelockt mir auf die Schultern hüpfte.
Ein Wort für tausend, Göttin — doch, verzeih,
Es muſs heraus und gält' es gleich mein Leben!
Mit Freuden will ich's dir sammt diesem Apfel geben,
Wofern du diese Nacht, nur bis zum Hahnenschrey,
Ein Stündchen nur — wie bald ist das vorbey! —
Dich überreden willst daſs ich Anchises sey.
Wie sollt' ich nicht den Glücklichen beneiden?
Er war ein Hirt wie ich; und eben dieser Hain
War einst ein Zeuge seiner Freuden!
Sprich, Göttin, soll er's nicht auch von den meinen seyn?

Cythere fand die Frag' ein wenig unbescheiden,
Und sieht ihn, glaubt sie, zürnend an:
Doch weil ihr lachend Aug' nicht sauer sehen kann,
So wird's ein Zorn, der ihn so wenig schrecket,
Daſs ihr sein Blick nur feuriger entdecket
Was Venus selbst nicht ohne Röthe hört.
Sie hätte gern sich längre Zeit gewehrt;
Doch Ort und Zeit verbot ein langes Sträuben.
Der Jüngling fleht, und sie so weit zu treiben
Als man Göttinnen treiben kann
Die nicht von Marmor sind, fängt er zu weinen an.
Das muſste seine Wirkung haben!

„Nun, sprich mein Urtheil — nur kein Nein!"

Sie beut dem ungestümen Knaben
Die schöne Hand, und sagt — nicht Nein.

Der Schlaue will noch mehr Gewiſsheit haben:
„Beym Styx, mein Täubchen?" — Sey's! Willst du nun ruhig seyn?

„Hier, Göttin, nimm! der Preis ist dein!" —

AURORA UND CEFALUS.

Eine scherzhafte Erzählung.

1764.

AURORA UND CEFALUS.

Noch lag, umhüllt vom braunen Schleier
Der Mitternacht, die halbe Welt;
Es ruhn in ungestörter Feier
Das stille Thal, das öde Feld,
Die Nymfen über ihren Krügen,
Der trunkne Faun auf seinem Schlauch;
Vielleicht fügt's Nacht und Zufall auch,
Daſs manche noch bequemer liegen;
Der Elfen schöne Königin
Hatt' ihren Ringeltanz beschlossen,
Und sanft auf Blumen hingegossen
Schlief jede kleine Tänzerin:
Mit Einem Wort, es war zur Zeit der Mette,
Als sich zum ersten Mahl
Tithonia aus ihrem Rosenbette
Von ihres Alten Seite stahl.

Die Schlafsucht, die sie ihrem Gatten
Sonst öfters vorzurücken pflegt,
Kommt dieses Mahl ihr wohl zu Statten:
Sie zieht die Brust, an die er schnarchend sich gelegt,
Sanft unter ihm hinweg, verschiebt mit Zefyrhänden
Die Decke, glitscht heraus, deckt leis' ihn wieder zu,
Wirft einen Schlafrock um die Lenden,
Und wünscht ihm eine sanfte Ruh.

Sie fand im Vorgemach die Stunden,
Die ihre Zofen sind, vom Schlummer noch gebunden;
Nur Eine ward, indem die Göttin sich
Mit leisem Fuſs bey ihr vorüber schlich,
Aus einem Traum, den Mädchen gerne träumen,
Halb aufgeschreckt. Sie schrie, wie Nymfen schreyn
Um feuriger geküſst, nicht um gehört zu seyn.
Auror' erschrickt und flieht. Allein,
Das Mädchen legt, um ruhig auszuträumen,
Sich auf das andre Ohr und schlummert wieder ein.

Die Göttin eilt, spannt (was sie nie gethan)
Mit eigner Hand vor ihren Silberwagen
Die rosenfarbnen Stuten an,
Und läſst sich nach Hymettus tragen.
Dort steigt sie ab, läſst Pferd' und Wagen
In einer Grotte stehn, und sucht mit zartem Fuſs,
Aus dessen Tritten Rosen sprossen,
Den schönen Cefalus.

Aurora? — Wie? — Das Muster weiser Frauen,
Auf deren Treu, die schon Homer uns pries,
Ein jeder alte Mann sein junges Weibchen schauen
Und sie zum Vorbild nehmen hieſs?
Sie, die nur ihrem Tithon lachte,
Und ob er gleich, bey silbergrauem Haar
Und taubem Ohr, kaum noch ergetzbar war,
Doch Tag und Nacht auf sein Ergetzen dachte;
Die ihre schöne Brust so oft zum Pfühl ihm machte,
Ihm öfters ganze Nächte wachte,
Ihm oft die Füſse rieb, ihm oft den Puls befühlt',
Erwärmend ihn in ihren Armen hielt,
Ihn immer fragt' ob ihm was fehlte,

Und bis er schlief ihm Mährchen vorerzählte —
Aurora, die so viele Proben gab
Wie zärtlich sie den alten Tithon liebe;
Sie fiele nun auf einmahl ab
Und nährete verbotne Triebe?

Mir ist es leid, daſs ichs gestehen muſs:
Ihr mögt nun was ihr könnt von ihrer Tugend halten,
Allein, so war's! Sie schlich von ihrem Alten
Sich heimlich weg, und sucht den jüngern Kuſs
Des schönen Cefalus.

Helvezius und Büffon werden sagen,
Daſs dieses nicht so unnatürlich sey:
Allein, (wie wackre Leute klagen)
Die Herren denken etwas frey.
Doch will ein Feind von aller Ketzerey,
Albertus Magnus selbst, vorlängst gesehen haben,
„Daſs junger Mädchen Aug' auf schönen jungen Knaben
Sich gern verweil';" — und an Gestalt,
An Neigungen und Reitzbarkeit der Sinnen,
Sind, wie man weiſs, die ältesten Göttinnen
Stets — sechzehn Jahre alt.

Dieſs war Aurorens Fall, als auf Hymettus Höhen,
Zur Jagd geschürzt, mit Bogen, Pfeil und Spieſs,
Der schöne Jäger ihr zum ersten Mahl sich wies.
Verbeut die strengste Pflicht was sichtbar ist zu sehen?
Sie sah in Unschuld hin, und blieb, ihm nachzusehen,
Uneingedenk der lauernden Gefahr,
Auf einer Silberwolke stehen.
War's ihre Schuld, daſs er so reitzend war?

Dabey blieb's dieses Mahl. Doch, da sie, wider Hoffen,
Zum zweyten Mahl ihn schlafend angetroffen,
Wie sollte sie dem Einfall widerstehn
Von ihrem Wagen abzusteigen
Um ihn genauer anzusehn?
Die Dämmerung macht manche schön,
Die sich im Sonnenschein mit schlechtem Vortheil zeigen.
Sie muſs doch sehn, ob's hier nicht auch so sey?
Zu rasch flog neulich er vorbey;
Was schadet's näher hinzugehen?

Sie thut's. Allein, wie angenehm erblaſst,
Da sie ihn recht ins Auge faſst,
Ihr Rosenmund — den Tithon selbst zu sehen!

Den Tithon? Ja, doch wie er damahls war,
Als er, in auserlesner Schaar
Der schönsten Frygier, vor allen
Der Schönste war, vor allen ihr gefallen;
Mit langem dunkelbraunem Haar,
Mit blühendem Gesicht und Lippen von Korallen.

Je mehr sie ihn beschaut, je stärk're Farben leiht
Ihr gern betrognes Herz der seltnen Ähnlichkeit.
Sie überläſst sich nun mit Ruh den neuen Trieben,
Und findt ich weiſs nicht was für eine Süſsigkeit,
Den werthen Greis in Cefalus zu lieben.
Mit welcher Lust, mit welcher Zärtlichkeit
Sie auf das Ebenbild von Tithons schöner Zeit
Die gern betrognen Blicke heftet!

So war er einst mit jedem Reitz geschmückt!
So ward er oft, eh' ihn der Jahre Last entkräftet,
Im Taumel süſser Lust an ihre Brust gedrückt!

So sieht und liebt, nach Platons Lehren,
Der junge Kallias in seiner Tänzerin
Das höchste Gut, womit sich unsre Geister nähren
Eh' sie in diese Leiber ziehn.
Singt ihm, den Grazien zu Ehren,
Ihr süſser Mund ein Tejisch Liedchen vor:
So glaubt euch der entzückte Thor,
Er höre den Gesang der Sfären.
Ein Druck von ihrer weichen Hand,
Das Spiel der buhlerischen Zungen,
Erweckt von seinem Götterstand
Die schlummernden Erinnerungen;
Auf einmahl ist's, ob um ihn her
Der blaue Himmel offen wär';
Er sieht die Sterne doppelt blinken;
Er steigt, verliert sich in dem Schwarm
Der Geister welche Nektar trinken,
Glaubt in den Quell des Lichts zu sinken,
Und sinkt, und sinkt — in Frynens Arm.

Dafs oft dergleichen Ähnlichkeiten
Zu süfsen Irrungen verleiten,
Ist ein Erfahrungssatz, den niemand läugnen wird.
Aurora sah, durch sie verirrt,
Im schönen Cefalus den Tithon sich verjüngen;
Und sah' es kaum, so fafste sie den Schlufs,
Die Stunden, welche sie, nicht ohne Überdrufs,
Bey diesem nur verträumen mufs,
Mit jenem besser zuzubringen.

Mit welcher Lust verschlingt ihr lauschend Ohr
Der raschen Stöber Laut, die ins Gehölze dringen!
Sonst hörte sie der Lerchen frühes Kor
Gern neben ihrem Wagen singen:
Allein ihr däucht in diesem Augenblick'
Hylaktors Jagdgeheul die lieblichste Musik.
Sie sieht die raschen Jäger ziehen,
Das Hifthorn tönt, der Wald erwacht,
Die Hunde schlagen an, die scheuen Rehe fliehen.
Doch plötzlich fühlt von einer fremden Macht

Der Jüngling sich ergriffen, fortgezogen,
Und schneller als ein Pfeil vom Bogen
Durch Luft und Wolken weg, wer weiſs
wohin gebracht.

Betäubt von seinem Abenteuer,
Begriff er nicht wie ihm geschah.
Er sieht aus Furcht, die stets Gespenster sah,
Bey zugeschloſsnem Aug', ein gräſslich Ungeheuer
Mit offnem Schlund ihm dräun, und glaubt
sein Letztes nah.
Doch Düfte von Ambrosia,
Die ihm, mit süſserm Schwall als von den
Zimmethügeln
An Ceylons Strand, entgegen wehn,
Ermuntern ihn die Augen aufzuriegeln;
Und o! wer wünschte nicht, was er itzt sah,
zu sehn!

Der Perlenmuttersahl mit Säulen von Rubinen,
Den unsre Göttin sich zum Schauplatz auserkohr,
Hat einem Kenner nicht romantisch g'nug
geschienen.
So stellt euch denn, umwölbet mit Schasminen,

Auf weichem Moos ein Schwanenlager vor,
Mit reichem Sammt bedeckt; auf diesen Schwanenbetten,
Ringsum behängt mit frischen Blumenketten,
Die schönste Fee, so schön und jung als man
An einem Sommertag sie immer sehen kann;
Und diese Fee in einer Lage
Wie Tizian der Liebesgöttin giebt,
Und in dem halb gebrochnen Tage
Worin die blöde Scham sich williger ergiebt;
Verhüllt, doch so, dafs jede kleine Regung
Das neidische Gewand verschiebt,
Und unter seidnem Flor die steigende Bewegung
Des schönsten Busens sichtbar wird —
Den Anblick stellt euch vor, und werdet nicht gerührt!

Der Jüngling ward's, der in dem Augenblicke,
Worin der schöne Gegenstand
Ihn überrascht, zu gutem Glücke
Sich selbst zu ihren Füfsen fand.

Die Göttin wundert, wie natürlich,
Sich ungemein, ihn hier zu sehn;
Und er giebt ihr, doch nur figürlich,

Den ganzen Eindruck zu verstehn,
Den so viel reitzungsvolle Sachen
Auf sein geblendtes Auge machen.
Die Freyheit, die er nimmt, fällt billig
Dem Schicksal, nach Gebrauch, zur Last;
Und wenn Auror' ihn nur nicht haſst,
Ist er zu jeder Strafe willig.

Aurora will ihm gern gestehn,
Daſs Leute die ihm ähnlich sehn
Nicht sehr gehaſst zu werden pflegen;
Es sey ihr auch nicht sehr entgegen,
(Die Schlaue hält, indem sie's spricht,
Die Rosenfinger vor's Gesicht)
Von einem hübschen Mann sich hochgeschäzt zu wissen;
Wie weit ihr eignes Herz hierbey
Vielleicht zu gehen fähig sey,
Das werde mit der Zeit sich erst entwickeln müssen;
Man komme mit Beständigkeit
Und vielem Muth im Lieben weit:
Doch, was sie seiner Zärtlichkeit
Für dieses Mahl gestatten wollte,
(Und dieses selbst vielleicht noch nicht gestatten sollte)

Sey, nebst dem Recht sie ungescheut
Auf seinen Knieen anzuschauen,
Ein ungezweifeltes Vertrauen
In seine Ehrerbietigkeit.

Mein Mann verspricht mit vielen Schwüren,
Indem er ihre Knie aus Dankbarkeit umfaſst,
Sich sehr bescheiden aufzuführen;
Doch Dankbarkeit ist eine schwere Last!
Aus Dankbarkeit, von der er glühet,
Wird ihre schöne Hand wer weiſs wie oft
gekü[s]st;
Und, da man sie zerstreut zurücke ziehet
Indem er noch im Küssen ist,
Verirrt sein Mund — Da seht mir doch die
Musen;
Die kleinen Spröden schämen sich
Und halten plötzlich ein — doch ich bekenn'
es, ich,
(Und Cicero an Pätus spricht für mich)
Verirrt — wie leicht verirrt man sich!
Verirrt sein Mund auf ihren Busen.

„Wer einmahl — lehrt uns Markus Tullius,
Doch nicht im Buche von den Sitten —

Des Wohlstands Grenzen überschritten,
(Wofür man zwar sich möglichst hüten muſs)
Dem rath' ich, statt aus Blödigkeit
Auf halbem Wege stehn zu bleiben,
Vielmehr die Unbescheidenheit
So weit sie gehen kann, zu treiben."

Dieſs Axioma mag sehr oft, nach Ort und Zeit,
Ein Körnchen Salz *in praxi* nöthig haben;
Vermeſsne, unbescheidne Knaben,
Mit Bart und ohne Bart, gehn leicht hierin zu weit.
Doch Cefalus (man muſs eins wie das andre sagen)
Befand sich wohl bey dem was Markus schrieb:
Er wagt's von Grad zu Grad, bis ihm vor lauter Wagen
Nichts mehr zu wagen übrig blieb.

Wenn seinem Ungestüm die Göttin endlich wich,
So that sie freylich nichts als was sie längst beschlossen.
Doch keineswegs verhielt es sich

Mit Cefaln so. Ein Glück, das ihn den Göttern glich,
War ihm durch Zufall aufgestoſsen;
Und diese Zauberey, die süſse Trunkenheit,
Die sein Gehirn auf ziemlich lange Zeit
Der Stimme seiner Pflicht verschlossen,
Ward gradweis aufgelöst, und endlich ganz zerstreut.

Ihm hatte, da sein Mund (wie schon gesagt) verirrte,
Die Fantasie den gleichen Streich gespielt,
Wodurch die Göttin ihn für ihren Tithon hielt:
Es stellt' im Feuer der Begierde
Die schöne Prokris ihm sich in Auroren dar.
„Wie ähnlich! Götter! ja, fürwahr!
Sie ist's, sie ist's! An Stirne, Brust und Haar
Kann in der Welt sich nichts vollkommner gleichen!
Wen muſs dieſs Lächeln nicht erweichen?
So lächelt Prokris nur! so schön
Sah er in ihren blauen Augen
Vor Übermaſs der Wonne Thränen stehn,
Und war entzückt sie aufzusaugen!“

So dacht' er, und Auror', in diesem Stück
mehr klug
Als zärtlich, sieht und nährt den nützlichen
Betrug.
Nehmt noch dazu die zärtlichste der Farben
Die dieser Göttin eigen ist,
Das süſse Rosenroth das ihren Leib umflieſst,
Und einen Mund der Griechisch küſst,
Und Augen die in Wollust starben:
So wird bey Leuten — die verzeihn,
Sein Selbstbetrug vielleicht verzeihlich seyn.

Doch, wie die stärksten Zauberey'n
Der Wahrheit endlich weichen müssen;
So däucht' auch ihm, nach wiederhohlten
Küssen,
Die Ähnlichkeit nicht mehr so groſs zu seyn.
Der Dunst zerflieſst, der sein Gesicht geblendet,
Er staunt, er fühlt sich träg' und lau,
Und zürnt sich selbst, daſs er an eine fremde
Frau
So viel Entzückungen verschwendet.
Vergebens sucht ihr feuervoller Blick
Die Flamme wieder anzufachen;
Ihm winkt umsonst ein neues Gluck
In ihrem offnen Arm: die Scherze fliehn zurück,
Und Reu' und Überdruſs erwachen.

Bald kommt es, wie man denken kann,
Zu Fragen und Erläuterungen;
Und Cefalus, von Scham und Schmerz bezwungen,
Fängt stotternd diese Beichte an:

Zu wahr ist's nur, o Göttin, mein Betragen
Beleidigt deinen Reitz, und läſst mir weiter nichts,
Als tief beschämt mich selber anzuklagen.
Nicht halb so sehr verwirrt von deinen Klagen
Als meiner eignen Schuld, weiſs ich, beym Gott des Lichts!
Nicht was ich sagen soll. — Mein Herr, das thut hier nichts,
Fällt ihm Aurora ein: ihr braucht euch nicht zu plagen;
Der Eingang will, so viel ich merke, sagen,
Ihr liebt mich nicht, und habt mich nie geliebt?

Ach, allzu wahr! (ruft Cefalus betrübt,
Indem Aurora, doch nur bloſs mit halbem Munde,
Bey seinem Ach ihm an die Nase lacht)
Ja, ich gesteh's, daſs diese Morgenstunde

Mich doppelt ungetreu, mich doppelt strafbar macht.
Unwürdig so beglückt zu werden,
Liebt' ich, o Göttin, dich — die, ohne Schmeicheley,
So sehr verdient daſs ihr ein Herz ganz eigen sey —
Dich liebt' ich — nie; und ihr, der Einzigen auf Erden
Für die ich zärtlich bin, ihr ward ich ungetreu!

Das Kompliment, versetzt die Dame,
Ist minder schmeichelhaft als neu:
Doch, wenn man bitten darf, der Nahme
Der Schönen, die so glücklich ist
Daſs solch ein Herz — sie so geschwind vergiſst?

Der Schein, ich fühl's und sag's mit Schmerzen,
Ist wider mich, spricht Cefalus:
Und doch — verzeih, daſs ich so deutlich reden muſs!
Du hattest nichts als meinen Kuſs,
Und Prokris war in meinem Herzen.
Wir waren schon vom Führband an
Die unzertrennlichsten Gespielen,

Und lieben uns, seitdem wir fühlen,
So zärtlich als man lieben kann.
Als Kind schon kannt' ich keine Lust
Als meiner Prokris liebzukosen,
Lag gerne mit ihr unter Rosen,
Und spielte mit der jungen Brust.
Oft wurde sie in Sommerschatten
Am kühlen Bach von mir belauscht;
Wir wuſsten nicht warum, und hatten
Schon unsre Herzen ausgetauscht.
So wurden wir bey Scherz und Küssen
Eins in des andern Armen groſs;
Und unwillkommne Pflichten rissen
Mich weinend itzt aus ihrem Schooſs.
Nun folgen kriegerische Spiele
Dem Gänsespiel, der blinden Kuh;
Es flieht vorm lärmenden Gewühle
Der Kindheit sorgenfreye Ruh.
Allein das Bild der holden Schönen
Schwebt mir, wohin ich gehe, nach;
Ein banges wehmuthsvolles Sehnen
Ertränkt mein Aug' in stillen Thränen,
Und hält in öder Nacht mich wach.
Itzt däucht der Tag mich nicht mehr helle,
Die Luft nicht blau, der Frühling todt;
Nichts reitzt mich mehr, kein Abendroth,

Kein Hain, kein Schlummer an der Quelle.
Allein so bald ein Götterfest
Die Mädchen sichtbar werden läſst,
Und Prokris, weiſs und frisch umkränzet,
Mit offner Brust und freyem Haar,
Die Schönste in der schönen Schaar,
Wie Hebe mir entgegen glänzet;
Dann ist mir — nein! der Götter Glück
Kann keinen höhern Grad erschwingen!
Mein offnes Aug' und starrer Blick
Scheint ihre Reitze zu verschlingen.
Sie sieht im gleichen Augenblick
Nach mir sich um, und unsre Blicke
Begegnen sich; sie seufzt, und zieht,
Da sie mein Auge schmachten sieht,
Verschämt die ihrigen zurücke;
Doch bald von Amorn übermocht,
Der ihr im jungen Busen pocht,
Kann sie sich länger nicht erwehren
Sich zärtlich nach mir hin zu kehren;
Sie fühlt —

Unfehlbar! (fällt Aurora ein) sie fühlt —
Was alle junge Mädchen fühlen.
Ich bitte dich, was soll die Elegie erzielen
Womit du mich hier abgekühlt?

Man dächte, wenn man dich so reden hört, es hätte
Noch niemand es wie ihr gemacht.
Fang' lieber den Roman von hinten an; ich wette
Er endet doch in — einer Hochzeitnacht.

Um kurz zu seyn, so sind es nun drey Jahre,
Fuhr Cefal schamroth fort, daſs Hymen uns beglückt,
Und ich in Prokris Arm erfahre,
Daſs Afterliebe nur von Sättigung erstickt.
Uns ist, ob jeder Tag der allererste wäre.
Man sagt sonst, der Genuſs verzehre
Der stärksten Liebe Gluth: bey uns ist's umgekehrt:
Die unsre wird dadurch genährt,
Und wachst, dem Fönix gleich, aus ihrer eignen Asche.

Der junge Mann (fällt hier die Göttin wieder ein)
Hat, wahrlich! aus der Purpurflasche [1])
Bescheid gethan! er liebt ja ungemein!
Wer hätte sich bey so gestalten Sachen
Des Glücks versehn, ihn ungetreu zu machen?

1) S. Marmontels *quatre flacons.*

So widersinnig als es klingt,
Versetzt er mit gesenkten Blicken,
So wahr ist's doch: was mir ihr Bild vor Augen bringt,
Ein Zug von ihr, ein Blick, ein Augennicken
Wie Prokris nickt, setzt flugs mich in Entzücken;
Und reitzend, Göttin, wie du bist,
Konnt' Amorn diese Hinterlist
Nur gar zu leicht, zumahl im Dunkeln, glücken.
Allein bey kälterm Blut und hellem Sonnenschein
Soll Venus selbst nicht fähig seyn
Noch einmahl mich so sträflich zu berücken!

Die Göttin wendet lächelnd ein,
Was einst geschehen sey, das könne mehr geschehen.
Sie hofft umsonst! Er schwört ihr Stein und Bein,
Sie niemahls mehr für Prokris anzusehen.

Und meinst du, fragt sie ihn, daſs ihre Gegentreu
Der seltnen Groſsmuth würdig sey,
Ihr einer Göttin Gunst zum Opfer darzubringen?
Du kennst nun, dächt' ich, Amors Schlingen!

Frau Prokris hat ein zärtlich Herz;
Ein zärtlich Herz läſst sich bezwingen;
Und schirmt' es auch ein Thurm von Erz,
Wohin kann nicht ein goldner Regen
dringen?

Seyd unbesorgt, erwiedert unser Held:
Ihr würde selbst vom Zevs vergebens nach-
gestellt.
Ich kenne sie; sie würd' in ihrem Leben
Auf einen andern Mann (und wär' es ein
Adon)
Sich keinen Seitenblick vergeben.
Der Götterfürst regiert auf seinem Thron
Nicht ruhiger, als ich in ihrem Herzen.

Du bist ein Sohn des Glücks, versetzt Ti-
thonia,
Und ferne sey's von mir, sie bey dir anzu-
schwärzen!
Allein, erinn're dich was kaum dir selbst
geschah.
Gelegenheit, mein Freund, und Jugend
Sind immer ihrem Falle nah.
Wie oft geschah es schon daſs sich die strengste
Tugend
Zu schwach zum Widerstande sah?

Zum Glück war eben kein Versucher da:
Allein man spielt nicht allezeit mit Glücke;
Und Unschuld, die nichts Böses denkt noch scheut,
Fällt öfters bloſs aus Sicherheit
In Amors unsichtbare Stricke.

Aurora, die mit Kenntniſs sprechen kann,
Spricht so beredt vom süſsen Gift der Sünde
Und unsrer Fehlbarkeit, giebt ihm so viele Gründe,
Und führt so manches Beyspiel an,
Daſs ihr die List gelingt. Der Mann fällt in Gedanken.
Er staunt mit unterstütztem Haupt,
Und staunt so lange, bis er Prokris fähig glaubt,
Wo nicht zu fallen, doch zu wanken.
Die Eifersucht, ein Übel, das er nie
Bisher gekannt, verwirrt schon sein Gehirne;
Es schwindelt ihm, es schwanken ihm die Knie,
Er reibt sich die gerümpfte Stirne,
Und seine kranke Fantasie
Zeigt ihm bereits in einer dunkeln Grotte,
Bey Lunens ungewissem Licht,
Was jeder kluge Mann dem Gotte

Von Delfi selbst nicht glaubt, das schrecklichste
Gesicht!
Dieſs schwindet zwar, doch seine Unruh nicht.
Es bleibt doch möglich, daſs sie fehle.
Wie manche fiel! wird Prokris wohl allein
Vom Reitz verbotner Frucht nicht zu versuchen seyn?
Vielleicht — dieſs foltert seine Seele:
Es koste was es will, er muſs beruhigt seyn!

Die Göttin spricht: in solchen Fällen
Pflegt man zu beſs'rer Sicherheit
Oft gute Freunde anzustellen;
Doch mancher hat es sehr bereut.
Nimm (fährt sie fort, und zieht vom kleinen Finger
Ein Reifchen ab) nimm diesen Talisman!
Er macht dich fremd, unkenntlich, älter, jünger,
Zum reichsten oder schönsten Mann,
Zu was du willst; ein Wunsch, so ist's gethan!
Du kannst nun selbst die Probe machen.
Hält sie sich gut, so opfre ja dem Glück;
Wo nicht, so bleibt doch nichts an deiner Stirn zurück,
Und wenn du weinst, so wird doch niemand lachen.

Mein Cefalus geht alles willig ein,
Bedankt sich, küſst die Hand, doch macht er wenig Worte,
Und wünscht aus diesem Zauberorte
Nur schon daheim zu seyn.
Er eilt hinweg, sieht vor der goldnen Pforte
Ein rosenfarbnes Pferd gesattelt und gezäumt,
Steigt auf, und trabt davon, als hätt' er viel versäumt.

Frau Prokris saſs indeſs, nach ihres Landes Sitten,
Wie beym Homer Kalypso, mitten
In einer hübschen Mädchenschaar,
Worin sie (nach Gebühr) als Frau die Schönste war.
Die spinnt, die andre zwirnt, die wirkt, und jene stricken.
Die Dame selbst ist emsig dran,
So künstlich als man sticken kann,
Minerven zum Geschenk ein Schleiertuch zu sticken.
Homer erzählte gleich mit groſser Wörterpracht
Was sie darauf gestickt, als: Sonne, Mond und Sterne,
Den Pol, der Götter Sitz, und in der tiefsten Ferne

Den Erebus, ja gar die alte Nacht;
Das feste Land, ringsum verschlossen
Vom Vater Ocean, und Luft und Berg und Thal,
Und eine schöne Flur vom Sonnenschein umflossen,
Und einen Hain, wo Vögel ohne Zahl
Die liederreichen Kehlen stimmen,
Und Nymfen, die mit halb entblöſstem Leib
In scherzendem Gewühl auf blauen Wellen schwimmen,
Und einen Hirtentanz, und, wenn die Sterne glimmen,
Im dunkeln Busch der Faunen Zeitvertreib.
Dann wie im Herbst durch falbe Traubengärten
Der Weingott zieht, und mit zerstreutem Haar
Die Mänas, und mit taumelnden Geberden
Der Satyrn ungezähmte Schaar,
Die tanzend um den Wagen schweben,
Und wie sie den Silen, der fiel,
Laut lachend auf den Esel heben;
Und, halb versteckt im Laub der Reben,
Der Liebesgötter loses Spiel:
Dieſs und wohl zwanzigmahl so viel,
Was in der Stadt, im Tempel, auf den Gassen
Und auf dem Feld begegnen kann,
Das würde sie der gute alte Mann,

Der gar zu gerne mahlt, recht zierlich sticken
lassen.
Doch was ihm ziemt, steht andern selten an.
Genug! Frau Prokris safs und stickte,
Als sich — ein Herr Amfibolis,
Dem stracks die Gunst der Kammernymfe
glückte,
Bey Ihrer Gnaden melden liefs.

Ihr erster Einfall war den Fremden abzuweisen;
Allein das Mädchen läfst nicht ab:
„Er ist ein feiner Mann, und kommt ganz frisch
von Reisen
Mit einem Auftrag her, den unser Herr ihm
gab.“

Man läfst ihn also vor, hört seinen Auftrag an,
Dankt ihm, entschuldigt sich, und läfst ihn wieder gehen.
Das Schlimmste war dabey, dafs man
Ihn kaum ein einzigs Mahl nur flüchtig angesehen.

So sehr er sich beym ersten Blick
Des Mädchens Gunst erwarb, so mufs man
doch gestehen,
Dafs seine Mien' ihm dieses schnelle Glück

Vermuthlich nicht verschafft; denn Herr Amfibolis
War in der That bey weitem kein Narcifs,
Und auch der jüngste nicht — ein Seemann, stark von Knochen,
Rasch wie sein Element, in Reden kurz und rund,
Plump von Manier, und gar nicht ausgestochen,
Grofsnasig überdiefs, und gröfser noch von Mund.

Die Damen schütteln ihre Köpfe? —
Geduld! ich sag' es ja, schön war er nicht:
Allein, er hatte was, das in die Augen sticht;
Er hatte was, womit ein Karnevalsgesicht
Die Schönsten — schüttelt nur die Köpfe!
Die Schönsten unter euch dem Amor selbst entführt,
Was manchen Höcker deckt, und ekelhafte Kröpfe
Mit Grazien und Liebesgöttern ziert;
Kurz, das, wodurch ein Gnom oft zum Adonis wird,
Er hatte Gold, und was dazu gehöret,
Juwelen, Perlen, Diamant,
Smaragd, Rubin, so viel als hätt' in seiner Hand
Sich was er nur berührt in Edelstein verkehret.

Mit solchen Waffen hielt mein Herr Amfibolis
Sich eines schnellen Siegs gewiſs.
Er überströmt mit einem Perlenregen
Das ganze Haus, und kauft sich jedes Herz;
Sie wallen ihm und seinem Gold entgegen:
Nur Prokris kann er nicht bewegen,
Nur Prokris bleibt, zu ihres Mädchens Schmerz,
Beym Glanze Persischer Guineen
So kalt, als wie bey seinem plumpen Flehen.

Hans La Fontain, nun sagt mir noch einmahl,
Der Kassenschlüssel sey der Schlüssel zu den Herzen!
Meint ihr, es gelte nur, ohn' Ausnahm', ohne Wahl,
Das schöne Volk so häſslich anzuschwärzen?
Von Wäscher-Nymfen, gut, da geb' ich alles zu;
Die sind in Rom und selbst in Kambalu
So feil als in Paris! — Auch geb' ich (ungern) zu,
Daſs hier und da gelddürft'ge Spielerinnen
An Zahlungsstatt das Herz sich lassen abgewinnen;

Sogar daſs manche, die von Berg und Thal
sich schreibt,
Wenn alte Richards ihre Bitten
In blankem Gold ihr vor die Füſse schütten,
Aus — Ekel zwar sich eine Weile sträubt,
Doch selten unerbittlich bleibt;
Auch das gesteh' ich ein. — Allein so dreist
zu singen,
Die Beste lasse sich zur Übergabe zwingen:
Das nenn' ich Felonie! das schmäht
Zugleich der Schönen Ruhm und Amors
Majestät.

Das Beyspiel kann statt tausend andrer
dienen,
Das hier die schöne Prokris gab.
Der Seemann liest in ihren stolzen Mienen,
Daſs einem Mann wie Er hier keine Myr-
ten grünen;
Und weil's nicht anders ist, so sucht er seinen
Stab,
Packt seinen Kram von Perlen und Rubinen
Hübsch wieder ein, und führt sich ab.

Er geht davon, in seinem Herzen
Vergnügter als im trüben Blick:

Allein, von Freuden und von Scherzen
Umflattert, kommt er bald — als Seladon zurück.

Herr Schuhmann, [2]) mahlen Sie zu dieser Fyllis Füſsen
Uns einen hübschen Knaben hin:
Ein rund Gesicht, wie einer Schäferin,
Hellbraunes Haar, ein glattes Kinn,
Ein schwarzes Aug' und einen Mund zum Küssen;
Schlank von Gestalt, geschmeidig, zierlich,
In allen Wendungen so reitzend als natürlich,
Wie Zefyr leicht, und schmeichelhaft und dreist
Wie ein Abbé — kurz, schön als wie gegossen,
Und um und um von diesem Reitz umflossen,
Von diesem Glanz, von diesem Jugendgeist,
Den Winkelmann uns am Apollo preist. —
Wie schön er ist! Man muſs ihn gerne sehen!
Die Augen zu, ihr Mädchen, lauft davon!
Hier ist Gefahr! — Ihr lächelt, und bleibt stehen?
Wohlan so guckt — es ist mein Seladon.

2) Eine ironische Aufforderung eines ehmahligen Hofmahlers zu W**.

Der Weise nur, wenn wir der Stoa glauben,
Ist schön und voller Reitz; nur Er ist groſs und frey,
Hochedel, hochgelehrt, ein Krösus noch dabey,
Und ein Monarch, so gnt als Uzim-Oschantey:
Doch bey den Stoikern in Hauben
Ist dieser Lehrsatz — Ketzerey.
Was jene uns von ihrem Weisen prahlen,
Das legen sie — dem Schönen bey.
Sey schön, ich meine schön zum Mahlen,
Ein Seladon, und, auf mein Ehrenwort,
Sie schicken dir zu Lieb' den Zoroaster fort!
Du machst beym ersten Blick die Herzen unterthänig,
Bist weise, tapfer, edel, ja, (wie dort
Astolfens Zwerg beym Ariost) ein König,
Wo nicht der Könige, doch oft der Königinnen. —
Sie läugnen's zwar; allein das irrt mich wenig;
Was Herz und Mund verhehlt, läſst oft ihr Aug' entrinnen.

Mein Seladon gefällt aufs erste Mahl;
Beym zweyten pocht schon was im reitzenden Oval,
Das, sittsam um und um verdecket,
Sich in gewebte Luft vor seinem Blick verstecket;
Beym dritten wird sie oft zerstreut,
Und Seufzerchen, wie Liebesgötter,
Entschlüpfen ihr, vielleicht aus Bangigkeit,
Denn, (wie die Kronik sagt) war's um die Rosenzeit
Und diesen Tag sehr schwüles Wetter;
Am vierten wundert Prokris sich,
Daſs sie nicht Anfangs gleich bemerket,
Wie sehr er ihrem Manne glich;
Am fünften wird ihr Ohr noch mehr hierin bestärket,
Indem er seine Liebespein
Zu ihren Füſsen klagt. Nichts kann so rührend tönen,
Und nichts dem Ton, worin einst Cefalus sein Sehnen
Ihr vorgegirrt, so ähnlich seyn!
Und kurz, nach sieben vollen Tagen
Kam — eine Nacht, und diese Nacht verging
Schon halb, als Seladon sich bebend unterfing,
Den ersten Kuſs auf ihren Mund zu wagen.

Ah! welch ein Kuſs, indem sie sich bemüht
Ihm zu entfliehn und doch ihm nicht entflieht!
Wie blinkt ihr Aug'! wie süſse Seufzer regen,
Da sich zugleich vor holder Scham und Lust
Dieſs Auge schlieſst, die halb enthüllte Brust,
Und hauchen ihm den Geist der Lieb' entgegen!
Ihr Götter! — Seladon! Was kann
Solch eine Wonne — Wie? du fährst ergrimmt zurücke?
Wie glücklich, ruft er, wär' in diesem Augenblicke
Ein jeder andrer — als dein Mann!

Kein Donnerkeil, der an der Gattin Seiten
Den besten Jüngling schnell zu Asche macht,
Sie leben läſst — sie, die nun jede Nacht,
Sonst nur gestört von seinen Zärtlichkeiten,
Mit seinem Schattenbild und ihrem Schmerz durchwacht;
Kein Wolkenbruch, der wild und ungehemmt
Ein sichres Thal schnell rauschend überschwemmt;
Kein Stoſs, der Rhea's Riesenglieder schüttelt,
Kein Sturm, der Meer und Luft, Olymp und Acheron
Im Wirbel faſst und durch einander rüttelt,
Ist schrecklicher als unser Seladon

Im Augenblick da er verschwindet,
Und Prokris ihren Mann in ihrem Buhler findet.

Was, meint ihr, kann ein Weib von zärtlichem Gemüth,
Das unverhofft sich so gefangen sieht,
Was kann es thun, was kann es sagen? —
Nichts sagte sie — schwoll gleich von Scham und Grimm
Ihr stolzes Herz, indem sein Ungestüm
Mit einer Flut von ungerechten Klagen
Sie übergoſs. Was helfen Gegenklagen?
So sehr sie auch durch eine Hinterlist,
Die Zärtlichkeit und Treu beleidigt,
Dazu berechtigt ist.
Ihr Frauen, die ihr euch ein wenig schuldig wiſst,
Glaubt mir, daſs Schweigen oft weit sicherer vertheidigt,
Als was der schönste Mund zu sagen fähig ist.
Die feine Lobred' anzuhören,
Die er ihr hält, das würde (wie ihr däucht)
Ihm wenig Trost, Ihr wenig Lust gewähren.
Sie nimmt daher den kürzern Weg — sie weicht,
Schieſst einen Blick, der alle Liebesgötter

Aus ihren schönen Augen scheucht,
So einen Blick, als ob ein Donnerwetter
Ihm in die Seele schlüg', auf Cefaln und — entfleucht.

Kaum ist sie fort, und nirgends zu erfragen,
So wechselt Cefalus die Tonart seiner Klagen,
Und alles wird nunmehr in anderm Licht gesehn.
Er sieht sein Weibchen nun nicht ungetreu, nur schön,
Nur liebenswerth; und unter jenen Bildern,
Die sein verlornes Glück ihm schildern,
(Den Schatten mancher süſsen Nacht
Worin sie ihn den Göttern gleich gemacht)
Vergäſs' er bald, daſs diese holden Augen
Dem schönen Seladon gelacht,
Und einen fremden Mund verwegen g'nug gemacht,
Aus ihrem Mund Ambrosia zu saugen.

„Doch wie? zu rascher Cefalus!
Worin bestand denn ihr Verbrechen?
Zürnst du auf deinen eignen Kuſs,
Und willst an ihr und an dir selber rächen,
Was du als Seladon gethan?

Du sprichst, sie sah mich doch für einen andern an.
Wie? ist dir denn die Macht der Sympathie verborgen?
Grausamer! frage jenen Morgen,
Da dir (so leicht ihr Rosenhaar
Dir den Betrug verrieth) Aurora Prokris war!
Dort war's die Fantasie, was deinen Sinn verführte,
Und eine fremde Frau mit Prokris Reitzen zierte:
Hier war es mehr als Wahn und Ähnlichkeit,
Du selbst warst Seladon. Du suchtest sie zu trügen,
Nicht Prokris sich; ein groſser Unterscheid!
Und doch gelang dir's nur — ihr Auge zu belügen,
Nicht ihre Zärtlichkeit:
Selbst unter den geborgten Zügen
Entdeckte dich ihr Herz; ihr Auge wandte sich
Von Seladon, ihr Arm umfaſste dich.
Betrogner Cefalus! was hat sie denn verbrochen?
Die Allgewalt der Sympathie
Zog sie in deinen Arm — und du bestraftest sie?
Doch, du entbehrst sie nun, und Prokris ist gerochen."

So denkt er itzt, wenn Einsamkeit und Nacht
Der Schönen Flucht ihm unerträglich macht.
Er zehrt sich ab mit Sehnsucht und Verlangen,
Sucht sie des Tags, so weit sein Fuſs ihn trägt,
Und wenn er Nachts an einen Baum sich legt,
Glaubt er im Traume sie zu finden, zu umfangen,
Und wüthet schier wie Roland, wenn, erwacht,
Der Morgen ihm den Irrthum sichtbar macht.

Man sagt, wer immer sucht, findt allezeit am Ende
Dieſs oder das, und oft noch mehr
Als er gesucht. Indem er weit umher
Das Land durchstreicht, läuft ihm von ungefähr
Die schönste Dryas in die Hände.
Es wallt ihr langes Haar, so schwarz wie Vogelbeer,
Um Schultern die den Schnee beschämen,
Und was ihr Kleid, gebläht vom losen West
Und bis ans Knie geschürzt, dem Jüngling sehen läſst,
Ist fähig Herzen von Asbest
Die Unverbrennlichkeit zu nehmen.
Selbst Cefalus, den seit der Prokris Flucht
Nichts mehr gerührt, fühlt dieſsmahl sich versucht;

Die Sympathie spielt ihre Spiele wieder:
Doch wehrt er sich, glitscht so geschwind er kann
Vom Hals zum Knie, vom Knie zur Ferse nieder,
Schnappt erst nach Luft, und redet dann
Mit halb geschloſsnem Aug' die Schöne stotternd an:

Du, wo nicht Artemis, doch ihrer Nymfen eine,
(Denn so verkündigt dich die göttliche Gestalt)
O, zeige mir den Aufenthalt
Der besten Frau, um deren Flucht ich weine!
Vielleicht daſs sie in irgend einem Haine
Zu deinen Schwestern sich gesellt!
O nenne mir, bey dem was in der Welt
Dein liebstes ist! den Ort, der sie mir vorenthält;
So soll, von Marmor aufgestellt,
Dein schönes Bild, mit Blumenkränzen
Alltäglich frisch bekränzt, in meinem Garten glänzen!

So sagt er, wirft sich vor ihr hin,
Und will ihr weiſses Knie umfassen;
Allein die schöne Jägerin,
Zu sittsam es geschehn zu lassen,

Entschlüpft ihm lächelnd aus der Hand,
Winkt ihn zurück, und spricht: Mein jungfräulicher Stand
Erlaubt mir nicht die Ehre anzunehmen,
Die mir dein Eifer zugedacht.
Doch höre auf um Prokris dich zu grämen!
Ich bin erfreut, daſs mich der Zufall fähig macht
Dir einen Dienst zu thun. Zwar sollt' ich Anstand nehmen.
Sie steht in unserm Schutz. Sie hat auf Lebenszeit
Der keuschen Göttin sich geweiht,
Und schwor, auf ewig dich zu meiden.
Das mag sie auch! Genug, mich rührt dein Leiden:
Ihr andern habt ich weiſs nicht was, das euch
Gefährlich macht, ich will es nur gestehen;
Mir schmilzt das Herz von euern Thränen gleich;
Kurz, folge mir, du sollst sie sehen.

Mein Cefalus fällt ganz entzückt
Zum andern Mahl zu ihren Füſsen,
Vergiſst aus Dankbarkeit schon wieder was sich schickt,
Und drückt ihr Knie mit feuervollen Küssen.

Doch schnell besinnt er sich — der Thor!
Indem die reitzende Rosette
(So hiefs man sie im Nymfenkor)
Es selbst beynah' vergessen hätte.
Er bebt, zieht Mund und Arm zurück,
Und sucht beschämt in ihrem Blick
Den Zorn, den er — vielleicht dadurch verdiente
Dafs er zu viel und auch zu wenig sich erkühnte.

Du zauderst? ruft ihm, da er zittert
Und unentschlossen scheint, halb lächelnd, halb erbittert,
Rosette zu: steh' auf und folge mir;
Die Schöne, die du suchst, ist nicht sehr weit von hier.

Er dankt, und folgt durch tausend krumme Pfade
Der schalkhaft lächelnden Dryade.
Ihm klopft sein Herz zugleich vor Angst und Lust.
Wie freut er sich an seine treue Brust
Das lang' entbehrte Weib zu drücken!
Wie schmiegt er sich vor ihren strengen Blicken
Im Geiste schon! Mit welcher Zärtlichkeit

Will er auf seinen Knien sie um Vergebung flehen!
Er schwört ihr zu, nicht eher aufzustehen,
Bis der Begnadigung, womit sie ihn beglückt,
Ihr süſser Mund das Siegel aufgedrückt.

Mit diesen zärtlichen Gedanken
Langt Cefalus und seine Führerin
An einer Grotte an, um die des Weinstocks Ranken,
Waldlilien und düftender Schasmin
Ein leicht gewebtes Gitter ziehn.
Hier schleiche (lispelt ihm Rosette)
Dich still hinein; du findest sie, ich wette,
Vom Bad erfrischt auf ihrem Ruhebette,
In einem Augenblick vielleicht
Worin sie selbst dich hergewünschet hätte,
Und wo man insgemein uns mit Erfolg beschleicht.

Mein Held gehorcht, und findet (wie Rosette
Ihm vorgesagt) Frau Prokris auf dem Bette
In süſsem Schlaf. — Doch Götter! welch Gesicht!
Hat ihn das Angesicht der gräſslichen Medusen
Versteinernd angeblitzt? Wie? er bewegt sich nicht?

Er steht erstarrt? was zeigt ihm denn das Licht
Das hier die Nacht zu holder Dämm'rung bricht?
Was sieh'st du, Cefalus? — O, schreckliches Gesicht!
Ein Jüngling — ruht an ihrem Busen.

Wie wohl ein solcher Anblick thut
Will ich die Männer rathen lassen.
Nicht jeder weiſs wie Dandin sich zu fassen.
Der arme Mann! ihm stockt sein Blut,
Ihm starrt das Haar; er will die Arme regen,
Will schreyn, und kann vor Schrecken und vor Wuth
Die Arme nicht, die Zunge nicht bewegen,
In dieser Noth thut ihm sein Aug' allein,
Wiewohl zu desto gröſsrer Pein,
Den letzten Dienst. Er starrt mit Schrecken
Den Jüngling an, und glaubt — o Zufall! o Natur!
Ein andres Selbst, doch ein geborgtes nur,
In diesem Jüngling zu entdecken.

Er irrte nicht: es war derselbe Seladon,
Von dem er jüngst Gestalt und Reitze borgte;

Der schönste Hirt, schön wie Endymion,
Der, da mein Cefalus nichts weniger besorgte,
Frau Prokris (die er sich seit ihrem Nymfenstand
Zur Herzenskönigin erkohren)
Zu seinem Sieg schon vorbereitet fand.
Betrogner! durch dich selbst, durch dich gehst du verloren!
„Verwünschte Eifersucht! verfluchter Talisman!
Was für ein Dämon trieb dich an,
In Seladons Gestalt durch tausend Zärtlichkeiten
Dein ehrlich Weib zur Untreu zu verleiten?
Wer zweifelt wohl, du albernes Gesicht,
Daſs Glas und Unschuld leicht zerbricht?
Bey beiden braucht es keine Proben:
Sie werden nur, weil sie zerbrechlich sind,
Mit gröſsrer Sorgfalt aufgehoben.
Frau Prokris war ein gutes Kind,
Die Unschuld selbst, und wär' es auch geblieben:
Du, du verriethest sie dem wahren Seladon;
Du lehrtest sie in andern dich zu lieben!
Sie lernte gut, du siehst die Frucht davon!"

So flüstert itzt das strafende Gewissen
Dem Selbstbetrognen zu: doch (wie es immer geht)
Kommt nach der That die Reu auch hier zu spät.
Was soll er thun? Sie ruhn von ihren Küssen
So reitzend aus! Es wäre Grausamkeit,
Den süſsen Schlaf der Glücklichen zu stören.
Soll er die Billigkeit, soll er die Rache hören?
Es kostet Müh' und innerlichen Streit;
Doch siegt zuletzt die Zärtlichkeit,
Und schmelzt den Grimm in wehmuthsvolle Zähren.
Fast athemlos wirft er den letzten Blick
Auf das geliebte Weib und sein verlornes Glück;
Sieht sie — ihr Götter! welch ein Blick!
In fremdem Arm so sanft, so lieblich schlafen;
Sieht's, ächzet laut, und flieht zurück,
Sein Unglück — an sich selbst zu strafen.

Nicht ferne von dem Ort, aus dem er wüthend lief,
Verbreitet sich, umkränzt mit Myrtenhecken,
Ein kleiner See, hell wie Krystall, nicht tief,
Doch tief genug die Nymfen zu verstecken,
Die oft, bey lauer Abendluft,

Die Dämmerung zu jungfräulichen Scherzen,
Und, wenn sie sicher sind, zum frischen Bade ruft.
Hier sucht mein Cefalus das Ende seiner Schmerzen
In einem feuchten Tod. Verzweifelnd, ohne Sinn,
Sieht er zum letzten Mahl noch auf die Grotte hin,
Drückt dann die Augen zu, und stürzt sich in die Wellen.

Wie wunderbar in seinen Fällen
Das Schicksal ist! Der Kampf des Tages und der Nacht
War noch nicht lang', als dieſs geschah, geendet.
Aurora, die bereits den frühen Lauf vollbracht,
Erblickt, da sie den Wagen wendet,
Den kleinen See, und findet ihn bequem.
Sie denkt, hier wär' ein Bad ganz angenehm;
Steigt ab, entladet sich von Schleier, Rock und Mieder,
Und überläſst die Rosenglieder
Der buhlerischen Flut. — Das dachtest du wohl nicht,

Du guter Cefalus, daſs deiner ird'schen Bürde
Aurora selbst die letzte Liebespflicht —
In ihrem Arm erstatten würde?

Sein Fall erschreckt ihr lauschend Ohr,
Sie schwingt sich aus der Flut empor,
Sieht, und erkennt, indem sie siehet,
Den alten Freund, der schon den letzten Athem ziehet.
Die dringende Gefahr macht, daſs sie itzt vergiſst,
Wie wenig er verdient, daſs sie so gütig ist.
Sie schwimmt hinzu, trägt ihn mit eignen Armen
In eine Grotte hin, wo ihm das weiche Moos
Zum Bette wird, setzt ihn auf ihren Schooſs,
Und läſst sein kaltes Herz an ihrer Brust erwarmen.

Das Mittel hilft. Sie fühlet bald
Daſs etwas noch in seinen Adern wallt,
Sieht seine Wangen sich mit neuen Rosen färben,
Und küſst ihn bald ins Leben ganz zurück.

Zum Mahlen wäre das ein hübscher Augenblick;
Hier könnt' ein Boucher Ruhm erwerben!
Er öffnet halb den neu belebten Blick,
Erkennt Auroren, sinkt an ihre Brust zurück,
Nicht vor Verzweiflung mehr, vor Dankbarkeit zu sterben.

KOMBABUS

ODER

WAS IST TUGEND?

EINE ERZÄHLUNG.

VORBERICHT.

Dieses Gedicht war die Frucht einiger genialischen Stunden im Jahre 1771. Der Hauptstoff ist aus Lucians Nachrichten von der Syrischen Göttin genommen, und die Vergleichung zwischen der Legende vom Kombabus, welche Lucian aus dem Munde der Priester zu Hierapolis erzählt, und dem was unser Dichter daraus gemacht, ist nun einem jeden, der dazu Lust und Muſse hat, um so leichter, da die neueste Übersetzung der Werke dieses anmuthigen Schriftstellers überall in Deutschland zu finden ist. Es giebt vielleicht unter allen Mährchen in der Welt keines, das alles, was eine poetische Erzählung interessant machen kann, in einem höhern Grade in sich vereinigte als dieses alte Syrische Mährchen von Kombab. Aber, um ihm das höchste Interesse, dessen es fähig war, zu geben, muſste es nicht nur mit Zucht und Delikatesse, ohne alle Leichtfertigkeit erzählt werden; sondern es war auch nöthig, dem Kombab einen edlern Beweggrund zu seiner auſserordentlichen That zu geben, als Lucian in seiner Erzählung thut. Sie muſste eine Heldenthat seyn; und dieſs konnte sie nur dadurch werden, daſs sie die Wirkung eines ganz uneigennützigen Triebes war, und daſs Kombab ein Opfer, das einen so schweren Grad von Selbstverläugnung erforderte, nicht der Furcht für sein Leben, sondern dem Gefühl seiner Pflicht, der Tugend, brachte.

Ein ungenannter Französischer Poet, dessen Kombabus mit dem unsrigen ungefähr zu gleicher Zeit ans Licht trat, dachte hierüber anders. Ohne alles Gefühl für die Schönheit dieses in seiner Art einzigen Sujets, machte er eine Erzählung im Geschmack Grecours daraus, — und reinigte dadurch wenigstens sich selbst und den Deutschen Dichter von allem Verdacht, daſs einer von ihnen den andern nachgeahmt habe.

KOMBABUS.

V. 1 — 10.

Die Tugend ist, wenn wir die alten Weisen fragen
Ich weiſs nicht was — Laſst's euch von ihnen selber sagen!
Dem einen Kunst, dem andern Wissenschaft,
Dem ein Naturgeschenk, dem eine Wunderkraft;
Der Weg zu Gott, nach Zoroasters Lehren;
Der Weg ins Nichts, nach Xekia's Schimären.
Sie ist, spricht Pyrrho, was ihr wollt;
Und mir, schwört Seneka, noch theurer — als mein Gold;
Sie ist der wahre Stein der Weisen,
Macht einen Irus reich, macht schwere Ketten von Eisen

V. 11 — 25.

Wie Blumenketten leicht, und (was kaum Circe kann)
Den Krates zum Adon, Diogenes zum König! —
Doch wohl im Traume nur, ruft Spötter Lucian.
Der Weise von Stagyr setzt seinen Zirkel an:
„Zieht (spricht er) mitten durch zu viel und durch zu wenig
Die Linie A B, so scharf und so gerad
Ihr immer könnt! — sie ist der nächste Pfad
Zu ihrem Zauberschloſs! nur hütet euch vorm Fallen!"

Herr Doktor, (ruft der Mann, der Alexandern bat
Ihm aus dem Licht zu gehn) den mögt ihr selber wallen!
Ich danke meines Orts! Wir schlendern, wo Natur
Voran geht, mit: es geht gewöhnlich nur
Der Nase nach; und glitscht ihr auch zuweilen,
Was thut's? ihr fallt doch nicht so tief wie Ikarus,
Und braucht kein Pflaster die Rippen zu heilen.

V. 26 — 42.

Getroffen! (singt, berauscht von junger Nymfen Kuſs
Und altem Wein, der Weise von Cyrene)
Die Tugend lieb' ich sehr! Sie ist die gefälligste Schöne,
Und wer sie finster mahlt, der ist mein Mahler nicht!
Sie macht uns Vergnügen und Freude zur Pflicht,
Und deckt den Lebensweg mit Rosen —
Falsch, falsch! (ruft Prodikus) das wär' ein feiner Weg
Uns in den Labyrinth zu führen,
Worin (zumahl berauscht) die Klügsten sich verlieren!
Im Gegentheil, es ist ein schmaler, rauher Steg,
Voll starrer Hecken ohne Rosen:
Wer's anders sagt, der kennt die Wege schlecht!

Genug, genug, ihr Virtuosen!
Ihr habt vielleicht auf einmahl alle Recht;
Nur, darf ich bitten, kein Gezänke!
Der groſse Punkt, worin wir alle, wie ich denke,
Zusammen treffen, ist: Ein echter Biedermann

V. 43 — 59.

Zeigt seine Theorie im Leben.
So schön und gut sie immer heiſsen kann,
So wollt' ich keine Nuſs um eure Tugend geben,
Wofern sie euch im Kopfe sitzt.
Warum, laſst euch den Oheim Toby sagen
Und Trim, den Korporal! — Für itzt
Sey mir (mit allem Respekt vor euren Bärten, Kragen,
Kaputzen, Mänteln, Bireten, und allem Zugehör
Der Sapienz) erlaubt, euch aus der praktischen Sfär'
Ein klein Problemchen vorzutragen!
Der Fall, geehrte Herr'n, ist der!

*

Ein König, der den Antilibanus
Vordem beherrscht', und dessen Nahme
Uns nichts verschlägt, 1) — (genug es war ein Nahm' in us)
Besaſs ein seltnes Glück — in seiner ehlichen Dame
Cytherens Jugend und Reitz, mit strenger Tugend vereint,
Und ein noch seltners, — einen Freund.

V. 60 — 76.

Ein König einen Freund? Den kann kein König haben,
Sagt dort Diogenes zu Filipps groſsem Sohn:
Allein der unsre macht hiervon,
Zu seinem Glück, die Ausnahm' in Kombaben.

Schön, wie gesagt, und gut war seine Königin,
Im ersten Jugendglanz schon weise,
Und zärtlich überdieſs wie eine Schäferin;
Auch sehr devot, wie dessen zum Beweise
Euch ein Gelübde dient, wodurch sie sich zur Reise
In ein entleg'nes Reich verband,
Der Göttin, die ins Joch der heilgen Eh' uns spannt,
Der Schützerin (doch nicht dem Muster) guter Frauen,
Den schönsten Tempel aufzubauen.

Der König, ob er wohl nicht von den jüngsten war,
Fand dieſs Gelübd' ein wenig sonderbar.
Er gab ihr höflich zu verstehen,
Die Sache könnte wohl durch fremde Hand geschehen.

V. 77 — 95.

Mein Architekt, Madam, ist ein bewährter Mann.
„Nein, liebster Eh'gemahl! Ich muſs den Grundstein legen:
Dieſs ist ein Punkt, wovon mich nichts entbinden kann;
An unserm Hochzeittag gelobt' ichs heilig an.
Mein armes Herz empört sich zwar dagegen;
Doch, sollt' es auch in Stücken gehn,
Der Göttin muſs und soll genug geschehn!"

Der König stellt' ihr zwar noch manchen Grund entgegen,
Worauf nicht viel zu sagen war;
Auch setzte sich die Dame der Gefahr
Nicht aus, ihn schwach zu widerlegen:
Sie hatt' ein Mittel bey der Hand,
Das jede schöne Frau noch immer kräftig fand
Die männliche Vernunft zum Schweigen zu vermögen;
Sie wurde krank. Der erste Leibarzt that,
Mit allen seinem Amt zuständigen Grimassen,
Den Ausspruch, und bewies aus seinem Hippokrat,
Man müsse sie, da sey kein andrer Rath,
In Junons Nahmen reisen lassen.

V. 96 — 114.

Ein Mann, und sollt' er zehnmahl König seyn,
Kann, wie ihr wiſst, in solchen Fällen,
Nichts bessers thun als sich ein wenig blind zu stellen,
Und giebt mit guter Art sich, wenn er klug ist, drein.
Der unsre spielt, für einen König,
(Die Herren seiner Art genieren sonst sich wenig)
Die äuſsre Rolle ziemlich gut;
Doch innerlich war ihm nicht wohl dabey zu Muth.
So eine schöne Frau sich selbst zu überlassen!
Schon der Gedanke macht den guten Herrn erblassen;
Wiewohl die Frau die Tugend selber war,
So schien die Folge nur zu klar.

Zu viel Erfahrenheit ist ihrem Eigenthümer
Oft hinderlich, zum mindsten an der Ruh.
Ein weiser Mann von sechzig zweifelt immer,
Traut wenig eurer Weisheit zu,
Und eurer Tugend nichts; — und wahrlich desto schlimmer
Für euch und ihn! — Der gute König sitzt,
Indem er mit der rechten Hand die Stirne

V. 115 — 133.

Ganz sanft sich reibt, auf seinen Arm gestützt
In seinem Sorgestuhl. Sein königlich Gehirne
Arbeitet (eine Müh', die es sich selten gab!)
Ein Mittel aus, sich Ruhe zu verschaffen.
Der Günstling selbst aus seinen Kammer-Affen
Lockt keinen Blick durch seinen Scherz ihm ab.
Auf einmahl ruft er einem Knaben
Im Vorgemach: Man hohle mir Kombaben!
Kombab, sein Freund, ein junger Mann zwar noch,
Und schöner als Narciſs, jedoch,
Trotz allen Lockungen der Schönheit und der Jugend,
Ein junger Mann von oft bewährter Tugend,
Kombab, so denkt er, kann in diesem Fall allein
Der Schutzgeist seiner Ruh' und ihrer Ehre seyn!

Kombab erscheint, und, ohne daſs wir's sagen,
Errathet ihr, was ihm der König aufgetragen.
Der arme Liebling stand, wie angedonnert, da,
Und schwieg, und staunt' und hing die Ohren.
Von welcher Seit' er auch den Auftrag übersah,

V. 134 – 150.

Auf allen war er gleich verloren!
Allein was kann er thun? — Sein Freund, sein König spricht:
„Ich muſs mich von Astarten 2) trennen;
Zwey lange Jahre, Freund! — Wie dieser Augen Licht,
Du weiſst es, lieb' ich sie, und muſs mich von ihr trennen!
Wem sollt' ich denn, da mich die Königspflicht
Zurück zu bleiben zwingt, sie anvertrauen können
Als meinem treuen Freund Kombab? —
Auf deine Seele wälzt mein unbegrenzt Vertrauen
Die schwerste meiner Sorgen ab;
Dir übergeb' ich sie, die beste aller Frauen!
Sey ihr Beschützer, Freund und Rath,
Und nimm, für deine Treu zum Lohne,
Wenn du zurück sie bringst, die Hälfte meiner Krone!"

Nun sagt, was konnt' er thun — als was er schweigend that?
Sich tief bis auf den Boden bücken,
Und unvermögend seyn, ein dankbares Entzücken

V. 151 — 167.

Mit Worten sattsam auszudrücken,
Versprechen, schwören, — kurz, was jeder Günstling muſs,
Mit Lächeln heuchlerisch des Herzens Kummer schminken,
Und fliegen, wie Merkurius,
Wenn Zevs beschlossen hat in goldnem Regenguſs
In einer Nymfe Schooſs zu sinken.

Kombab entfernet sich. — Wir schleichen sachte nach,
Zu hören, wie in seinem Kabinette
Der arme Mann sich mit sich selbst besprach.
Er warf sich auf ein Ruhebette
Und seufzt' und weinte laut. — „O Götter, fing er an,
Was hat Kombabus euch gethan?
O! hätte mich der Fürst zum Günstling nie erkohren!
Nichts kann mich retten! — ach! nichts, als was Dolch und Gift,
Was jeden Tod an Grauen übertrifft!"

Hier unterbrachen Thränenfluten
Den Monolog; und da er ausgeweint:

V. 168 — 184.

„Mein König, (fuhr er fort) mein König und mein Freund,
Was thät' ich nicht für dich! — Mein Leben auszubluten
In diesem Augenblick, wär' eine Kleinigkeit!
Mit Freuden! — Aber ach! die Tugend mit dem Leben
Zugleich für dich auf einmahl hinzugeben,
Das ist zu viel!" — Hier wird er wieder stumm.

„Doch wie? (so denkt er fort) wenn ich zu schüchtern wäre?
Ich kenne mich, ich bin ein Mann von Ehre,
Und Tugend liebt' ich stets — Warum
Mir selbst so wenig zuzutrauen?
Gut! — aber auch der Königin?
Sie ist ja wohl die beste aller Frauen,
Ist fromm und keusch wie eine Priesterin;
Doch immer — eine Frau und eine Königin;
Hat Fleisch und Blut wie andre junge Schönen,
Und wird sich, sind nur erst drey bis vier Monden hin,
Von Hymens Trost nicht ohne Müh' entwöhnen.

V. 185 — 203.

Ein junges Weib, Kombab, und eine Königin!
Den Fall gesetzt! wie willst du dich betragen?
Verhüten willst du ihn! — Sehr wohl! Allein, gesetzt
Er käme doch? — denn gut dafür zu sagen,
Wer, der das Herz kennt, dürft' es wagen? —
Gesetzt demnach, du würdest hochgeschäzt,
Man fänd' unschuldiges Behagen
An deinem Umgang — Nach und nach
Gewöhnt man sich, man weiſs nicht wie, Kombaben
Den ganzen Tag um sich zu haben;
Man wird vertraut, man scherzt, man spielt im Schach,
Und spricht nicht stets von ernsten hohen Dingen;
Der Freundschaft öffnet sich sogar das Schlafgemach,
Man braucht sich nicht vor ihr zu zwingen,
Ihr ist kein Ort und keine Zeit
Versagt; kein Argwohn stört der Unschuld Sicherheit;
Vom strengen Wohlstandszwang befreyt,
Entdeckt einst ungefähr ein Arm von Alabaster,
Ein Busen, der sich halb aus seinen Fesseln drängt,

V. 204 — 219.

Ein schöner Fuſs, sich dir; und du — bliebst unversengt?
Das hätte sich selbst Zoroaster
Nicht zugetraut! Und wie, (was nur zu möglich ist)
Wenn sich die Königin vergiſst;
Wenn sie dein Herz, und, kann sie dieſs nicht rühren,
Doch deine Sinne zu verführen,
Nichts unversuchet läſst? Was hälfen dir, Kombab,
Der längste Widerstand, die schönsten Heldenthaten?
Mit jedem Siege nimmt die Kraft zum Siegen ab,
Und endlich wird dich ihr dein eignes Herz verrathen.
Für dich kämpft Ehr' und Tugend nur,
Ihr helfen Schönheit, Reitz, und Wollust, und Natur!
Die Übermacht auf Amors Seite
Ist allzu groſs in einem solchen Streite!
Und hättest du noch Kraft zum Widerstehn:
Wirst du sie ungerührt in Thränen schwimmen sehn?

V. 220 — 235.

Ich kenne dich zu gut! — Du wirst, zu ihren Füſsen
Hinsinkend, jede Thrän' aus ihren Augen küssen,
Wirst, voll des süſsen Gifts wovon ihr Auge schwillt,
Dein wallend Herz an ihren Busen drücken,
Und auſser ihr nichts fühlen, nichts erblicken!
Und dann?" — O rettet mich, ihr Götter! — rief er wild,
Und floh schon vor sich selbst, wie einer der, vom Schrecken
Des bängsten Traums erweckt, sich ringsum eingehüllt
In Flammen sieht, die seine Haare lecken.

Und nun, setzt euch an seine Stell',
Ihr Epikteten, ihr Sokraten,
Und wie ihr alle heiſst! was ist dem Mann zu rathen?
Was thätet Ihr? Setzt euch an seine Stell',
Und sprecht! — Don Robert Arbrissel,
Wir wissen's, war bey weitem nicht so schüchtern.
Was wir berauscht nicht wagten, wagt' er nüchtern,

V. 236 — 252.

Und merket wohl, er war kein *Maleficiat.*
„Was that denn Robert?" — Was er that?
Man spricht nicht gern davon; doch könnt ihr Baylen fragen. 3)
Genug, Kombab, der nur ein armer Syrer war,
Und doch, erlaubet mir's zu sagen,
Die Tugend liebte, gab nicht gern sich in Gefahr;
Und in der That, nicht alle dürfen wagen,
Was Kinderspiel für Bruder Robert war.

Ich scherze nicht; ihr Virtuosen, rathet!
Ihr seht Kombabs Verlegenheit.
Vergeſst itzt — was ihr selber thatet,
(Wer zweifelt daſs ihr Menschen seyd?)
Sagt nur, was soll in seiner Lage
Kombabus thun, um auſser Furcht zu seyn,
Im schwächsten Augenblick von einem schwarzen Tage
Nicht Keuschheit, Treu und Freundschaft zu entweihn?
Die Frage, glaubet mir, ist keine leichte Frage!

V. 253 — 269.

Fliehn soll er, ist der Rath des Klügsten
unter euch; 4)
Der Tugend Streit mit Liebe, Lust und Jugend,
Ist, ihr gesteht's, zu wenig gleich;
„Die Flucht allein gewährt uns unsre Tugend."
Gut, das ist leicht gesagt: doch, wär's auch
leicht gethan,
Zum Unglück schlägt der Rath in unserm Fall
nicht an.
Dem armen Mann verwehrt die Pflicht
zu fliehen,
Verwehrt die Treu für seinen Freund und
Herrn
Sich dem gefährlichen Beruf (so gern
Er ihn verbäte) zu entziehen.
Er mufs! — Wohl, ruft aus Einem Mund
Der Kasuisten Kor, — so mach' er einen
Bund
Mit seinen Augen, und wag's! — Auch das ist
schön zum Sagen;
Allein Kombab, der sich vermuthlich fühlt'
Und nichts auf Wagespiele hielt,
Kann auch die Möglichkeit des Fallens
nicht ertragen.
Am schwankenden Erfolg von einem Augen-
blick

V. 270 — 289.

Hängt seine Ruh, sein Ruhm, sein ganzes
Glück,
Sein Leben selbst; denn freylich, wenn er fiele,
Steht nichts geringers auf dem Spiele.
Der Neid im Hinterhalt, die schlaue Eifersucht
Hält tausend Augen auf ihn offen;
Wie könnt' er seines Lasters Frucht
In Ruhe zu genieſsen hoffen?

Allein, gesetzt auch, daſs um sie
Der Liebesgott die dickste Wolke zieh',
Ihr Glück so lang' als ihre Flamme daure,
Und Argus selbst vergebens sie belaure:
So lauscht ein Zeuge, den er nicht
Betrügen kann, in seinem Busen.
Ihn schreckte weniger das tödtende Gesicht
Der schlangenhaarigen Medusen!
Was hälf' es ihm die Welt zu hintergehn,
Wenn er erröthen muſs in sich hinein zu
sehn?

In dieser äuſsersten Gefahr
Stellt seinem Geiste sich ein einzig Mittel dar.
Es ist entsetzlich auszusprechen,

V. 290 — 305.

Allein es sichert vor Verbrechen.
Er geht nicht erst mit Fleisch und Blut zu Rath;
Tief seufzend wendet er die Augen, nicht zu sehen
Was seine Hand beginnt. — Sie ist, sie ist geschehen,
Die heldenmüthige, die groſse, schöne That!

Ihr, die ein rascher Schwur verpflichtet,
Die schönste Sünderin begierlos anzusehn,
Seht, welchen Zoll Kombab der Tugend hier entrichtet!
Und müsset ihr euch selbst gestehn,
Dieſs sey der nächste Weg dem Satan auszuweichen,
So gehet hin, und thut deſsgleichen!

Indessen läuft der Sand der Abschiedsstunde ab.
Kombab beurlaubt sich. Astartens Tugend spielet
In vollem Glanz. Antiochus empfiehlet
Die Dame seinem Freund — Auf einmahl ruft Kombab:
Beynahe hätt' ich was vergessen!

V. 306 — 321.

Er fliegt davon, und kommt im Augenblick
Mit einem Kästchen im Arme zurück.
Er fällt dem Herrn zu Fuſs: „Darf sich dein Knecht vermessen,
Noch eine Bitte zu thun? Dieſs Kästchen, Herr, enthält
Das Kostbarste von allem in der Welt
Was dein Kombab besaſs. Um sicher es zu wissen
Leg' ich es hier zu meines Königs Füſsen.
Drück ihm dein Siegel auf, und gönn ihm einen Platz
In deinem königlichen Schatz.
Dort mög' es, bis ich einst es wieder fodre, liegen!"

Der König schwört bey seinem grauen Bart,
Es soll den besten Platz in seinem Schatze kriegen;
Und in Kombabens Gegenwart
Drückt er sein Siegel auf. Mit vielen Thränengüssen
Entreiſst Astarte nun sich seinen Abschiedsküssen,
Kehrt zehnmahl wieder um, läſst ihr getreues Herz

V. 322 — 340.

Nur Einmahl noch an seinem Herzen schlagen,
Und wird zuletzt, halb todt vor Schmerz,
In ihren Palankin getragen.

Nach dreyen Monden kam die hohe Karawan'
An Ort und Stelle glücklich an.
Der Bau beginnt, und geht so gut von Statten,
(Dank sey Kombaben, der das ganze Werk regiert)
Daſs, eh' das zweyte Jahr ins dritte sich verliert,
Sie nur den Wetterhahn noch aufzusetzen hatten;
Und gleichwohl schien's ein Werk von Göttern aufgeführt.

Astarte bleibt, wie zu erachten,
Von unsers Helden Werth nicht lange ungerührt.
Verdienst und Tugend hochzuachten
Ist eine Eigenschaft, die ihres gleichen ziert.
Sein inneres Verdienst entbehrt zwar leicht Verstärkung
Von auſsenher: allein, da man ihn täglich sieht,
So macht (wiewohl sie sich's zu läugnen sich bemüht)
Ihr Auge doch allmählich die Bemerkung,
Kombab, der unvermerkt das Herz ihr abgewann,

V. 341 — 360.

Sey nicht der beste nur, sey auch der schönste Mann;
So schön, so tadellos vom Kopf bis auf die Füſse,
Daſs, hätt' ein Bildner je dieſs Ideal erreicht,
Er ohne Widerspruch der erste Künstler hieſse,
Und jede Göttin ihr verzeihenswürdig däucht,
Die sich von ihm ein wenig lieben lieſse.
Und bey so seltnem Reitz, ein Herz
So gut, so sanft, so edelmüthig!
Sein Witz so leicht, so fein sein Scherz!
Kurz, Eines fehlt ihm nur — er ist zu ehrerbietig.
(Doch, wie ihr seht, wird dieser Vorwurf ihm
Durch Blicke nur gemacht) — Man soll in Schranken bleiben:
Allein die Schüchternheit so weit wie Er zu treiben
Ist grillenhaft. Ein wenig Ungestüm
Ist eher Reitz an Leuten die ihm gleichen
Als Übelstand. — was braucht er auszuweichen
Wenn ihre Augen sich begegnen? Fürchtet er
Die ihrigen? — Die Antwort war nicht schwer:
„Er liebt, der arme Mann, und kämpft mit seinen Trieben!"
Und wenn er liebt, wen kann er lieben

V. 361 — 378.

Als eine Göttin, oder — Sie?
Wie könnt' es anders seyn? Er, der sie spät und früh
Zu sehen Anlaſs hat, wie wär' er frey geblieben?
Dieſs klärt ihr alles auf. Er hat den Muth noch nicht
Sich sein Geheimniſs zu gestehen,
Und wird das Opfer seiner Pflicht.
Daher der Zwang, sie nur verstohlen anzusehen,
Das Seufzen, das ihm statt des Athmens ist,
Die Schwermuth seines Blicks, die Blässe seiner Wangen,
Und diese Wolken, die, so bald er sich vergiſst,
Um seine schöne Stirne hangen!

Der Irrthum war Astarten zu verzeihn.
Man muſst', um richtiger zu schlieſsen,
Nur in Kombabs Geheimniſs seyn.
Uns, die wir mehr als Sie von seinen Sachen wissen,
Ist alles klar. Allein, der Orden, den er ziert,
Wird billig niemahls präsumiert.
Sie wuſste übrigens, daſs die Semiramissen

V. 379 — 397.

(Gleich den Göttinnen) sich, wenn sie ein Schäfer rührt,
Zum ersten Schritt entschliefsen müssen;
Zum zweyten, dritten oft, wofern der Seladon
Vor seinem Glück die Augen zuzuschliefsen
Beharrt. In diesem Stück mufs eine Göttin schon
Den Fehler ihres Standes büfsen.
Indessen giebt's der Wege ja genug
Was man zu sagen hat mit guter Art zu sagen.
Man braucht sich eben nicht gleich förmlich anzutragen:
Ein Mann von Lebensart, zumahl bey Hof, ist klug,
Und in der Redekunst der Augen wohl geübet.

Allein beym unsrigen ist alles, was ihr Blick
In dieser schönen Sprach' ihm zu vernehmen giebet,
Verloren. — „Wunderbar! Was hält ihn noch zurück?
Er weifs doch sonst so gut zu leben;
Und dächt' er nur ein wenig fein,
So würd' er selbst beflissen seyn
Der Schritte sie zu überheben,
Die eine Frau sich selber zu vergeben

V. 398 – 416.

Stets Mühe hat, wobey Er nichts gewinnt,
Und die für Sie so wenig rühmlich sind.“
Schon spricht sie deutlicher. Itzt muſs er's doch verstehen!
Man ist sehr blind nicht durch ein Sieb zu sehen.
Wenn eine Königin euch Blicke giebt wie Sie,
Die Hand euch drückt, von nichts als Sympathie
Und von der Liebe, die vom Willen
Nicht abhängt, spricht, — für sehr natürlich hält,
Daſs eine Göttin, wenn auf dieser Unterwelt
Ein Cefalus, ein Acis ihr gefällt,
Sich kein Bedenken macht den süſsen Trieb zu stillen:
Ich sage, wenn sie euch so weit entgegen geht,
Und ihr sie dann noch nicht versteht,
So müſst ihr — wüthende Distrakzionen haben!

Dieſs war nun freylich bey Kombaben
Die Sache, leider! nicht; allein
Astarte konnte das nicht wissen:
An ihrem Platz was kann sie schlieſsen,
Als, eine andere müſs' im Besitze seyn?

V. 417 — 434.

Von diesem Augenblick wird jede seiner Mienen,
Wird jeder Tritt belauscht und ausgespäht:
Kein wiederkommender Komet
Beschäftigt mehr die wachenden K a s s i n e n.
Ein Finger, den er regt, erweckt ihm schon Verdacht.
Man weiſs wie scharf verliebte Augen sehen,
Wenn Eifersucht sie mikroskopisch macht.
Kein Zauberschatz wird wie K o m b a b bewacht.
Doch endlich wurde man es müde — N i c h t s zu sehen.

A s t a r t e, deren Gluth itzt wieder Luft bekam,
Zu ihrer ersten Hypothese
Zurück zu gehn genöthigt, glaubt, sie lese
Ganz klar in seinem Gesicht, daſs nichts als falsche Scham
Die Ursach' sey, warum er sich so link benahm.
Ein *Pastorfido* ist das blödste aller Wesen.
Sie sieht, es braucht, den Zauber aufzulösen,
Was auſserordentlichs, und, ihrer beider Ruh
Zu Lieb', entschlieſst sie sich, wie wohl nicht gern, dazu.

V. 435 — 454.

Was bald darauf, im Kabinette
Der Königin, mit ihr und unserm Freund Kombab
Sich, diesem Schluſs gemäſs, begab —
Es gäb' ein feines Nachtstück ab
Wofern ich Lust zum Mahlen hätte!
Genug, es war ein Sofastück,
Und (wenn ihr euch so weit zurück
Erinnern könnt) Aurora 5) spielt' einst völlig
Astartens Rolle, nur mit etwas besserm Glück.
Denn ach! Kombabens Stand macht alles hinterstellig,
Wodurch man (ohne sich zu schmeicheln) hoffen kann
Zu siegen über einen — Mann.
Kombabus! — In der That die Lage,
Worin er war, empöret die Natur.
Auch fühlt er — was ich euch nicht ohne Röthe sage —
Nicht für Astartens Tugend nur:
Ach, für ihn selbst gehn seine Augen über!
O Tugend, ruft er aus, welch Opfer bracht' ich dir!
O! warum nahm ich mir nicht lieber
Das Leben ganz, als ich Betrogner mir — —

V. 455 — 474.

Ach Königin! wie soll, wie kann ich dir
Gestehn, was dein Kombab sich raubte? —
Er sah verwildert aus indem er's sprach. Ein Schrey
Entfuhr der Königin; sie glaubte
Daſs von der Nymfenwuth Kombab ergriffen sey.
Allein sie wurde bald aus dieser Angst gerissen.
Wie auſser sich sinkt er zu ihren Füſsen,
Umarmt und drückt was seinen feurigen Küssen
Am nächsten lag, ihr allzu reitzend Knie —
Und wie Astart' aus einer Ekstasie,
Die ihr allmählich sich verschönerndes Gesichte
Mit Wonnelächeln übergieſst
Und wie zu süſsem Tod ihr schönes Auge schlieſst,
In seinem Arm zurück gekommen ist,
Erzählt der arme Platonist
Von seinem Heldenthum die klägliche Geschichte.

Die Schwachheit, die er uns gezeigt,
Macht ihm (ich seh's an ihrem Achselzücken)
Die nichts verzeihenden Katonen ungeneigt.
Mein Held verliert in wenig Augenblicken

V. 475 — 494.

Was noch vielleicht an seiner That
Verdienstlich war. — Wer schafft für alles Rath?
Ich lasse der Natur gern ihre kleinen Mängel;
Und freylich macht ein Schnitt noch keinen Engel!

Wie dem auch sey, Kombab gewann
Bey seiner Königin, was er bey euch verlieret.
Sie sah, indem er sprach, aufs innigste gerühret,
Mit Wehmuth ihn und mit Bewund'rung an.
„Zwey Jahre lang dich täglich sehn und hören,
Astarte, ganz Gefühl für deine Reitze seyn,
Und nicht abgöttisch dich verehren? —
Ich kannte mich! — und, wirst du mir verzeihn,
Wenn ich's gesteh'? — auch deinem schönen Herzen
Traut' ich zu viel Empfindung zu,
Um ungerührt zu seyn bey meinen stummen Schmerzen.
Und konnt' ich, Schönste, deine Ruh
Zu theu'r erkaufen?" — — Mehr zu sprechen
Vermag er nicht; sein volles Herz muſs brechen,
Muſs brechen, oder sich an ihrer schönen Brust
In einen Thränenstrom ergieſsen.

V. 495 — 513.

Sie selbst vergiſst der schmerzlich süſsen Lust
Zu widerstehn; drückt ihn an ihre Brust,
Versagt sich nicht die Wonne zu genieſsen
Geliebt zu seyn, die jeden Schmerz versüſst!
Zu grausam wär' es, ihm den einz'gen Trost zu wehren,
Den schwachen Trost unaufgehaltner Zähren,
Worin ihr Herz in seines überflieſst,
Und, süſs betäubt von einem Strom von Küssen,
Vergiſst, daſs etwas sey das sie entbehren müssen.
Astarte reicht ihm ihre schöne Hand:
Dieſs, spricht sie, da sie endlich seinen Küssen
Sich sanft entzieht, dieſs sey das Unterpfand
Der Zärtlichkeit, die dir mein Herz gestand,
Eh' ich, wie sehr du sie verdientest, konnte wissen!
Und wenn dieſs Herz, wovon du König bist,
Zum Glück dir so genug, wie mir das deinig' ist:
O! so genieſs den Trost dich so geliebt zu sehen,
Wie noch kein Sterblicher, wie kein Endymion,
Kein Cefalus, kein Attys, kein Adon

V. 514 — 532.

Geliebt sich sah! — Itzt darf ich dir's gestehen:
Die Groſsthat, der du dich erkühnt,
Gestattet mir, untadelhaften Trieben
Mich ganz zu weihn, erlaubt mir dich zu lieben
Wie nur Kombab geliebt zu seyn verdient.

Sie sagten sich noch viele schöne Sachen,
Die auf den Leser nicht den hohen Eindruck machen
Wie auf sie selbst, und die wir übergehn.
Indeſs erröth' ich nicht ganz laut es zu gestehn,
(Die Rigoristen mögen sagen
Was ihnen wohl gefällt) ich finde das Betragen
Der Königin in diesem Falle schön.

Astarte sucht' und fand in ihrem Herzen
Und seinem Geist, in seinem Unterricht,
Oft auch in leichten muntern Scherzen
Ersatz für — etwas, das (zum mindsten, wenn die Pflicht
Es heiligt) Spröden selbst nicht allzu gern entbehren.
Wenn jemand fähig ist ihr solchen zu gewähren,
So ist's Kombab. Denn von den höchsten Sfären

V. 533 — 551.

Bis zum Atom herab ist nichts, wovon er nicht
Wie Salomon und Trismegistus spricht.
Auch bringt die Königin
Oft halbe Sommernächte
An seiner Seite hin,
Bedient sich, ohne Zwang, der Rechte
Die ihr sein Zustand giebt, und kurz, behandelt ihn
Als wären sie von einerley Geschlechte.
Oft sitzen sie, zur Stunde da der West
Die Mittagsruh in Florens Arm verläſst,
Allein in wilden Sommerlauben,
Sehr unbesorgt, was wohl davon die Leute glauben.
Und in der That, es ist den Leuten zu verzeihn.
Man hüllt vergebens sich in seine Unschuld ein;
Die Welt erkennt die Tugend nur am Schein.
Wer hätt' ein paar Figuren ihrer Gattung,
So jung, so liebenswerth, so schön,
In eines Myrtenstrauchs sanft dämmernder Umschattung
Nicht für — Adon und Venus angesehn?

V. 552 — 570.

Bey Tage ging's noch hin. Doch halbe Sommernächte,
Und stets allein, mit einem schönen Mann! —
Mit einem Mann allein! — „Nun in der That, was man
Einander Nächte durch zu sagen haben kann,
Ist was ich wohl einmahl erfahren möchte!“ —
„Madam, es käm' auf eine Probe an,
Versetzt der junge Herr — Die kurzen Sommernächte
Entschlüpfen leicht; — man liegt in freyer Ruh
Auf Blumen — hört den Nachtigallen zu —
Und dieſs und das“ — So scherzen im Vertrauen
Die Höflinge, die Kammerfrauen.

Man kennt die Vögel am Gesang.
Dieſs Antischambervolk urtheilet gern vermessen.
Gesetzt die Königin sey oft ein wenig lang'
Bey ihrem Mentor aufgesessen,
Entschuldigt dieſs auch nur den leisesten Verdacht?
Man kann so leicht sich im Gespräch vergessen!
Und in der That ist einer schönen Nacht
Zum Staunen, zum Filosofieren,

V. 571 – 587.

Nichts anders gleich! Sie ist dazu gemacht
Die Seelen unvermerkt den Leibern zu entführen;
Zumahl wenn Lunens Schein, wie eine neue Welt
Von Schatten, welche kaum den äufsern Sinn berühren,
Elysiums echtes Bild uns vor die Augen stellt,
Und über uns, bey unbewölktem Himmel,
Der Sterne prächtiges Gewimmel
Den angezognen Geist mit stolzer Ahnung schwellt.

Astarte fand unendlich viel Behagen
An Nächten dieser Art; indessen manchem Freund
Der Augenblick — dem König anzusagen,
Wie seine Königin mit ihrem schönen Freund
Die Nächte braucht, — unendlich langsam scheint.

Er kommt zuletzt. Der Bau ist nun vollendet,
Der Tempel eingeweiht, die Priesterschaft dotiert,
Und, weil man nichts was sich gebührt
Vergessen will, das dritte Jahr geendet.

V. 588 — 605.

Der König, dem ich weiſs nicht was oft schwer
Ums Herze macht, betreibt den Rückzug sehr.
Nicht daſs er sich die Zeit indessen nicht vertrieben!
Man weiſs ja, groſse Herren lieben
Veränderung; und wohl bekomm's den groſsen Herrn!
Die Kleinen haben sie trotz ihrer Kleinheit gern.
Genug, der Rückzug läſst sich länger nicht verschieben;
Und Seiner Majestät zu melden, wie beglückt
Die Reise sey, wie heftig das Verlangen
Die königlichen Knie bald wieder zu umfangen,
Wird einer vom Gefolg dem Zug voran geschickt.
Man glaubte zwar den besten auszuwählen,
Doch war es schwer den Schlimmsten zu verfehlen.
Vergebens war Kombab ein Menschenfreund,
Und stets bemüht sich alle zu verbinden:
Ein Günstling hoffe nicht Erkenntlichkeit zu finden!
So bald sein böser Stern erscheint,
Ist, wer durch seinen Fall gewinnen kann, sein Feind.

V. 606 — 621.

Merkur mit Flügeln an den Sohlen
Vermöchte nicht den Höfling einzuhohlen;
So groſs ist die Begier, aus pflichtgemäſser Treu
Dem alten König zu berichten,
Wie nah' Kombab mit ihm verschwägert sey.
Wiſst ihr wie Höflinge in solchen Fällen mahlen?
Die Farben werden nicht dabey
Gespart, das glaubet mir! Mit seinem Kopf bezahlen
Will er, wofern er nur ein Wörtchen mehr gewagt,
Als was Astartens Hof aus Einem Munde sagt.

Der König sträubt sich sehr; so groſs war sein Vertrauen
Zu seinem Freund, zur besten aller Frauen!
Er krümmt und windet sich, bis er, gezwungen, weicht;
Denn, ach! nur nicht so viel als ein Vielleicht
Macht seine Überzeugung wanken;
Er kann ihm nicht entfliehn, dem schrecklichen Gedanken!

V. 622 — 640.

Betrogen, ruft er aus und sinkt betäubt dahin,
Von meinem Freund, von meiner Königin?

Ein Kerker schliefst, so bald sie angekommen,
Astarten und den Günstling ein.
„Welch Ärgernifs! — So kann der Schein
Der Tugend uns belügen!“ — schreyn
Aus Einem Ton die Spröden und die Frommen.
Den Schlangen, die die Welt von Anbeginn verführt,
Der Schönheit und dem Witz, den Stiftern alles Bösen,
Wird, wie es sich gebührt,
Der Text dabey gelesen.
Die Häfslichkeit (die freylich nicht verführt)
Ist mächtig stolz ihr Antlitz zu erheben,
Das Gegengift der bösen Lust;
Und Dummkopf lobet Gott aus voll geschöpfter Brust,
Der was an Witz ihm fehlt, ihm an Verstand gegeben.

Indessen fährt der König fort
Die Schaar der Zeugen zu verhören,
Und hundert Augenzeugen schwören,

V. 641 — 661.

Man sah sie tausendmahl allein, wenn Zeit und Ort
Die Sache sehr verdächtig machten:
Man sah sie einst sogar (wiewohl am längsten Tag)
In einem Gartenzelt beysammen übernachten.
Was sie gethan, ist — was man schliefsen mag!
Denn freylich konnte man so nah' hinzu nicht gehen
Um alles auf ein Haar zu sehen;
Genug, die Wahl von Zeit und Ort
Liefs, was davon zu denken sey, verstehen.

Zum Unglück mufs von Wort zu Wort
Kombab diefs alles eingestehen.
Er läugnet nichts: nur bleibt er stets dabey,
Dafs seine Königin dem königlichen Bette
Getreu, und rein wie eine Lilie sey,
Und dafs er sich nichts vorzuwerfen hätte.
Doch, bessert diefs der Sachen Mifsgestalt?
Der Zeugen Harmonie, sein eigenes Bekenntnifs
Beweist ein sträfliches Verständnifs
Nur allzu stark. Der Urtheilsspruch erschallt:
Man überlief're sie der rächenden Gewalt.
Ein schwarz behängtes Blutgerüste

V. 662 — 678.

Erwartet dich, Kombab, und die gerechte Wuth
Des Königs lechzt nach seines Günstlings Blut.

Der Schein ist wider mich, spricht mit gelaſsnem Muth
Das Opfer seines Grimms: was kann ich thun als schweigen?
Doch schuldlos stirbt Kombab! — Dieſs tröstet mich! — und du,
Mein König, wirst, zu meines Schattens Ruh,
Was gegen eine Welt voll Zeugen
Astartens Unschuld dir und meine Redlichkeit
Beweisen kann, in jenem Kästchen finden,
Das ich — erinnre dich's, o Herr — im Reisekleid
Dir übergab. Ich bin zum Tod bereit,
Und suche nicht aus Furcht mich los zu winden.
Allein, wenn Wort und Schwur auch einen König binden,
So fordr' ich hier Gerechtigkeit!
Du schwurst, o Herr, bey deinem Leben,
Mein Kästchen unversehrt mir einst zurück zu geben:
Jetzt ist es Zeit, wink' es herbey!

V. 679 — 694.

Der König stutzt. ein allgemein Geschrey
Des Volkes fordert ohne Säumen
Des Kästchens Gegenwart. Man rieth was drinnen sey;
Allein das Wahre liefs sich keine Seele träumen.

Der König winkt. Das schon gezückte Schwert
Starrt in des Würgers Hand. Bald wird das Kästchen kommen!

Es kommt, es kommt! Ein Todesschauer fährt
Durch jedes Herz, Kombabens ausgenommen.
Der König nimmt es selbst in seine eigne Hand,
Besieht es um und um, und sieht's im alten Stand,
Die Fugen ganz, das Siegel unversehrt.

Erinn're dich, spricht itzt Kombab,
Als ich's, o Herr, dir übergab,
Sagt' ich: Mein Kostbarstes befinde sich darin.
Jetzt sag' ich: in gewissem Sinn
Mein Schlechtestes! und doch erklär' ich hier zugleich,

V. 695 — 711.

Ich nähme nicht dein ganzes Königreich,
Daſs, was du finden wirst, nicht wäre d'rin gewesen.

Das Räthsel sich und allen aufzulösen
Eröffnet es der Fürst, und, wie vom Blitz gerührt,
Steht er und glaubt durch Zauber sich betrogen.
Denn, siehe! von Kombabens Unschuld wird, 6)
In Byssus eingehüllt und köstlich balsamiert,
Der unverwerflichste Beweis hervor gezogen!

Nie stand, seitdem die Welt sich um die Pole dreht,
Ein Mann betroffner da — als Seine Majestät;
Und dennoch fehlt noch was, ihn ganz zu überzeugen.
Kombab erräth's, und macht vorm Augenschein
Die innerlichen Zweifel schweigen,
Die gegen seinen stummen Zeugen
In manche Zirbeldrüse steigen.
Der Unglaub' selbst gestand itzt seine Unschuld ein!
Drauf wirft er sich dem Könige zu Füſsen,

V. 712 — 730.

Erzählt der Länge nach, aus was für weisen Schlüssen
Er sich, nach langem Kampf, (weil er, was nun geschehn,
Nur gar zu wohl vorher gesehn)
Zu dem entschlossen was wir wissen.
Beredter als ein Demosthen
Sprach unser Held, nicht ohne helle Zähren
Zu weinen, dergestalt, daſs allen die ihn hören,
Und selbst dem Könige, die Augen übergehn;
Wie dieſs, und was wir sonst, aus Gründen, überschlagen,
Von denen, die dazu Belieben tragen,
Bey Lucian *de Dea Syria*
Zu lesen ist. — —Nun hört was noch geschah!

Der König hebt mit zärtlichem Erbarmen
Den Liebling, wie's noch keinen gab
Und keinen geben wird, den treuen Freund Kombab,
Vom Boden auf, hält ihn in seinen Armen,
Und bittet ihm mit Thränen ab
Das Unrecht, das er ihm, vom Anschein hintergangen,
Gethan, (auch soll dafür sein Kläger billig hangen!)

V. 731 — 747.

Und kurz, der würdige Kombab
Nimmt, zum Vergnügen aller Leute,
Den alten Platz an seines Königs Seite.
Auch bey Astarten geht er kühnlich aus und ein,
Und darf bey Tag und Nacht, bey Mond- und Kerzenschein,
Mit fremder Zeugen und allein,
Im Kabinet, im Garten, und im Hain,
Ja auf dem Sofa selbst, ihr Zeitvertreiber seyn.

Die ganze Schar der Höflinge bedachte
(Nicht ohne Neid) die Gunst, die ihm ein Opfer brachte,
Das manchem in besagter Schar
Nicht halb so schwer zu machen war.
Die Wuth sich zu kombabisieren
Ergriff sie insgesammt. In kurzer Zeit bestand
Der ganze Hof aus einer Art von Thieren,
Die durch die Stümm'lung just das einzige verlieren,
Um dessentwillen man sie noch erträglich fand.

Varianten

in der Ausgabe von 1784.

V. 336 — 45.

Sein inneres Verdienst entbehrt zwar leicht Verstärkung
Von aufsenher: allein da man ihn täglich sieht,
Wird doch allmählich die Bemerkung
Gemacht, er habe feines Haar,
Und Augen, deren Glanz sich kaum ertragen liefse,
Wenn nicht was schmachtendes, das einem Wölkchen gleicht
Ihr Feuer dämpfte. Und o! wie süfse
Sein Lächeln ist! Wie sanft es sich ins Herze schleicht!
Und seine Farb'! Ein Weifs, dem die Narcisse,
Ein Inkarnat, dem selbst die Rose weicht.

Wie fein sein Wuchs! und jede Bewegung
wie leicht!
Wie ungezwungen! Kurz, vom Kopf bis auf die
Füſse
Ist Freund Kombab so schön daſs nur Apoll ihm
gleicht,
Und jede Göttin ihr verzeihungswürdig
däucht, u. s. w.

[Der Detail in diesem Gemählde der Schönheit Kombabs schien zu den üppigen Schossen zu gehören, welche Horaz ohne Schonen weggeschnitten haben will. Auch sagt man nur in der gemeinen Obersächsischen Sprechart süſse für süſs, Herze für Herz; und schon allein dieser Ungebühr wegen verdiente eine weit schönere Reihe von Versen, als diese, durchgestrichen zu werden.]

V. 381, 82.

— Wofern der Seladon
So albern ist als wie Marin's Adon.

[Der Adonis des Caval. Marino ist zwar eben kein sehr groſser Geist, und hat sich besonders von diesem Dichter, seinem Schöpfer, einen sehr schlimmen Geschmack im Sprechen angewöhnt:

aber das Beywort albern scheint er nicht zu verdienen. Er ist nicht einmahl blöde, sondern macht im Gegentheil der Göttin im Bad ein dem goldnen Esel abgelerntes Kompliment, dessen Naivität ziemlich eselhaft klingt. S. die 67ste Stanze im 8ten Gesange, *I Trastulli* genannt.]

Anmerkungen.

1) S. 252. V. 56. Die ältern Ausgaben haben:

— Er hieſs Antiochus
Wenn Lucian nicht irrt —

Dieſs war nicht richtig. Lucian nennt den König gar nicht; er sagt nur, daſs es derjenige gewesen, der seine zweyte Gemahlin Stratonike seinem durch die verheimlichte Liebe zu seiner jungen Stiefmutter aufs äuſserste gebrachten Sohne abgetreten habe, als er durch seinen Leibarzt (Erasistratus) erfahren, daſs sein Sohn durch kein anderes Mittel gerettet werden könne. Daſs dieser Prinz der nachmahlige Syrische König Antiochus (Soter) und sein Vater also Seleukus Nikanor, der Stifter der Seleukidischen Dynastie in Syrien, gewesen sey, weiſs man aus andern Quellen.

2) S. 257. V. 136. Die Verwandlung des unbequemen Nahmens Stratonike (welches der wahre Nahme der Königin war, der das Abenteuer mit Kombabus begegnet seyn soll) in Astarte, ist eine poetische Licenz, die in einer Geschichte, die einem Mährchen so ähn-

lich sieht, nicht viel zu bedeuten hat. *Hanc veniam damus, petimusque vicissim.*

3) S. 263. V. 238. Da es nicht allen unsern Lesern bequem seyn möchte, ihren Bayle zu fragen, so ist es wohl billig, dafs wir uns selbst die kleine Mühe geben, ihrer Wifsbegierde über diesen Punkt zu Hülfe zu kommen. Robert von Arbrissel, ein berühmter Bufsprediger in Frankreich zu den Zeiten Filipps des Ersten, ist als Stifter der Abtey und des Ordens von *Fontévraud* (Ebraldsbronn) bekannt, der sich von allen andern Orden dadurch unterscheidet, dafs sogar die Mönche desselben und ihre Klöster der Äbtissin des Frauenklosters zu *Fontévraud*, als dem suveränen Oberhaupt des ganzen Ordens, unterworfen waren. Der Verfasser des geografischen Theils der *Melanges tirés d'une grande Bibliothèque* bemerkt (*Vol.* 36. *p.* 241.) sehr richtig, dafs es diesem sonderbaren Orden, „*dans un siecle, où les Chevaliers se piquoient d'être si soumis aux Dames,*“ nicht fehlen konnte, ansehnlich und reich zu werden; so dafs er noch zu unsern Zeiten (bis die zerstörende Revoluzion von 1789 auch ihm ein Ende gemacht hat) aus sechzig Ordenshäusern bestand, „*et à la tête de chacune il y avoit une Prieure, qui avoit sous ses ordres non seulement des Religieuses, mais aussi un Superieur et un certain nombre de Moines, le tout ressortissant de Mad. L'Abbesse générale de Fontévraud, dont la Maison valoit* 100, 1000 *Liv. de*

Rente, et ètoit ordinairement remplie par 150 *Religieuses et* 60 *Religieux.*“ (Ebendaselbst.) Der besagte Verfasser wundert sich, warum der Stifter eines so glänzenden Ordens nicht kanonisiert worden sey, und meint: die Schwierigkeiten, welche seine Kanonisazion erfahren habe, autorisierten den Verdacht, den man auf seine Verbindungen mit den jüngsten und schönsten seiner Nonnen habe werfen wollen; wiewohl die Briefe des Abts Gottfried von Vendome, eines in hohem Ansehen stehenden Zeitgenossen von Bruder Roberten, besagten, „*que ces familiarités apparentes n'étoient que des arangemens faits pour préparer des Triomfes à sa Vertu.*“ — So zurückhaltend drückt sich der Jesuit Theof. Raynaud in seinem Traktate *de sobria alterius sexus frequentatione* über diese *Arrangemens* nicht aus: er sagt, mit Berufung auf den angeführten Abt Gottfried, geradezu von Roberten, „*illum cum speciocissima quaque sacrarum Virginum nudum cum nuda in eodem lecto cubuisse, ut nequicquam frendentem et adhinnientem appetitum in tam illecebrosi objecti praesentia novo martyrii genere afficeret.*“ Wirklich findet sich in den Briefen des besagten Abts, (*Godofredi Vindocinensis*) welche der Jesuit *Sirmond* aus einem Mspt. der Abtey *de la Couture* im Jahre 1660 herausgegeben, einer an unsern Robert, worin ihm mit Mifsbilligung vorgehalten wird: *Foeminarum quasdam, ut dicitur, nimis familiariter tecum habi-*

tare permittis, et cum ipsis etiam et inter ipsas noctu frequenter cubare non erubescis. Hoc si modo agis vel aliquando egisti, novum et inauditum, sed infructuosum martyrii genus invenisti. — Mit wie viel oder wenig Wahrscheinlichkeit dem ehrwürdigen Vater Robert diese seltsame und gefährliche Art sein Fleisch zu kreuzigen nachgesagt worden sey, können und wollen wir hier nicht untersuchen. Man könnte vielleicht einem Mönch und Ordensstifter aus dem eilften Jahrhundert den Grad von Schwärmerey, der dazu erfordert wurde, um so eher zutrauen, da sich auch unter den Weltleuten Beyspiele einer solchen heroischen Selbstverläugnung finden, und sogar ein junger König (K. Wenzel von Böhaim in der Manessischen Minnesänger - Sammlung) sich nicht wenig darauf zu gut that, eine Probe dieser Art bey der Dame seines Herzens rühmlich bestanden zu haben. S. Bodmers Neue Kritische Briefe, No. 53.

In den berühmten *Contes de la Reine de Navarre* kommt eine hierher gehörige sehr sonderbare Stelle vor, die ich bey dieser Gelegenheit nicht unbemerkt lassen kann, da ich nicht weiſs, ob sie jemahls der Aufmerksamkeit eines Gelehrten gewürdigt worden ist. Zu Ende der dritten *Journée* dieses *Heptamerons* wird, auf Veranlassung einer Anekdote, wie übel einer devoten Dame in Languedoc zu Ludwigs XII. Zeiten das allzu groſse Vertrauen auf die Gewalt ihres Geistes über ihre animalische

Hälfte bekommen sey, viel über diese Materie (wie in diesem sonderbaren Werke gewöhnlich ist) hin und her moralisiert; und da die gute alte Dame Oisille ihre Verwunderung daruber bezeigt, wie jemand närrisch genug seyn könne, sich für so heilig zu halten, daſs er sich einer solchen Gefahr, ohne Furcht zu unterliegen, aussetzen dürfe, so erwiedert ihr Dame Longarine: „*Ils font bien encore autre chose. Ils disent, qu'il faut s'habituer à la chasteté, et pour éprouver leurs forces, ils parlent aux plus belles et à celles qu'ils aiment le plus; et en baisant et touchant ils éprouvent, s'ils sont dans une entiere mortification. Quand ils sentent que ce plaisir les émeut, ils vivent dans la ertraite, jeunent et se disciplinent; et quand ils ont matté leur chair en sorte, que ni la conversation, ni le baiser ne leur causent point d'émotion, ils essayent la sotte tentation de coucher ensemble, et de s'embrasser sans aucun desir de volupté. Mais pour un qui resiste, il y a mille qui succombent. Delà sont venus tant d'inconveniens, que l'Archeveque de Milan, où cette Religion s'étoit introduite, fut d'avis de les séparer, et de mettre les femmes au couvent des hommes, et les hommes dans celui des femmes.*“ — Wiewohl sich Dame Longarine nicht völlig so deutlich ausdruckt als man wünschen möchte, so scheint doch aus ihren Worten, und besonders aus dem letzten Umstande, klar genug, daſs die Rede hier nicht etwa von den *Fratri-*

celli,*) oder einer andern ältern Sekte, welche dieser unnatürlichen Art von Kasteyung beschuldigt worden sind, sondern von irgend einem (mir unbekannten) neuern Orden, der vermuthlich bey Zeiten wieder unterdrückt wurde, die Rede seyn müsse. Was übrigens der ungenannte Erzbischof von Mailand sich dabey gedacht haben könne, daſs er sich nicht begnügte, die Mönche und Nonnen von einander abzusondern, sondern die Männer ins Frauenkloster und die Frauen ins Mannskloster sperrte, ist mir so unbegreiflich, daſs es mir beynahe die ganze Erzählung verdächtig machen könnte; wiewohl nicht zu glauben ist, daſs die Königin Margerite von solchen Dingen als Thatsachen gesprochen haben sollte, wenn sie nicht Grund dazu gehabt hätte. — Übrigens, und um von dieser Digression noch einmahl auf den ehrwürdigen Br. *Robertus de Arbuscula* zurück zu kommen, könnte man, wofern ihm bloſs seine besagten Keuschheitsübungen an der Heiligsprechung hinderlich gewesen wären, sich billig

*) Die *Fratricelli* (deren Geschichte übrigens ziemlich verworren und unzuverlässig ist) kamen so leicht nicht davon als die Religiosen, von welchen die Königin Katerine spricht. Papst Klemens V. lieſs das Kreuz gegen sie predigen, und es wurden ihrer fünf bis sechs hundert durch Feuer und Schwert, Kälte und Hunger ausgerottet. Dafür hatten sie sich aber freylich auch noch eines unendlich schwerern Verbrechens schuldig gemacht; denn sie hatten sich gegen die Tyranney der Päpste und die herrschenden Miſsbräuche ihrer Zeit aufgelehnt, und das konnte damahls nicht gelinder als durch Feuer und Schwert gerochen werden.

verwundern, warum eine solche heroische Anomalie gerade ihm so übel genommen worden, da sie doch einem andern, wegen seiner ausserordentlichen Buss- und Abtödtungsübungen sehr berühmten Englischen Mönch und Bischof, dem heiligen Aldhelmus, von seinem Biografen, Wilhelm von Malmesbury, zu höchstem Ruhm und Verdienst angerechnet wird. „*Si quando stimulo corporis ammoveretur,* (sagt Br. Wilhelm) *non solum illecebrae denegabat effectum, sed alias insolitum reportabat triumphum. Neque tunc consortium foeminaram repudiabat, ut caeteri, qui ex opportunitate timent prolabi: immo vero vel assidens, vel cubitans aliquam detinebat, quoad, carnis tepescente lubrico, quieto et immoto discederet animo. Derideri se videtur Diabolus, cernens adhaerentem foeminam virumque, alias avocato animo insistentem cantando Psalterio.*" (*Anglia Sacra, P. II. p.* 13.) Vermuthlich mag es dem guten Robert nachtheilig gewesen seyn, dass er nicht auch den Psalter dazu sang!

4) S. 264. V. 253. Des Sokrates vermuthlich, der seinem jungen Freunde Xenofon keinen bessern Rath zu geben wusste, als die Schönen *cane pejus et angue* zu fliehen (*Memor. Socr.* I. 3.) Auch scheint Xenofon sich bey diesem Rathe so wohl befunden zu haben, dass er in der Cyropädie seinen Helden nach eben dieser Maxime verfahren, den jungen Araspes hingegen, der nicht so furchtsam von

der Gewalt der Liebe dachte, und sich mit der schönen Panthea unverletzt unter Einem Dache zu leben getraute, seinen Übermuth auf eine sehr exemplarische Art bezahlen läſst.

5) S. 274. V. 442. In der Erzählung Cefalus und Aurora, welche nebst etlichen andern, wozu der Stoff aus der Griechischen Mythologie genommen ist, im Jahre 1766 unter dem Tittel, Komische Erzählungen, zum ersten Mahl ans Licht trat.

6) S. 288. V. 700. Wird ist kein tauglicher Reim auf gerührt und balsamiert, wiewohl er im Grunde nicht viel schlechter ist, als die Reime, neigt, beugt, — Rath, Stadt, — bat, Blatt, und manche andre von diesem Schlage, von welchen auch gute Dichter aus der Mitte dieses Jahrhunderts nicht frey sind. Selbst in Nikolai finde ich an auf Kahn eben sowohl als auf Mann, Hölle auf Welle, Zähren auf hören u. s. w. gereimt. Allerdings darf man es in unsrer an Reimen so armen Sprache nicht gar zu scharf damit nehmen, und man müſste uns das Reimen gänzlich verbieten, wenn man uns entweder für das Auge zu reimen nöthigen, oder immer einen ganz reinen Zusammenklang der Vokalen und Konsonanten in jedem Reime verlangen wollte. Sogar Hagedorn (gewiſs einer von den Dichtern, die sich in diesem Stück am wenigsten erlaubt haben) reimt ohne das geringste Bedenken, Aufenthalt auf Wald, groſs auf los, beraubt

auf Haupt, Gäste auf Feste, Freund auf meint, fehlen auf erzählen, herbey auf May, Kören auf Sfären, u. d. m. In allen diesen Beyspielen ist das, was zur völligen Reinheit des Reims fehlt, den meisten Deutschen unmerklich; wiewohl nicht zu läugnen ist, dafs es unsrer dermahligen, wenigstens in den meisten Provinzen, herrschenden Aussprache keine sonderliche Ehre macht, dafs der Unterschied zwischen *ö* und *ä*, *eu*, *ei* und *ay*, *d* und *t* nicht eben so deutlich gehört wird, als der zwischen wird und gerührt. Wie dem aber auch sey, genug, dieser letzte Reim fällt allen Ohren auf, oder ist vielmehr gar kein Reim; und blofs die Unmöglichkeit, dieses wird durch eine andere ungezwungene und schickliche Wendung wegzubringen, hat mich genöthigt, die ganze Stelle zu lassen wie sie war. Der Fehler ist unbedeutend wenn man will, bleibt aber doch immer ein Fehler, der keinem nachlässigen Reimer zur Entschuldigung dienen kann.

SCHACH LOLO,

ODER

DAS GÖTTLICHE RECHT DER GEWALTHABER

Eine morgenländische Erzählung.

1778.

SCHACH LOLO.

Regiert — darin stimmt alles überein —
Regiert muſs einmahl nun die liebe Menschheit seyn,
Das ist gewiſs! Allein —
Quo Jure? und von wem? In diesen beiden
Problemen sehen wir die Welt sich oft entzweyn;
Und schon zur Zeit der blinden Heiden
(Als noch was Rechtens sey sich Krantor und Chrysipp
Nach ewigen Gesetzen zu entscheiden
Vermaſsen) fand der Sohn des listigen Filipp,
„Man komme kürzer weg den Knoten zu zerschneiden."
Gewöhnlich fing man damit an,
Was Pyrrhus, Cäsar, Mithridates,
Und Muhamed und Gengiskan,

Und mancher der nicht gern genannt ist, auch gethan:
„Sich förderst in Besitz zu setzen.“
Das Recht schleppt dann so gut es kann
Sich hinter drein: das sind *Subtilitates*,
Woran (man gönnt es ihnen gern)
Die knasterbärtigen Doktoren sich ergetzen.
Das *Jus Divinum*, liebe Herrn,
Steht also, wie ihr seht, so feste
Und fester als der Kaukasus:
„Befiehlt wer kann, gehorcht wer muſs;“
Ein jeder spielt mit seinem Reste,
Und — unser Herr Gott thut bey allem dem das Beste.

„Ja, (sagt ihr) aber daſs ein Schach,
Ein Narr, ein Kind, ein Nero, ein Kaligel,
Ein Elagabalus, die Zügel
Des Schicksals führen soll?“ — Und warum nicht? Regiert
Nicht eine Windsbraut oft, und rührt
In einen garst'gen Brey die liebe Welt zusammen,
Setzt euch in einem Huy das gröſste Schloſs in Flammen,

Bricht Dämme durch, spült manchen schönen Ort
Mit Jung und Alten weg, reiſst Ufer, Wälder fort?
Und alles das unläugbar — *Jure*
Divino, liebe Herrn! Die Sach' ist sonnenklar.
So wird die Welt regiert, und eine ganze Fuhre
Von Syllogismen macht's nicht mehr noch minder wahr.
Jetzt habt ihr Sonnenschein und schöne warme Tage,
Wie ihr gewünscht: doch nur ein paar
Zu viel, so wird der Sonnenschein zur Plage,
Wie jüngst der Regen war, auf dessen Guſs ihr nun
Mit Schmerzen harrt. Euch immer recht zu thun
Ist schwer. Allein die Welt — sie dreht in ihrem Kreise
Sich unbekümmert fort, und der, der mitten drin
Unsichtbar thront, und einen groſsen Sinn
Fürs Ganze hat, regiert's nach seiner Weise.
Der winzigste Deunkulus
Macht's eben so in seinem Spannenkreise,
Nur nicht so gut; behauptet frisch sein *Jus*

Divinum über Weib und Kinder,
Haus, Hof und Habe, Schaf' und Rinder,
Und giebt nicht Rechenschaft davon, als — wenn er muſs.

„Die Red' ist, sprecht ihr, wie es sollte,
Nicht wie es ist —“
So? — Wie es sollt'? — Ihr also wiſst
Es besser? So, so sollt' es — wenn es wollte!
Allein es will nun nicht! — All der Ideenkram
Der Weltenflicker, sagt, was hat er je gebessert?
Verschoben hat er viel! und wessen ist die Scham?
„Es sollte“ — Nein, ihr Herrn! Verkleinert und vergröſsert
Nur nicht was ist in eurer Fantasie,
So ist's just recht; und euch erspart's die Müh
Dem lieben Gott in seine Kunst zu pfuschen.
Es geht ja manchmahl wohl ein wenig konterbunt
Und garstig zu auf diesem Erdenrund,
Das läſst sich freylich nicht vertuschen;
Allein, dann geht's just wie es kann;

Und dafür ist gesorgt daſs doch nichts überwieget,
Daſs ungestraft nicht leicht ein Mann
Sein liebes Selbst an Bösesthun vergnüget,
Nicht ungestraft ein Schalk — ein Flegel — ist,
Nicht ungestraft ein Schach, nicht ungestraft ein Nero.
Das Maſs, womit das Schicksal wieder miſst,
Ist immer billig. — Schwimmt die liebeskranke Hero,
In trüber Nacht, bey oft bewölktem Mond,
Mit trübem Blick dem schönen Freund entgegen,
Der, durch Begier und Schwierigkeit verwegen,
Den stets gefäll'gen Hellespont
Schon manche heitre Nacht durchschwommen,
Und dann an ihrer schönen Brust
Den süſsen Lohn der Arbeit eingenommen:
O! so miſsgönnt doch nicht die theu'r erkaufte Lust
Den ihrer Pflicht entirrten Seelen!
Sie lieſsen ja so gerne sich vermählen!
Warum trennt harter Ältern Groll,
Stolz oder Geitz, was Gott zusammen fügte?
„Allein, sie that doch was kein frommes Mädchen soll!"
Ja, leider! und das Schicksal rügte
Den Fehltritt wahrlich streng genug.

Denn, wie sie so im süſsen Hoffnungstrug
Voll Ungeduld des lieben Jünglings harret
In dieser trüben Nacht, und nun auf einmahl stürmt
Der Wirbelwind daher, wie Fels auf Fels gethürmt
Stürzt Well' auf Well', und ach! in jeder stürmt
Der schreckliche Gedank' vor dem ihr Blut erstarret:
„Ha! wenn ihn dieser wilde Sturm
Ergriffen hat!" — und nun (was zu beschreiben
Mein Herz versagt) die Wellen an den Thurm
Vor ihre Füſse hin den starren Leichnam treiben —
Sagt, Grausame, ist sie gestraft genug?

„O, denkt ihr, nur zu hart wird ein verstohlner Zug
Aus Amors Lustkelch so gerochen!
Die armen Liebenden! So schwer bestraft zu seyn,
Und ihr Vergehn im Grunde doch so klein!
Was haben sie so schrecklichs denn verbrochen?"

O nicht doch! Lästert nicht, indem ihr sie beklagt,
Des Schicksals Billigkeit! Es hat für alles Leiden

Sie ja voraus bezahlt! Sind's etwa kleine Freuden,
Für die ein junger Mann so rasch sein Leben wagt?
Und rechnet ihr für nichts, daſs, ihn zu überleben
Verachtend, Hero, treu dem schönen Liebesbund,
Sich zur Gefährtin ihm ins Todtenreich gegeben?
Für nichts, mit ihm zu sterben Mund auf Mund,
Und Arm in Arm mit dem geliebten Gatten
Hinab zu gehn ins stille Land der Schatten?

Erkennet denn: das irdische Geschlecht
Murrt ohne Grund; die Götter sind gerecht,
Und lassen, wo ihr Plan das Übel nicht verhütet,
Kein Unrecht unbestraft, kein Leiden unvergütet.

Ein jedes Ding in dieser Unterwelt
Ist niemahls was es scheint — und scheint, nachdem ihr's stellt;
Ist klein von fern, wird gröſser, wie ihr's näher
Beschaut, und, wie sichs gegen euch verhält,

Bald gut, bald schlimm. Der wahre Seher
Ist der sich auf den rechten Standpunkt stellt.
Das hält oft schwer! Gesunde Augen
Erfordert's auch; denn (wie ein Weiser spricht)
Wenn diese nichts an einem Manne taugen,
So helfen ihm zehn Sonnen nicht.

Doch, über dem Filosofieren
(Das doch, Gott weiſs! so wenig nützt) verlieren
Wir unsern Weg. Es war euch ärgerlich,
Daſs, wie ihr meint, die guten Götter sich
(*Cum venia*) so grob prostituieren,
Die Welt, wie oft geschieht, durch — Schache zu regieren.

Der Meinung bin ich nicht. Mir däucht, just umgekehrt,
Das Volk stets seines Schachs, der Schach des Volkes werth,
Und schwerlich wird ein einzig's Beyspiel fehlen.
Die Titus, und die Mark-Aurelen,
Die waren allenfalls für ihre Zeit zu gut:
Allein ein Klaudius, mit seiner feinen Brut
Von Weibern und von Favoriten,
Ein Aureng-Zeb, ein Schach-Riar,

Die wurden just so zugeschnitten
Wie ihre Zeit sie würdig war.

Der beste Schach ist freylich, wenn wir billig
Im Urtheil sind, nur zu gewiſs
Persona miserabilis.
Zuerst so gut, so fromm, so willig
Es recht zu machen! — Ging es schief,
Nun, so vergriff er sich; er griff zu hoch, zu tief,
Gemeint war's recht. Allein, da hebt man Aug' und Hände,
Und klatscht und jubiliert, als hätt' ein Gockelhahn
Ein Ey gelegt. Daſs nur ein einz'ger Danischmende
Mit guter Art dem Herrchen auf den Zahn
Zu fühlen wagte! — So gewöhnt er sich daran,
Und nimmt das Schmeichlerlob am Ende
Wie Jupiter den Weihrauch an.

Zum Unglück, wenn er meint er habe was gethan,
Kommt ein Wessir, und stellt das Ding behende
So auf den Kopf, daſs just von seinem Plan

Das Gegentheil erfolgt: und er, in seiner Blende,
Er nimmt darüber gar noch Komplimente an.
So füllen nach und nach sich ganze dicke Bände
Mit Thaten, die er — nicht gethan;
Und ihm wird weiſs gemacht, es stände
In Fama's Nahmenbuch der seine obenan.

Nun, sagt mir, wenn ein Schach, von Weibern und Kastraten
Sein Leben lang gegängelt wie ein Kind,
Es müde wird, und doch die Kraft nicht in sich findt
Allein zu gehn, und läſst sich nun — von jedem rathen,
Weil alle ihm verdächtig sind;
Wenn er, in seinem ganzen Leben
Vom füſseleckenden verräth'rischen Geschmeis
Raubgier'ger Masken stets belagert und umgeben,
Den Biedermann zuletzt nicht mehr zu finden weiſs,
Und fänd' er ihn, den Mann nicht zu ertragen
Vermag; im Weihrauchdampf, worin man ihn erstickt,
Nicht Menschen mehr, Vampyren nur erblickt,
Die an ihm saugen und ihn nagen;

Wenn endlich gar, als läg' ein schweres Interdikt
Auf seiner Burg, die Guten sich nicht wagen
Ihm mehr zu nahn; und nun der arme Schach,
Zum Nero nicht zu weise, nur zu schwach,
Durch Nichtsthun, Furcht der Wahrheit nachzufragen,
Unschlüssigkeit, Mifstrauen, Wankelmuth,
Mehr Böses oft als zehn Tyrannen thut:
Wer hat die Schuld? und wer ist zu beklagen?

Gewifs, dem Schach gebührt noch viel heraus!
Dafs manchmahl auch dabey ein braver Mann gelitten
Und leiden wird, das bleibt wohl unbestritten.
Doch sorget nicht! Den führt aus jedem Straufs
Sein Genius gewifs heraus:
Und wer dabey am schlimmsten fähret,
Ist doch zuletzt der Schach, — wie Lolo's Beyspiel lehret.

Schach Lolo, erstgeborner Sohn
Des Firmaments, Oheim von Sonn' und Mon,
Herr im Zodiakus, des grofsen Bären Vetter,
Gebieter über Wind und Wetter,
Etcetera, — regierte, wie man's heifst,
Im grofsen Scheschian. Kein sonderlicher Geist!
Die reine Wahrheit zu gestehen,
Er überliefs das Werk den Göttern und den Feen;
Und wenn's nicht desto besser ging,
War's etwa seine Schuld? — Von seiner Art zu leben
Euch einen Schattenrifs zu geben,
Nehmt Einen Tag; denn wie er den beging,
So ging es Tag für Tag in seinem ganzen Leben.

Es war das echte Quasi-Leben
Der Götter Epikurs. — Nachdem er Nachts zuvor,
Allmählich eingelullt von süfsen Sängerinnen,
Den letzten Dienst erschlaffter Sinnen
In Strömen süfsen Weins verlor;
Und, matt und welk wie ein zerknicktes Rohr,

Nun zwischen zwey Tschirkassierinnen
(Die er, damit sie doch zu etwas brauchbar sind,
Für Polster braucht) das alte Wiegenkind
Entschlummert ist, und ohne sich zu regen
Die Nacht durch weintodt da gelegen:
Entrüttelt ihn, so bald zum Frühgebet
Der Imam ruft, ein Kämmerling dem Schlummer.

Schach Lolo streckt sich, gähnt, bohrt in der Nase, dreht
Die Augen, und so fort — kurz, steht ein wenig dummer
Als gestern auf, verrichtet sein Gebet,
Wird abgewaschen, angezogen,
Beräuchert, nimmt sein Frühstück, geht
In seinen Divan — wo, so bald die goldne Thüre
In ihren Angeln knarrt, die Emirn und Wessire
(Als Erdgeschöpfe, die den Glanz der Majestät
Mit bloſsen Augen nicht ertragen)
An seines Thrones Fuſs die Sklavenstirnen schlagen.
Der Groſswessir verrichtet nun sein Amt,
Und Lolo, der indeſs mit hohen Augenbrauen

Im Staate sitzt und sich mit Betelkauen
Die Zeit vertreibt, begnadigt und verdammt,
So wie sichs trifft, die Bösen und die Frommen.

Indessen wird's Mittag. Die Kämmerlinge kommen,
Es öffnet sich zum hohen Göttermahl
Ein augenblendender gewölbter Speisesahl.
Das Mahl (um kurz zu seyn) wird reichlich eingenommen,
Und nun passiert mein Schach in einen zweyten Sahl,
Noch gröſser, herrlicher und schimmernder als jener,
Wo, zum Verdauungswerk bestimmt,
Ein weicher Lehnstuhl ihn in seine Arme nimmt.
Zwey Köre Nymfen, eine schöner
Als wie die andre, weiſs und rund
Von Armen, blau von Aug', und schwarz von Augenwimpern,
Die Zithern in der Hand, stehn schon mit offnem Mund,
Ihn wieder in den Schlaf zu singen und zu klimpern.
Das Mittel wirkt bey vollem Magen stracks.

Schach Lolo schläft zwey Stunden wie ein Dachs;
Wacht endlich wieder auf; gähnt seinen Filomelen
Aus höchster Machtgewalt gerad' ins Angesicht,
Fängt seine Finger an zu zählen,
Und hascht nach Fliegen, die ihm nicht
Stand halten wollen: unterdessen
Kommt unvermerkt die Zeit zum Abendessen.

Es öffnet sich ein dritter Sahl,
Noch schimmernder als jene beide,
Illuminiert mit Lampen ohne Zahl,
Wo lauter Ambra brennt. Erscheinen abermahl
Im Luftgewand von rosenrother Seide
Zwey Reihen Töchterchen der Freude,
Die zum Empfang des Herrn die Kehlen schon gewetzt;
Und unter einem Thron, der, wie aus Sonnenstrahlen
Gewebt, durch seinen Glanz die Augen schier verletzt,
Ein goldner Tisch mit sieben grofsen Schalen
Von Japans reichstem Thon besetzt,
Wo, schöner als ein Mahler sie zu mahlen
Im Stand ist, Früchte aller Art
Hoch aufgethürmt Geruch und Aug' ergetzen;

Nur keinem Schach! Jedoch, weil seine Gegenwart
Hier Pflicht des Thrones ist, geruht er sich zu setzen,
Nachdem zuvor zwey Nymfchen, schön und zart,
Die Glatze und den Knebelbart
Ihm eingesalbt. Die Scene zu veredeln,
Stehn andre sechs mit grofsen Fliegenwedeln
In Rosenöhl getaucht; auch glimmt
Aus goldnen Räucherpfannen
Ein ganzer Wald von Adlerholz und Zimmt,
Und treibt das Mückenvolk von dannen.

Indessen nun die Köre wechselsweis
Des grofsen Lolo Ruhm und Preis
Mit Sang und Klang den Wänden vorerzählen,
Läfst sich mein Schach (der wohl von allen Menschenseelen
Am wenigsten von seinen Thaten weifs)
Laut gähnend einen Apfel schälen,
Und wartet in Geduld, bis endlich abermahl
Die Stunde schlägt, die in den vierten Sahl
Ihn rufen wird. Sie schlägt, und — lafst euchs nicht verdriefsen!
Es öffnet sich der liebe vierte Sahl,
Wohin wir ihm schon werden folgen müssen.

Daſs alles drin entsetzlich glänzt und gleiſst,
Und wieder Räucherpfannen brennen,
Und, wie sich hinter ihm die goldne Pforte schleuſst,
Ein neues Nymfenkor ihm stracks die Zähne weiſst,
Ist was wir leicht vermuthen können.
Ein neuer Polsterthron, ein neuer Tisch, besetzt
Mit allem was den Gaum zum Trinken wetzt,
Und dann, die Kehle wohl zu baden,
Ein Schenktisch, reich von zwanzig Sorten Wein,
Stehn links und rechts in vollem Glanz, und laden
Den Schach zum letzten Akt des Monodrama's ein.
Sechs Nymfen, schlank wie Oreaden,
Bedienen ihn dabey, indeſs ein andres Kor
Von Grazien in dünnem Silberflor,
Damit der gute Mann am Schenktisch nicht erkaltet,
Der Reitze schlauste Kunst im leichten Tanz entfaltet:
Bis endlich gegen Mitternacht
Das königliche Vieh, berauscht an allen Sinnen,
Nach altem Brauch, die zwey Tschirkassierinnen,
Die nun das Unglück trifft, — zu seinen Polstern macht.

Bey solcher Lebensart, was Wunder
Wenn ihn zuletzt, wie die Geschichte sagt,
Vom Haupt zu Fuſs Ägyptens Aussatz plagt!
Wohl freylich ist an Seel' und Leib gesunder
Der Mann, dem Arbeit Zeitvertreib
Und Nothdurft Wollust ist; der, wenn er spät vom Acker
Zur Hütte kehrt, zwar müde, doch noch wacker,
An rauhem Brot und seinem braunen Weib
Sich auf des Morgens Arbeit labet!
Was hilft es nun dem Schach, der unter einem Thron
Von goldnem Stoffe wie Sankt Job sich schabet,
Was hilft ihm, daſs er Sonn und Mon
Zu Neffen hat, staubleckende Wessire
Zu Sklaven, Weiber von Kaschmire
Zum Unterpfühl?
Was hilft ihm Sang und Saitenspiel
Und all der Kitzel stumpfer Sinnen,
Und all sein Nymfenheer und seine Tänzerinnen?
Umsonst ist seiner Ärzte Müh
Sein schwarzes Blut durch Säuren zu verdünnen.
Zwey Jahre schon erschöpften sie
Treufleiſsigst ihr Gehirn und alle ihre Büchsen;

Versuchten's, da nichts Lind'rung schafft,
Erst mit elektrischer, dann mit magnetscher Kraft,
Dann mit der frischen Luft, und endlich mit der fixen,
Ja, aus Verzweiflung gar zuletzt mit Schierlingssaft.
Vergebens sieht man sie durch Berg' und Wiesen trotten
Nach Kräutern, die Galen und Celsus nicht gekannt:
Die Kachexie des Schachs scheint ihrer nur zu spotten,
Und täglich nimmt das Übel überhand.

Von ungefähr (wie meistens alles Gute)
Kam, da es just am schlimmsten stand,
Ein Fremdling an, aus einem fernen Land;
Ein Mann, dem Ansehn nach von stillem ernstem Muthe,
Und der (das sieht der Wirth ihm flugs am Nasloch an)
Ein wenig mehr als fünfe zählen kann.
Zufällig hört der Fremde von dem Jammer
Des armen Herrn. Er sagt dazu kein Wort.
Nach einer Weile geht er fort
In seine Kammer.

Was er darin gemacht, ist unbekannt;
Er schob den Riegel vor, und lieſs den Vorhang nieder.
Genug, er kam mit etwas in der Hand,
Das einem Schlägel glich, in einer Stunde wieder.
Laſs mich zum Sultan führen, Freund!
Spricht er zum Wirth. — „Das ist so leicht nicht als es scheint;
Ihr werdet schwerlich angenommen —“
Sag' ihm, es sey ein fremder Arzt gekommen,
Der, wenn er ihn in kurzer Zeit
Von seinem Aussatz nicht befreyt,
Den Kopf bereit ist zu verlieren.

Wie Lolo diese Botschaft hört,
Denkt er: Es ist der Probe werth,
Der Mensch hat doch dabey nicht wenig zu verlieren;
Und er befiehlt ihn vorzuführen.

Der Fremde kommt — ein feiner langer Mann
Mit schwarzem Bart, und einer Art von Nase,
Die Lolo just am besten leiden kann.
„Herr, spricht der fremde Mann, ich blase

Nicht gern mich selber aus: genug, die Fakultät
Hat deiner Heilung sich verziehen.
Ich heile nicht mit Pillen, Kräuterbrühen,
Noch Rindenmehl; allein, wenn deine Majestät
Sich mir vertrauen will, soll binnen sieben Tagen
Dein ganzer Leib so frisch und rein
Wie eine Mayenrose seyn:
Wo nicht, so werde mir der Schädel abgeschlagen!"

Mein Schach antwortet ihm und spricht:
Daſs du mit deinem eignen Leben
Assekurieren sollst was andre aufgegeben,
Das wollen Wir, beym Allah! nicht.
Doch leiste was du mir zu hoffen
Befiehlst, und sey der Zweyt' in meinem Reich!
Mit Lolo's Herzen steh' zugleich
Sein Hof, sein Schatz, sein Harem selbst dir offen!
Verdoppelt gleich mein Dank den höchsten Flug,
Den deine Wünsche sich erlauben:
Noch werd' ich immer nicht genug
Für dich gethan zu haben glauben!

„Herr, spricht der Arzt, an deiner Dankbarkeit
Zu zweifeln, wär' ein Majestätsverbrechen:
Allein davon ist's immer Zeit,
Wenn du genesen bist, zu sprechen.
Das Mittel dieser Wunderkur
Wird, wie gesagt, nicht innerlich genommen;
Es geht von aufsenher und durch die Poren nur
Ins Blut; doch mufs es selbst vorher in Schwingung kommen.
Grofs sind die Wunder der Natur!
Diefs, ich gesteh' es, ist ganz aufserhalb der Regel;
Mit Einem Wort: es steckt in diesem Schlägel.“

In diesem Schlägel? ruft der Schach von Scheschian,
Und vor Erstaunen bleibt der Mund ihm offen stehen.
„In diesem Schlägel, Herr! Du wirst die Wirkung sehen.
Natürlich ist ein Talisman
Dabey im Spiel — genug, in sieben Tagen!
Und, dafs wir keine Zeit verlieren, führe man

Des Sultans Leibpferd her, um nach der Malliebahn
Stracks seine Hoheit hinzutragen."

Gesagt, gethan!
Schach Lolo langt an Ort und Stelle an,
Und mit dem Schlägel, den ihm Duban nachgetragen,
(So nennt der Fremde sich) muſs er in stetem Jagen
Den schweren Ball so lange schlagen,
Bis ihm der Schweiſs aus allen Poren bricht.

„Der Talisman hat seine Pflicht
Für heut gethan, spricht Duban: unverzüglich
Ins Bad nunmehr! und seyd ihr da genüglich
Gewaschen und frottiert, dann flugs ins Bett, und deckt
Euch doppelt zu, und schlaft bis euch der Imam weckt."

Den nächsten Tag wird's eben so getrieben.
Der Schlägel dünkt den Schach schon minder schwer
Und lustiger das Spiel als Tags vorher;

Er schlägt den Ball mit immer kräft'gern Hieben,
Schwitzt wieder, geht ins Bad, wird tüchtig abgerieben,
Und schläft die Nacht durch wie ein Bär.
Mit jedem Tage wächst sein Glauben und Belieben
An Dubans Talisman; und wie die heil'ge Sieben
Vollendet ist, fühlt er am achten früh,
Nach Dubans Worte, sich so munter, wie
Er kaum in seinen ersten Hosen
Gewesen war — so blühend und so frisch,
Als hätten für Cytherens Bett und Tisch
Die Grazien mit lauter jungen Rosen
Ihn aufgefüttert — rein wie Lilien auf der Flur,
Stark wie der Behemoth, gerade wie ein Kegel,
Von Aussatz nirgends eine Spur!
Mit Einem Wort — der Mallieschlägel
Hat grofse Ehre von der Kur.

Doch diese (wie's in solchen Fällen
Zu gehen pflegt) kommt lediglich
Auf Dubans Rechnung. Schach, vor Freuden aufser sich,

Herzt, küſst und drückt den Mann daſs ihm
die Ohren gellen,
Weiſs nicht, woher er Worte nehmen soll,
Und giebt just nichts, weil er, des Danks zu
voll,
Gleich alles geben möcht'. Indessen
Wenn Duban Ehre geitzt, so kann er dieſs-
mahl sich
Bis zur Genüge dran erletzen.
Er muſs, da Lolo feierlich
Den ganzen Hof traktiert, sich ihm zur Seite
setzen;
Ihm wird ein Kaftan umgethan
Von purem Gold- und Silberlahn,
Und nah' an Lolo's eignem Zimmer
Eins eingeräumt, das kaum vor Schönheit und
vor Schimmer
Bewohnbar ist. Er hat sogar ins Schlaf-
gemach
Den Zutritt, kommt dem holden Schach
Den ganzen Tag nicht von der Seiten,
Muſs in den Divan ihn begleiten,
Muſs mit ihm jagen, mit ihm reiten,
Wohin es geht muſs Duban mit;
Kurz, Duban ist der Favorit;
Und Ohr in Ohr wird stark davon geflüstert,
Der Groſswessir sey seinem Falle nah.

Dafs Dubans Gunst ihn wenigstens verdüstert,
War, was bey Hofe selbst der Hundewärter sah.

Der Groſswessir, der in der Kabbala
Sehr viel gethan, war nicht der letzte der es sah,
Das ist, der sich an Dubans Stelle setzte,
Und dessen Sinnesart nach seiner eignen schätzte.
Denn Duban freylich war zu ehrlich und zu klug
Zu solcher Politik, und höher aufzufliegen,
Als ihn just itzt die Luft und seine Schnellkraft trug,
War ihm noch nie zu Kopf gestiegen.
Doch Rukh, der Groſswessir, ein Mann
Der seinen Posten scharf bewachte,
Genaue Rechnung hielt, sein Facit täglich machte,
Und was ein anderer gewann
Sich als Verlust in Ausgab' brachte,
Ein solcher Mann ist nicht *pro forma* Groſswessir.
Natürlich gab es ihm kein sonderlich Vergnügen,
Dafs Duban so im Sturm des Sultans Gunst erstiegen;

Und also bat er sich durch die geheime Thür
Gehör bey Lolo aus. In allen seinen Zügen
War Unruh, gleich als graute ihm vor dem
Was ihm die Pflicht nicht zuliefs zu verhehlen.

Herr, spricht er, bey erhabnen Seelen
Mufs mit der Güte stets die Weisheit sich vermählen.
Das alte Sprichwort, trau, schau, wem,
Läfst Königen sich nicht genug empfehlen.
Wer hätte je so weit im Argwohn ausgeschweift,
Dafs dieser fremde Unbekannte,
Den deine Majestät mit Gnaden überhäuft,
Und der, dem Anschein nach, von heifserm Eifer brannte
Als alle, deren Treu der längste Dienst bewährt,
Wer hätte den Verdacht genährt,
Dafs dieser Mann, den du so hoch geehrt,
Ihm dein Vertraun, dein ganzes Herz gegeben,
Mit dem du offner als mit einem Bruder bist,
Ein schändlicher Verräther ist,
(Mit Schaudern sag' ich's) blofs, nach deinem theuren Leben
Zu trachten und in dir nach unser aller Leben,
An deinen Hof gekommen ist?

Wie? (spricht der Schach) Wessir! du wagst es so zu lästern
Den Mann den Lolo liebt? Verwegner, traust du mir
Die Schwachheit zu, zu glauben, was ich dir
Und einer ganzen Welt nie glauben werde?

„Lästern?
Versetzt ganz ruhig der Wessir:
Kennt deine Majestät mich etwann erst seit gestern?“

O! kennen? — ruft der Schach: da fehlt's nicht! Haben Zeit
Dazu gehabt! — Kabale, Mifsgunst, Neid!
Es wäre viel davon zu sprechen —
Dafs ich ihn liebe, ist sein einziges Verbrechen!
Allein, ihr irrt euch stark. Gleich diesen Augenblick
Will ich ihn dreymahl höher heben,
Ihm viermahl mehr Geschenke geben,
Und wenn ihr alle die Kolik
Davon bekämet! Das, das eben
Dafs ihr ihn hafst, das macht bey mir sein Glück.

„Herr, wenn du willst, wer darf dir widerstreben?
Erwiedert Rukh: du hast zu thun was recht

Dir däucht. Verkenn' in deinem alten Knecht
Den treuen Freund — ich muſs mich drein ergeben.
Doch hier ist die Gefahr nicht mein!
Hier muſs ich meine Stimm' erheben,
Herr, oder ein Verräther seyn!
Ein bloſses Schwert hängt über deinem Leben;
An einem Haare schwebt's — und schweben
Sollt' ich es sehn, und schweigen? Nein!
Hier ist mein Haupt, ich leg's zu deinen Füſsen:
Laſs, wenn's Verbrechen ist dir zu getreu zu seyn,
Laſs michs mit meinem Leben büſsen!
Nur leide, daſs der letzte Hauch,
Der mir entflieht, dich warne vor der Schlange
Die du im Busen wärmst!" —

Dem Heuchler glüht die Wange
Indem er's spricht. Der Schach, nach seinem Brauch
Wenn etwas ihn bestürzt, schlägt sich mit beiden Händen
Vor seinen königlichen Bauch.
Wie? spricht er, sollte mich mein böser Geist verblenden?
Und Duban sollte fähig seyn —
Mein Freund? mein Retter? nach dem Leben

Mir stellen? — Guter Rukh, dein Eifer täuscht dich! Nein!
Ich glaub' es nimmermehr! Ihm hab' ich ja dieſs Leben
Zu danken — wem, als ihm allein?
Wenn er mir's rauben will, wozu mir's wieder geben?
Er konnte, wenn er nur an meinem Übel mich
Verderben lieſs, sich einen Mord ersparen!
Wessir, du bist mir treu, ich weiſs es, bist erfahren,
Und kennst die Welt; doch dieſsmahl sicherlich
Betrügst du dich!

„O Herr, erwiedert Rukh, wie sollte michs nicht schmerzen,
Mit diesem königlichen Herzen,
So argwohnlos, so gut! — betrogen dich zu sehn?
O! eben dieſs verdoppelt das Vergehn
Des Mannes, der, so nah an deinem Herzen,
Des schwarzen Anschlags fähig ist!
Der durch den Anschein sich verdient gemacht zu haben
Erst dein Vertrauen stiehlt, mit Gaben
Sich überschütten läſst, um, wenn du, keiner List

Gewärtig, bey verschloſsnen Thüren
Einst unbeschützt in seinen Händen bist,
Um so viel sicherer den Mörderstoſs zu führen!“

Bey diesen Worten fährt dem Schach
Ein kalter Schauder über'n Rücken;
Er sieht den falschen Freund mit Dolchen in den Blicken
Sich schleichen in sein Schlafgemach,
Und fühlt den Stahl schon zwischen seinen Rippen.
Was ist zu thun, ruft er mit blassen Lippen,
Was räthst du mir?
Zwar, glauben kann ichs nicht — und doch besorg' ich schier —
Wer kann ins Herz des Menschen schauen?
Dem Besten, wie du sagst, ist nicht zu viel zu trauen.
Ein Mensch kann sich verstellen, das ist klar;
Und Duban — ist ein Mensch! — Ich denke,
Das beste ist, wir machen ihm Geschenke,
Und schicken ihn zurück nach seinem Kandahar?

„Zurück ihn schicken, und Geschenke
Noch oben drein? — Nein, Herr! (erwiedert Rukh,

Der, wie er seinen Schach bereit sieht nachzugeben,
Nur einen einz'gen frischen Druck
Noch nöthig hat) — Herr! läge nicht dein Leben
Hier auf dem Spiel, so sagt' ich nichts dazu.
Doch, deine Sicherheit und deiner Völker Ruh
Zu wagen, bloſs um einen Mann zu schonen,
Der, wie ich sicher weiſs, dir nach dem Leben steht,
Und ihn dafür noch zu belohnen
Daſs ihm sein Streich miſslang — das geht
Zu weit! Ein Übermaſs von Güte
Wird Schwachheit, Herr! — Auch ich bin zum Verzeihn
Geneigt; doch dieses Mahl müſst's ein Verräther seyn,
Der deiner Hoheit nicht zum Weg der Strenge riethe."

Was meinst du denn, versetzt der theure Schach,
Was ist zu thun?

„Den Kopf ihm vor die Füſse legen!"

In diesem Stück, spricht Lolo, bin ich schwach,
Ich sag' es frey: es sträubt sich was dagegen
In meinem Herzen —

„Wie? hat er nicht siebenfach
Den Tod verdient? Wenn's auch nur Argwohn wäre;
In solchen Fällen hat ein Sandkorn Zentnerschwere.
Ist etwa deine Sicherheit
Nicht werth mit eines Sklaven Leben
Erkauft zu seyn? Es ist die höchste Zeit:
Die Stunde Frist, die wir ihm geben,
Kann deine letzte Stunde seyn!"

Wessir, ich gebe mich,
Ruft der erschreckte Schach: du siehst in solchen Dingen
Gewöhnlich richtiger als ich.
Befiehl ihn stracks herbey zu bringen!

Mein Duban kommt mit ruhigem Gesicht,
Bückt nach Gebrauch sich an des Thrones Stufen,
Und steht erwartend da.

Kannst du errathen, spricht
Der Schach zu ihm, warum wir dich berufen?
„Nein, Herr, das kann ich nicht."
So will ich dir's in wenig Worten sagen:
Es ist — den Kopf dir abzuschlagen.

„Den Kopf mir abzuschlagen, Herr?
Wie? bist du nicht geheilt? Was hätt' ich denn verbrochen?
Du scherzest, wie ich seh'."

Verkappter Lucifer,
Das hilft dir nichts! Dein Urtheil ist gesprochen!
Wir kennen nun den Schalk, der dir im Busen steckt.
Verräther! Alles ist entdeckt:
Daſs meine Feinde dich bestochen,
Daſs du ein Bube bist — der bloſs
Mein Arzt und trauter Freund geworden,
Um auf der Freundschaft sicherm Schooſs
Mich desto sich'rer zu ermorden!
Trug war auf deinem Mund, in deinem Herzen Mord!
Drum nieder auf die Knie, und nichts von leeren, kahlen
Entschuldigungen! Fort!
Dein Kopf soll mir dafür bezahlen!
Bindt ihm die Augen zu, und nicht ein einzig's Wort!

Der gute Duban steht als wie vom Blitz getroffen.
Er sieht daſs ihm der Neid dieſs Wetter angeschürt.

Doch, wie entfliehn? Wo ist ein Ausweg offen?
Die Unschuld eben ist's was ihm den Kopf verliert.
Den Schach kennt er zu gut um viel von ihm zu hoffen.
Zum Unglück hat er den nur äufserlich kuriert;
Dem innern unheilbaren Schaden,
Dem hilft kein Schwitzen und kein Baden!

Das einz'ge was ihm bleibt, ist, auf Gerathewohl
Des Sultans Menschlichkeit durch Flehen zu erregen.
Er thut's nach äufserstem Vermögen;
Allein das Herz, an das er schlägt, ist hohl,
Schach Lolo ist nicht zu bewegen.
Itzt soll man sehn, ob ich so wankelmüthig bin
Als wie die Leute immer sagen,
Denkt Lolo bey sich selbst: fast könnt' ich ihn beklagen —
Allein ich halte fest. — Fort! (ruft er) kniee hin,
Du flehst umsonst!

„Nun, bist du so entschlossen,
So werde denn unschuldig Blut vergossen!

Nur eine Bitte, Herr, wollst eh' ich sterben
muſs
Aus Königsmilde mir gewähren!
Gieb eine Stunde nur mir Aufschub, heimzu-
kehren,
Den Meinigen den letzten Abschiedskuſs
Zu geben, und was ich verlassen muſs,
Das Wenige, noch unter sie zu theilen.
Es wird nicht lange mich verweilen.
Das meiste sind, ich muſs gestehn,
Nur Bücher; aber die in guter Hand zu
sehn,
Liegt mir nicht wenig
Am Herzen — Eins voraus, das man mit Recht
den König
Der Bücher nennt, und werth daſs niemand
als ein König
Sein Erbe sey." — Was ist denn dran
So sonderlichs? fragt Lolo. — „Groſser Kan,
Es ist der Nachlaſs eines Weisen,
Der über hundert Jahre dran
Gesammelt hat, die Frucht von groſsen Reisen
Und tiefem Forschen der Natur.
Das ganze Buch hat zwanzig Blätter nur;
Allein auf jedem Blatt den Schlüssel
Zu einem Wunderding. Zum Beyspiel: im
Moment,

Worin das Schwert mein Haupt vom Rumpfe trennt,
Werd' es in eine goldne Schüssel,
Die auf dieſs Wunderbuch gestellt wird, aufgefaſst;
So wirst du, Herr, ein Wunder sehen,
Wie du noch keins gesehen hast.
Mein Blut wird plötzlich still in jeder Ader stehen,
Und in der Schüssel wird im gleichen Augenblick
Mein Kopf sich von sich selbst erheben,
Und dir auf jedes Fragestück
Laut und vernehmlich Antwort geben,
Das du, mein gnäd'ger Herr und Fürst,
Ihm aus dem achten Blatt des Buches vorzulégen
Fürstmildiglich geruhen wirst."

Das wäre! ruft der Schach. Nun, dieses Wunders wegen
Sey denn noch eine Stunde Frist
In Gnaden dir geschenkt! Die Wache soll zur Seiten
Ihm gehn, und ihn zurück begleiten;
Und daſs er ja das Buch mir nicht vergiſst!

Mein Duban betet an zur Erde
Und wird hinweg geführt. Und überall
Bey Hof und in der Stadt erschallt des Günstlings Fall,
Und daſs bey seinem Tod sich was ereignen werde,
Was noch kein Mensch gesehn. Der groſse Divansahl
Wallt wie ein See von Menschen ohne Zahl,
Die alle vor Begierde brennen
Das groſse Wunder auch zu sehn;
Man hätte durch den Sahl, so dichte wie sie stehn,
Auf lauter Köpfen gehen können.
(Um — nichts zu sehn
Läſst sich kein besser Mittel denken)
Auch ist kein Herz, das nicht von Mitleid überflieſst
Mit Dubans Fall, und doch in groſsen Ängsten ist,
Der Schach möcht' ihm das Leben schenken.

Der Seiger schlägt. Mein Duban, wohl bewacht,
Wird mit dem Schlag herbey gebracht.
Die Wache macht ihm Platz. Die goldne Flügelthüre

Fährt auf; das ganze Vorgemach
Ergieſst sich in den Sahl; dann Emirn und Wessire,
Und dann ein Zwischenraum, und dann zuletzt der Schach,
Von Rukh, der diese Lust bereitet,
Und von dem Oberhaupt der Hämmlinge begleitet.
Der Schach besteigt den Thron, und Duban, züchtiglich
Doch ohne Furcht, tritt zwischen vier Trabanten,
Mit einem mächt'gen Folianten
Im Arme, hin zum Thron, bückt bis zur Erde sich,
Legt dann das Buch am Fuſs des Thrones nieder,
Und wiederhohlt was er dem Schach davon
Bereits gesagt. Drauf wird zum Werk geschritten.
Ein scharlachrothes Tuch deckt mitten
Im Sahl des Bodens goldne Pracht,
Der Kreis um Duban her wird räumiger gemacht,
Der Henker zückt das Werkzeug kalter Schrecken,
Und seitwärts steht eine Sklave mit dem Becken.

Der Duban war im Grund ein guter Tropf,
Und, minder um sich selbst den Kopf
Zu sparen, als dem Schach die Qual zu später Reue,
Kniet er noch einmahl hin, und schwört ihm seine Treue
Und Unschuld, bittet, fleht sogar
Mit heifsen Thränen. — Alles war
Umsonst! — „Dein Kopf, mein Freund, mufs fliegen;
Und wär' es auch nur um's Vergnügen
Zu hören, was er sagen kann
Wenn er herunter ist.“ — Nun gut, so sey es dann!
Spricht Duban, löst gelassen seinen Kragen
Vom Halse, schliefst die Augen als ein Mann,
Und — ritsch! ist ihm das Haupt herab geschlagen.

Das goldne Becken fafst, auf Dubans Buch gestellt,
Den Kopf, so wie er blutend fällt,
Im Fallen auf. Stracks hört er auf zu bluten,
Der Rumpf bleibt stehn als wär' ihm nichts gethan,
Und, gegen aller Welt Vermuthen,
Hebt sich der Kopf und fängt zu reden an:

„Nun, Herr der Welt, wenn du's mit einer
Frage
Versuchen willst, und hören was darauf
Ein Kopf zu sagen hat; so schlage
Das achte Blatt des Wunderbuches auf;
Auf dessen linker Seite stehn
Drey Fragen oder vier in grofsen goldnen
Lettern."

Schach Lolo spricht: Wir wollen sehn!
Man reicht das Buch ihm hin, und er beginnt
zu blättern.
„Setzt, ruft der Kopf, wenn ihr so gut seyn
wollt,
Mich, während dafs er sucht, auf meinen
Rumpf, und bindet
Den Faden von gedrehtem Gold,
Den ihr in meiner Tasche findet,
Mir um den Hals." —

Der Sultan, um zu sehn
Was noch draus werden soll, läfst alles gern
geschehn,
Und blättert, während man den goldnen Faden
bindet,
Auf seinen Thron zurück gelehnt,

In Dubans Buch. Nun hatte Lolo, neben
Mehr Unmanieren, auch sich diese angewöhnt,
Daſs er, so oft ein Blatt in einem Buch zu heben
Und umzuwenden war, bey jedem einzeln Blatt
Den Finger erst an seiner Zunge netzte,
Bevor er ans Papier ihn setzte.
Da nun die Blätter etwas glatt
Und klebrig waren, schien's hier um so mehr vonnöthen.
So schlägt er nach und nach, den Finger stets am Mund,
Bis auf das achte um, beguckt es ernstlich rund
Herum, und ist gar mächtiglich betreten,
Zu sehen daſs darauf nicht eine Sylbe stund.

Da ist ja nichts! — „Nur ein paar Blätter weiter,
Ruft Dubans Kopf, der nun ganz frey und heiter
Auf seinem Rumpfe stand: ich habe mich am Blatt
Geirret, scheint's."

Schach Lolo blättert weiter;
Doch, eh' er drey noch umgeschlagen hat,
Ist schon das Gift, das er von jedem Blatt
Mit feuchtem Finger seiner Zungen
Unwissend mitgetheilt, ihm bis ins Herz gedrungen.
Ein wilder Schmerz fährt zuckend wie ein Blitz
Durch sein Gebein, ihm schwindelt's im Gehirne,
Und dunkel wird's um seine kalte Stirne.
Er stürzt herab vom goldnen Sitz,
Und liegt in Zuckungen, und ringet mit dem Tode.

Wohlan, (ruft Dubans Kopf, der nun in seinen Rumpf
Sich wieder eingesenkt) du nickende Pagode!
Am Herzen kalt, an Sinnen stumpf,
Hab's an dir selbst! Ich bin an deinem Tode
Unschuldiger als du. — Doch spotten deines Falls
Kann Duban nicht. — Als ich um meinen Hals
Zum letzten Mahle dir mit heifsen Thränen flehte,

War's Menschlichkeit was mich dazu betrog:
Dein böser Dämon überwog;
Nun kommt die Reu — und die Moral zu späte.

Bey diesem Wort entfuhr dem armen Schach
Der letzte Hauch; betäubt von Schrecken rannen
Die Emirn aus dem Sahl, das Volk den Emirn nach,
Und Duban ging — mit seinem Kopf von dannen.

ENDE DES ZEHNTEN BANDES.

Kolibri 360 GmbH
Ferdinand-Jühlke-Straße 7
99095 Erfurt, Deutschland
produktsicherheit@kolibri360.de